suhrkamp taschenbuch
wissenschaft 1970

W0070012

Die Physik erklärt die Welt anders als die Biologie oder die Psychologie. Aber wie lässt sich das Verhältnis bestimmen zwischen der Physik und den Einzelwissenschaften, die sich jeweils auf einen begrenzten Bereich der Welt beziehen? Michael Esfeld und Christian Sachse argumentieren für zwei Thesen: Sowohl die Physik als auch die Einzelwissenschaften handeln erstens von kausalen Strukturen. Vor diesem Hintergrund ist es zweitens möglich, eine Position zu entwickeln, die beidem gerecht wird – dem Erkenntnisanspruch der Physik, wie er in fundamentalen und universellen Theorien formuliert wird, und dem Beitrag der Einzelwissenschaften zum Verständnis der Welt, der sich in deren eigenständigen Klassifikationen ausdrückt, die nicht durch physikalische Klassifikationen ersetzt, aber systematisch mit diesen verbunden werden können.

Michael Esfeld ist Professor für Wissenschaftsphilosophie an der Universität Lausanne. Im Suhrkamp Verlag sind erschienen: *Holismus in der Philosophie des Geistes und in der Philosophie der Physik* (stw 1572), *Naturphilosophie als Metaphysik der Natur* (stw 1863).
Christian Sachse ist akademischer Oberrat für Geschichte und Philosophie der Naturwissenschaften an der Universität Lausanne.

Michael Esfeld / Christian Sachse
Kausale Strukturen

Einheit und Vielfalt in der Natur und den Naturwissenschaften

Suhrkamp

Bibliografische Information der Deutschen Nationalbibliothek
Die Deutsche Nationalbibliothek verzeichnet diese Publikation
in der Deutschen Nationalbibliografie; detaillierte bibliografische Daten
sind im Internet über http://dnb.d-nb.de abrufbar.

suhrkamp taschenbuch wissenschaft 1970
Erste Auflage 2010
© Suhrkamp Verlag Berlin 2010
Umschlag nach Entwürfen
von Willy Fleckhaus und Rolf Staudt
Druck: Druckhaus Nomos, Sinzheim
Printed in Germany
ISBN 978-3-518-29570-0

1 2 3 4 5 6 – 15 14 13 12 11 10

Inhalt

Einleitung

Was ist das Verhältnis zwischen der Physik, die sich auf das gesamte Universum bezieht, und den Einzelwissenschaften wie der Chemie, der Biologie, der Psychologie oder der Soziologie, die sich jeweils auf einen begrenzten Gegenstandsbereich beziehen? Wieso gibt es zusätzlich zu den universellen Theorien der Physik noch die Theorien der Einzelwissenschaften? Leisten diese einen Beitrag zum wissenschaftlichen Verständnis dessen, was es in der Welt gibt, den die Physik prinzipiell nicht leisten kann? Oder haben sie nur einen heuristischen und pragmatischen Wert, indem sich aus ihnen für bestimmte Bereiche einfacher als aus den universellen Theorien der Physik Voraussagen gewinnen lassen, die für alle Zwecke der Anwendung hinreichen?

Einerseits schließen die universellen Theorien der Physik es aus, dass es zusätzlich zu den von ihnen beschriebenen Eigenschaften emergente chemische, biologische oder mentale Eigenschaften geben könnte, die eigenständige Wirkungen im physikalischen Bereich haben. Alle kausalen Interaktionen, die es in der Welt gibt, fallen vollständig unter die fundamentalen physikalischen Gesetze. Andererseits gibt es gewichtige Einwände gegen einen eliminativistischen Physikalismus, der nur die Physik als wissenschaftliche Beschreibung der Welt anerkennt, wie Rutherford gesagt hat, »Alle Wissenschaft ist entweder Physik oder Briefmarkensammeln« (zitiert aus Blackett 1962, S. 108).

Seit den 1970er Jahren ist der Funktionalismus die dominierende philosophische Antwort auf die Frage nach der Einheit der Natur und der Naturwissenschaften. Er ist deshalb attraktiv, weil er eine Antwort auf diese Frage zu geben scheint, die beidem gerecht wird – der Einheit der Natur und ihrer Vielfalt ebenso wie den universellen Theorien der Physik und dem Erkenntniswert der Einzelwissenschaften. Diese Antwort besagt, dass zwar alle Eigenschaften, die es in der Welt gibt, physikalisch realisiert sind, dass sich aber die Eigenschaften, von denen die Einzelwissenschaften handeln, physikalisch unterscheiden können, das heißt multipel realisiert sind. Deshalb kann man in der wissenschaftlichen Beschreibung und Erklärung der Welt nicht auf die Theorien der Einzelwissenschaften verzichten, ohne dass diese von emergenten Eigenschaften im genannten Sinn handeln.

Seit den 1990er Jahren wird jedoch zunehmend klar, dass diese Antwort nicht trägt. Wenn die Eigenschaften, von denen die Einzelwissenschaften handeln, physikalisch realisiert sind, ohne mit physikalischen Eigenschaften identisch zu sein, dann können diese Eigenschaften keine Wirkungen hervorbringen und sind also Epiphänomene. Dieses Problem ergibt sich unmittelbar aus dem Konzept der multiplen Realisation, wenn dieses eingesetzt wird, um einen nicht-reduktionistischen Funktionalismus zu begründen: Wie können die Theorien und Gesetzesaussagen der Einzelwissenschaften etwas zum wissenschaftlichen Verständnis der Welt beitragen, wenn alle kausalen Interaktionen physikalische Interaktionen sind, die vollständig in den Begriffen fundamentaler und universeller physikalischer Theorien beschrieben und erklärt werden können? Die herkömmlichen Versionen des Funktionalismus drohen in den Epiphänomenalismus hineinzulaufen, was die funktionalen Eigenschaften im Gegenstandsbereich der Einzelwissenschaften betrifft, und in den Eliminativismus, was den Erkenntniswert der Theorien und Gesetzesaussagen der Einzelwissenschaften betrifft.

Dennoch glauben wir an die Zukunft des Funktionalismus. Er ist nach wie vor der einzige konzeptuelle Rahmen, der eine Erklärung dessen ermöglicht, wieso es die Eigenschaften in der Welt gibt, von denen die Einzelwissenschaften handeln – ohne diese Eigenschaften einfach zugunsten physikalischer Eigenschaften wegzudrängen oder sie als unerklärbare, emergente Phänomene zu deklarieren. Aber der Funktionalismus muss anders als in der herkömmlichen Weise konzipiert werden, die sich auf die Begriffe der Realisation und der multiplen Realisation stützt. Es sind diese philosophischen Kunstbegriffe, welche in das genannte Problem erst hineinführen.

Dieses Buch entwickelt zwei Ideen, eine metaphysische und daran anschließend eine epistemologische. Diese Ideen sind beide reduktionistisch, aber konservativ statt eliminativistisch. Daher sind sie in der Lage, sowohl der Einheit der Natur und der Naturwissenschaften als auch ihrer Vielfalt Rechnung zu tragen. Wir argumentieren für eine Metaphysik von Eigenschaften, die alle Eigenschaften in der Welt einschließlich der fundamentalen physikalischen als funktionale Eigenschaften in einem weiten Sinn konzipiert, nämlich als kausale Eigenschaften. Genauer gesagt handelt es sich in erster Linie um kausale Strukturen. Wir führen Argumente aus der Physik und der Philosophie für diese These an, die unabhängig vom Funktionalismus sind. Dann zeigen wir, wie es auf dieser Grundlage möglich ist, eine konservative Theorie der Identität aller Eigenschaften in der Welt mit physikalischen Eigenschaften zu vertreten, welche die Probleme der multiplen Realisation vermeidet und damit zugleich die Klippen des Epiphänomenalismus und des Eliminativismus umschifft.

Auf diese Metaphysik von Eigenschaften bauen wir eine Sicht der Teilung der wissenschaftlichen Arbeit zwischen den universellen Theorien der Physik und den Theorien der Einzelwissenschaften auf. Sobald wir es mit komplexen Konfigurationen fundamentaler physikalischer Eigenschaften zu tun haben, beschreibt das physikalische Vokabular deren Zusammensetzung; die Aufgabe der Einzelwissenschaften ist es, deren Funktion im Sinn der charakteristischen Wirkungen, die diese Konfigurationen als Ganze haben, zu beschreiben. Unterschiedlich zusammengesetzte Konfigurationen können in bestimmten Umwelten die gleichen signifikanten Wirkungen hervorbringen; daraus speist sich das gesamte Gewicht, das der multiplen Realisation beigemessen wird.

Die zweite Idee dieses Buchs, die epistemologische Idee, lautet, dass man nichtsdestoweniger die physikalischen und die einzelwissenschaftlichen Beschreibungen systematisch miteinander verbinden kann. Indem man funktionale Subtypen konzipiert, ist es möglich, die funktionalen Beschreibungen der Einzelwissenschaften systematisch in deren Vokabular so zu präzisieren, dass sie extensionsgleich mit den physikalischen Beschreibungen der Zusammensetzung der entsprechenden Konfigurationen sind. Diese Verbindung zeigt, wie beide Beschreibungsarten zusammengehen können; sie sichert den abstrakten funktionalen Beschreibungen gerade durch ihre prinzipielle Ableitbarkeit aus physikalischen Beschreibungen ihren Erkenntniswert. Es ist ein Fehler, den Erkenntniswert der Einzelwissenschaften ihrer Reduzierbarkeit auf die Physik entgegenzusetzen. Die Einzelwissenschaften können durch den Aufbau eines solchen Gegensatzes nur verlieren, indem ihr wissenschaftlicher Wert in Konfrontation mit den universellen physikalischen Theorien fraglich wird. Ihre Reduzierbarkeit, verstanden vor dem Hintergrund einer umfassenden philosophischen

Theorie kausaler Strukturen, verhindert nicht, dass sie einen Beitrag zum wissenschaftlichen Verständnis der Welt erbringen, den die Physik prinzipiell nicht leisten kann.

Kapitel 1 stellt den gegenwärtigen Forschungsstand dar und zeigt das Dilemma auf, in das sich die herkömmlichen Versionen des Funktionalismus verstricken. *Kapitel 2* entwickelt die Metaphysik kausaler Strukturen. Für Details zum physikalischen Hintergrund ebenso wie für die Begründung des wissenschaftlichen Realismus, den wir voraussetzen, möchten wir auf das Buch *Naturphilosophie als Metaphysik der Natur* von Michael Esfeld verweisen (Esfeld 2008). Das vorliegende Werk schließt an jenes Buch an, indem es den Faden dort aufnimmt, wo jenes aufhört – beim Verhältnis zwischen Physik und Einzelwissenschaften –, ist aber eine eigenständige Abhandlung. *Kapitel 3* bezieht die Metaphysik kausaler Strukturen auf die funktionalen Eigenschaften der Biologie vor dem Hintergrund der Evolutionstheorie. Wir benutzen die Biologie als besonders geeignetes Beispiel für eine Einzelwissenschaft, da sie einerseits von Strukturen handelt, die kausal durch ihre Funktion anstatt durch ihre physikalische Zusammensetzung definiert sind; andererseits treten in ihrem Gegenstandsbereich noch nicht die Probleme auf, welche die Philosophie des Geistes zu einem Minenfeld machen.

Kapitel 4 präsentiert das Verhältnis von klassischer und molekularer Genetik als Fallstudie der Anwendung der Metaphysik kausaler Strukturen und zeigt, wie eine funktionale Reduktion der klassischen auf die molekulare Genetik möglich ist, die jedoch gerade die Erkenntnisansprüche der Ersteren untermauert. Auf dieser Grundlage arbeitet *Kapitel 5* eine allgemeine Konzeption konservativer Reduktion mittels funktionaler Subtypen als Antwort auf die Frage nach der Einheit und Vielfalt der Naturwissenschaften aus. Das Buch schließt mit einem Ausblick auf die noch zu leistende Arbeit.

Dieses Buch ist ein Gemeinschaftswerk mit einer Geschichte, die mit einem Seminar zur gegenwärtigen Situation der Philosophie des Geistes an der Universität zu Köln im Jahre 2001 beginnt. Michael Esfeld argumentiert vor dem Hintergrund eines Holismus sowohl in der Philosophie der Physik als auch in der Philosophie des Geistes, der in das vorherrschende Paradigma eines nicht-reduktiven Physikalismus-Funktionalismus passt (Esfeld 2002). Christian Sachse zieht aus den Problemen, die dieses Paradigma mit der mentalen Verursachung hat, schließlich eine reduktionistische Konsequenz und entwickelt im Mai 2004 die Idee funktionaler Subtypen, ausgearbeitet in einer Doktorarbeit mit Schwerpunkt in der Philosophie der Biologie (Sachse 2007). Das Ergebnis, der Holismus ausgebaut zu einer umfassenden Metaphysik kausal-funktionaler Strukturen, die in eine konservative, funktionale Reduktion mündet, ist, so hoffen wir, eine Position, die beidem gerecht wird – der Einheit der Natur und der Naturwissenschaften ebenso wie ihrer Vielfalt. Wir danken Matthias Egg und Marcel Weber für wertvolle Kommentare zu Kapitel 2 bzw. Kapitel 3 bis 5, den Teilnehmern des Forschungsseminars »Kausalität und Reduktion« an der Universität Lausanne im Herbst 2009 für viele hilfreiche Diskussionsbeiträge, Elliot Vaucher für Hilfe beim Korrekturlesen und Erstellen des Namen- und Sachregisters sowie schließlich Eva Gilmer und Jan-Erik Strasser für die hervorragende verlegerische Betreuung des Manuskripts mit zahlreichen Verbesserungsvorschlägen.

1. Das Dilemma des Funktionalismus

1.0 Einführung und Überblick

Nehmen wir an, dass man den mikrophysikalischen Bereich der Welt eindeutig bestimmen kann: Er soll ausschließlich in den physikalischen Eigenschaften bestehen, die an den Punkten der Raumzeit auftreten, da nichts Physikalisches kleiner als ein Punkt der Raumzeit sein kann. Demnach könnten wir eine vollständige mikrophysikalische Beschreibung der Welt dadurch erreichen, dass wir über alle Punkte der Raumzeit quantifizieren und angeben, welche Eigenschaften an diesen Punkten auftreten. Diese Idee ist an der klassischen Physik orientiert, und sie hat in dieser Form in der heutigen Physik keinen Bestand (was dennoch nicht ausschließt, dass ein mikrophysikalischer Bereich eindeutig definiert werden kann). Aber diese Komplikationen spielen hier keine Rolle.

Stellen wir uns nun vor, dass der gesamte mikrophysikalische Bereich der Welt verdoppelt wird – also eine Operation stattfindet, welche die gesamte Raumzeit und alle und nur die physikalischen Eigenschaften, die an den Punkten der Raumzeit auftreten, verdoppelt. Die so geschaffene Doppel-Welt w^* ist folglich mit der realen Welt w mikrophysikalisch identisch. Enthält w^* dann auch alles dasjenige, was es in w gibt – also auch alle Organismen, alle mentalen, ökonomischen und sozialen Eigenschaften usw., einschließlich eines Duplikats dieses Buchs mit den in ihm ausgedrückten Gedanken? Mit anderen Worten, ist w^* schlechthin ein Duplikat von w?

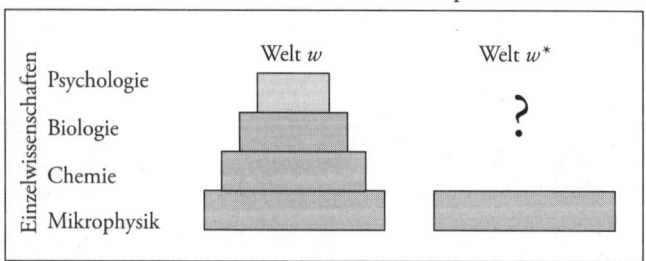

Abb. 1: die Welt w^* rechts ist ein exaktes und vollständiges mikrophysikalisches Duplikat der Welt w links. Gibt es in w^* alles dasjenige, was es in w gibt?

Wir wissen, dass alle Objekte, die in der realen Welt existieren, aus mikrophysikalischen Objekten entstanden sind und dass sie ausschließlich aus diesen zusammengesetzt sind. Es kann also keine Objekte geben, die in w vorhanden sind, aber in w^* fehlen. Sind damit auch alle Eigenschaften, die komplexe, makroskopische Objekte in w haben, in w^* ebenfalls vorhanden? Genauer gefragt, ist allein dadurch, dass man den gesamten Bereich der mikrophysikalischen Eigenschaften von w nach w^* projiziert, gewährleistet, dass auch alle biologischen, mentalen, sozialen und ökonomischen Eigenschaften, die es in w gibt, in w^* ebenfalls vorhanden sind? Unsere Intuition ist, diese Frage zu bejahen. Man beachte, dass es hier um keine deterministische Dynamik geht: Wir fordern, dass alle mikrophysikalischen Eigenschaften in der *gesamten* Raumzeit von w nach w^* kopiert werden. Die Frage, wie die zeitliche Entwicklung innerhalb der Welt beschaffen ist, spielt hier daher keine Rolle.

Wenn eine biologische, mentale, ökonomische oder soziale Eigenschaft in w vorhanden ist, aber in w^* fehlen würde, dann würden wir nach einem Grund für diesen Unterschied suchen. Diese Suche würde uns jeweils über den betreffenden Bereich hinausführen: Nach allem, was wir über die Welt wissen, könnte es nicht sein, dass in einem Duplikat der Welt nur eine phänotypische Eigenschaft fehlen würde – sagen wir, die hellgelbe Farbe der Blüten einer bestimmten einzelnen Pflanze, deren Blüten in w^* rot statt hellgelb sind –, ohne dass es auch einen genetischen Unterschied oder einen Unterschied in den Umweltbedingungen gäbe. Damit gäbe es aber auch einen molekularbiologischen Unterschied zwischen w^* und w und folglich auch einen mikrophysikalischen Unterschied. Die Welt w^* wäre somit kein exaktes mikrophysikalisches Duplikat von w.

Ebenso könnte es nach allem, was wir über die Welt wissen, nicht sein, dass in einem Duplikat der Welt nur eine mentale Eigenschaft fehlt – sagen wir, der Gedanke von Angela Merkel am 31. Dezember 2008, dass das Jahr 2008 ein schwieriges Jahr war. Wenn diese mentale Eigenschaft in w^* nicht vorhanden wäre, dann wäre der mentale Zustand von Angela Merkel in w^* zu der betreffenden Zeit insgesamt anders beschaffen als in w, denn jeder Gedanke ist mit anderen Gedanken, mit Emotionen und schließlich mit Handlungsabsichten vernetzt. Infolgedessen gäbe es dann auch irgendeinen neurobiologischen Unterschied im Gehirn von

Angela Merkel sowie einen Unterschied im Verhalten und damit auch einen molekularbiologischen und letztlich einen mikrophysikalischen Unterschied. Ebenso könnte es nach allem, was wir über die Welt wissen, nicht sein, dass in einem Duplikat der Welt nur eine soziale oder ökonomische Eigenschaft fehlt – sagen wir, dass der Dow-Jones-Index am 19. Dezember 2008 leicht fällt. Wenn diese ökonomische Eigenschaft in w^* nicht vorhanden wäre, also der Kurs des Dow Jones sich an dem betreffenden Tag in w^* anders entwickeln würde, dann bestünde auch irgendein Unterschied in den intentionalen Einstellungen und den Handlungen von Personen in w^* und w, und somit letztlich irgendein molekularer und mikrophysikalischer Unterschied. Folglich wäre in diesem Fall w^* wiederum kein exaktes mikrophysikalisches Duplikat von w. Wieso ist das so? Wieso sprechen starke Gründe dafür, dass ein mikrophysikalisches Duplikat der Welt ein Duplikat schlechthin wäre?

In diesem Kapitel werden wir zunächst diese Frage beantworten und zeigen, wie sich daraus die Motivation für den Funktionalismus ergibt (1.1). Dann gehen wir auf die beiden vorherrschenden Versionen des Funktionalismus ein – den Rollen-Funktionalismus (1.2) und den Realisierer-Funktionalismus (1.3) – und legen dar, wie diese beiden Versionen in das Dilemma von Epiphänomenalismus und Eliminativismus hineinführen. Schließlich geben wir die wesentlichen Bausteine an, aus denen wir im weiteren Verlauf dieses Buchs eine Position aufbauen werden, die aus diesem Dilemma hinausführt.

1.1 Die Motivation für den Funktionalismus

Um die genannten Fragen zu beantworten, müssen wir die neuzeitliche Physik betrachten. Seit Newtons Mechanik verfügen wir über Theorien der Physik, die *universell* sind, indem sie den Anspruch erheben, für alles in der Welt zu gelten, und die *fundamental* sind, weil sie selbst von keinen anderen naturwissenschaftlichen Theorien mehr abhängen. Letzteres besagt, dass ihre Gesetze strikt sind: Sie lassen keine Ausnahmen zu, die nicht in den Begriffen der betreffenden Theorie beschrieben werden können. Wenn die Gesetze deterministisch sind, dann geben sie zusammen mit der Beschreibung einer Ausgangssituation vollständige Bedingungen für das

Eintreten der betreffenden Phänomene an (und falls diese doch ausbleiben sollten, sind die entsprechenden Gesetzeshypothesen eben dadurch als falsch ausgewiesen). Strikte Gesetze brauchen jedoch nicht deterministisch zu sein; es kann sich auch um Wahrscheinlichkeitsgesetze handeln, die dann ebenfalls ausnahmslos gelten. Mit anderen Worten, sie geben zusammen mit der Beschreibung einer Ausgangssituation die vollständigen Wahrscheinlichkeiten für das Eintreten der betreffenden Phänomene an.

Den universellen und fundamentalen Theorien der Physik stehen die Theorien der Einzelwissenschaften gegenüber. Diese erheben jeweils nur für einen begrenzten Gegenstandsbereich einen Geltungsanspruch – wie beispielsweise die Biologie sich nur auf Organismen bezieht oder die Psychologie nur Lebewesen mit Bewusstsein behandelt – und sie hängen von den fundamentalen Theorien der Physik ab. Sie können ihren Gegenstandsbereich nicht vollständig in ihren eigenen Begriffen beschreiben, sondern müssen letztlich auf die fundamentalen Theorien der Physik Bezug nehmen. Ihre Gesetze sind nicht strikt, sondern lassen Ausnahmen zu, die nicht in ihrem eigenen Vokabular beschrieben werden können. Es handelt sich um Gesetze, die mit einer so genannten Ceteris-paribus-Klausel versehen sind. Sie gelten nur unter Standardbedingungen, wobei im Vokabular der betreffenden Theorie nicht vollständig angegeben werden kann, was die Standardbedingungen und was die Ausnahmen von ihnen sind.

Ein wichtiges Thema der Biologie beispielsweise ist die Verbindung zwischen genetischen Ursachen und phänotypischen Wirkungen, die durch die Produktion bestimmter Proteine zustande kommen. Aber jede solche Verbindung besteht nur unter der Voraussetzung physikalischer Standardbedingungen. Wenn die phänotypische Wirkung ausbleibt, obwohl die genetische Ursache vorhanden ist, dann ist nicht unbedingt die entsprechende Gesetzesaussage falsifiziert, sondern es kann auch sein, dass keine physikalischen Standardbedingungen vorliegen. Es gibt immer physikalische Faktoren in dem betreffenden Organismus oder in dessen Umwelt, welche die Verbindung zwischen genetischer Ursache und phänotypischer Wirkung verhindern können und die nicht von der Biologie selbst, sondern letztlich nur von einer fundamentalen physikalischen Theorie beschrieben werden können.

Betrachten wir zur Verdeutlichung einen Typ von Genen, deren charakteristische Wirkung darin besteht, Proteine eines bestimmten Typs herzustellen. Solche Proteine spielen beispielsweise eine entscheidende Rolle für die Haut- und Haarfarbe. Man kann sich die entsprechende Kausalkette vereinfacht wie folgt vorstellen: Ein Gen besteht unter anderem in einer Abfolge von Basen. Von dieser Abfolge können Negativkopien gefertigt werden, die als Vorlage für die Herstellung von Aminosäuresequenzen dienen. Solche Aminosäuresequenzen werden anschließend zu dreidimensionalen Proteinen geformt, die eine oder mehrere Aufgaben in der Zelle bzw. im Organismus erfüllen. In diesem Sinn gibt es Gene, deren Produkte (die Proteine) mehr oder weniger direkt Auswirkungen auf die Zelle und damit auf den Organismus insgesamt haben – wie zum Beispiel, die Haut- und Haarfarbe zu bestimmen.

Damit die skizzierte Kausalkette zwischen Gen und Herstellung des Proteins ablaufen kann, müssen bestimmte Bedingungen vorliegen. Eine solche Bedingung ist beispielsweise das Vorhandensein von genügend Aminosäuren, aus denen das Protein gebildet wird. Die Genetik hat ferner erhebliche Erkenntnisse darüber gewonnen, wie das An- und Abschalten von Genen gesteuert wird. Wie detailliert eine solche biologische Beschreibung von Standardbedingungen aber auch immer ausfällt, letzten Endes kommen die fundamentalen Theorien der Physik mit ins Spiel. Der Grund dafür ist, dass Faktoren, die nur von physikalischen Theorien beschrieben werden können, immer die Kausalkette vom Gen zum Protein unterbrechen können.

Betrachten wir nun die wesentlichen Entwicklungen der Physik, um die Idee ihres Vollständigkeitsanspruchs gegenüber den Einzelwissenschaften zu präzisieren. Newtons Mechanik wurde im 20. Jahrhundert durch die spezielle und die allgemeine Relativitätstheorie sowie die Quantentheorie überholt. Diese Theorien sind zwar mit Sicherheit auch nicht das letzte Wort, was fundamentale und universelle Theorien der Physik betrifft. Wie auch immer aber die weitere Entwicklung der Physik verlaufen wird, Überlegungen, die aus Wissenschaften stammen, deren Theorien weder fundamental noch universell sind, werden für diese Entwicklung keine Rolle spielen. Die klassische Mechanik, Newtons Theorie der Gravitation und die klassische Feldtheorie des Elektromagnetismus wurden nicht deshalb durch die allgemeine Relativitätstheorie und die Quantentheorie ersetzt, weil es Einwände beispielsweise aus der

Chemie, der Biologie oder der Psychologie gegen ihren universellen Geltungsanspruch oder ihren fundamentalen Charakter gab, sondern weil die Objekte und Eigenschaften, die mit den Gesetzesaussagen dieser Theorien beschrieben werden können, sich nicht als wirklich fundamental erwiesen haben. Ebenso wird man die Vereinigung von Quantentheorie und allgemeiner Relativitätstheorie in einer neuen fundamentalen und universellen Theorie nicht aufgrund von Überlegungen erzielen, die sich auf Phänomene im Bereich der einen oder der anderen Einzelwissenschaft beziehen, sondern indem man gegenwärtige Voraussetzungen in Bezug auf die Beschaffenheit der fundamentalen Objekte in Frage stellt (wie zum Beispiel die Voraussetzung einer passiven Hintergrundraumzeit in der heutigen Quantenfeldtheorie oder die Voraussetzung einer dynamischen, aber klassischen Raumzeit in der allgemeinen Relativitätstheorie).

Wenn man nach dem Verhältnis zwischen der fundamentalen Physik und den Einzelwissenschaften fragt, dann muss man seit Newton der Tatsache ins Auge sehen, dass es fundamentale und universelle Gesetze der Physik gibt, die auch für alle Phänomene im Gegenstandsbereich einer Einzelwissenschaft gelten. Auch wenn sich die Hypothesen darüber, welches diese fundamentalen und universellen Gesetze sind, im Zuge des Fortschritts der physikalischen Forschung ändern, so hängen diese Änderungen allein von Grenzen ab, auf welche die betreffenden Hypothesen innerhalb des Gegenstandsbereichs stoßen, den ausschließlich die fundamentalen physikalischen Theorien behandeln. Mit anderen Worten: Die Gesetze der Quantentheorie und der allgemeinen Relativitätstheorie mögen in Zukunft in andere fundamentale und universelle physikalische Gesetze überführt werden; aber das hindert uns nicht, diese Gesetze als fundamental und universell in Bezug auf die Phänomene zu betrachten, von denen die Einzelwissenschaften handeln.

Fundamentale und universelle Gesetze der Physik schließen nicht aus, dass die Einzelwissenschaften Eigenschaften behandeln könnten, die in Bezug auf die physikalischen Eigenschaften emergent sind. Mit »emergenten Eigenschaften« meinen wir im Folgenden immer Eigenschaften, die nicht physikalisch sind und die auch nicht durch physikalische Eigenschaften realisiert sind, obwohl sie im Zuge der zeitlichen Entwicklung des Universums aus physikalischen Eigenschaften entstanden sein können. Für diese Eigenschaften könnten spezielle Gesetze gelten, die unabhängig von den physikalischen Gesetzen sind. Aber diese Eigenschaften könnten keine Wirkungen im Bereich der physikalischen Eigenschaften haben, für die es nicht auch vollständige, im Rahmen der Physik beschreibbare Ursachen gibt (insofern es überhaupt Ursachen gibt). Folglich könnten solche speziellen Gesetze keine Kausalgesetze sein, die auf physikalische Wirkungen Bezug nehmen, die nicht auch vollständig von den physikalischen Gesetzen beschrieben werden können.

Diese Einschränkung ist gravierend: Jede Veränderung in einem Organismus, die in den Begriffen einer biologischen Theorie beschrieben werden kann, schließt immer auch eine mikrophysikalische Veränderung ein, die allein durch die Begriffe und Gesetzesaussagen der fundamentalen Physik beschrieben wird. Für diese mikrophysikalische Veränderung gibt es dementsprechend vollständige mikrophysikalische Ursachen und Gesetze (insofern es überhaupt Ursachen und Gesetze gibt). Jedes Verhalten, das mentale Ursachen hat – wie zum Beispiel Überzeugungen und Absichten –, schließt immer auch eine mikrophysikalische Veränderung im Körper ein. Wenn eine Person zum Beispiel ihren rechten Arm hebt, weil sie die entsprechende Absicht hat, dann schließt diese Körperbewegung eine Ortsveränderung bis hinunter zu den kleinsten mikrophysikalischen Teilchen ein. Diese werden allein durch fundamentale physikalische Gesetze beschrieben, und für deren Ortsveränderung gibt es dementsprechend vollständige mikrophysikalische Ursachen und Gesetze (insofern es überhaupt Ursachen und Gesetze gibt).

Die betreffenden fundamentalen physikalischen Gesetze mögen probabilistisch statt deterministisch sein, aber dieser Unterschied ist, wie bereits erwähnt, hier unbedeutend: Probabilistische Gesetze geben die Wahrscheinlichkeiten für das Auftreten der betreffenden mikrophysikalischen Eigenschaften vollständig an. Keine nicht-physikalischen Eigenschaften können die mikrophysikalischen Wahrscheinlichkeiten beeinflussen. Wenn man verträte, dass biologische oder mentale Ursachen die mikrophysikalischen Wahrscheinlichkeiten beeinflussen könnten, wäre man damit auf die Konsequenz festgelegt, dass die betreffenden fundamentalen physikalischen Theorien durch die entsprechenden Theorien der Biologie oder der Psychologie falsifiziert werden, indem diese physikalischen Theorien in einigen Fällen nicht die korrekten Wahrscheinlichkeiten für das Auftreten mikrophysikalischer Eigenschaften angeben (siehe Loewer 1996 und Esfeld 2000).

In der Tat bestünde die einzige Möglichkeit, den fundamentalen Charakter der physikalischen Theorien und das Prinzip der Vollständigkeit der Physik zu widerlegen, in Folgendem: Man müsste aufweisen, dass nicht-physikalische Eigenschaften aus dem Gegenstandsbereich einer Einzelwissenschaft im Gegenstandsbereich der ausschließlich physikalischen Eigenschaften kausal wirksam sind, so dass die physikalische Kausalität und die physikalischen Gesetze Lücken aufweisen, die durch Ursachen und Gesetze aus dem Bereich einer Einzelwissenschaft gefüllt werden. Dafür gibt es jedoch keinerlei Anhaltspunkte. Insbesondere gibt es keinerlei Hinweis darauf, dass die physikalische Kausalität irgendwo im Gehirn Lücken aufweist, die durch nicht-physikalische, mentale Ursachen gefüllt werden. Ganz im Gegenteil, die neurobiologische Forschung basiert auf den Gesetzen der Physik, insbesondere den Gesetzen der Mechanik, des Elektromagnetismus und der Gravitation. Descartes konnte eine interaktionistische Hypothese vor dem Hintergrund der Physik seiner Zeit vertreten, aber diese Hypothese gilt seit Leibniz als durch die genannte Vollständigkeit der Physik widerlegt (siehe Leibniz, *Monadologie* § 80, und dazu P. McLaughlin 1993). Nichtsdestoweniger ist das Prinzip der Vollständigkeit der Physik eine kontingente Tatsache in Bezug auf die Welt. Diese Tatsache könnte dadurch empirisch widerlegt werden, dass man Grenzen der Geltung der fundamentalen physikalischen Gesetze findet, die nicht dadurch behoben werden können, dass man eine fundamentale und universelle physikalische Theorie durch eine neue solche Theorie ersetzt (wie zum Beispiel Newtons Mechanik durch die Quantenmechanik), sondern die beispielsweise die Konstruktion spezifisch bio-physikalischer oder psycho-physikalischer Theorien erfordern würden. Infolgedessen würden dann, wenn Organismen oder Personen auftreten, die allgemeinen Gesetze der Physik nicht für die physikalischen Eigenschaften von Organismen oder Personen gelten.

Sofern es keine Anhaltspunkte für diese Konsequenz gibt, schließen fundamentale und universelle physikalische Theorien somit zwar nicht die Existenz nicht-physikalischer, emergenter Eigenschaften aus, haben aber zur Folge, dass solche emergenten

Eigenschaften der Einzelwissenschaften nur epiphänomenal sein könnten; genauer gesagt, sie könnten keine Wirkungen hervorbringen, die nicht auch durch physikalische Ursachen hervorgebracht werden. Damit ist man jedoch in einer Sackgasse angelangt: Es gibt keinerlei Grund für die Annahme, dass Epiphänomene existieren. Biologische und mentale Eigenschaften existieren zweifellos, und zwar gerade, weil sie bestimmte spezifische Auswirkungen auf das Verhalten von Organismen einschließlich Personen haben.

Indem die fundamentalen Theorien der Physik vollständige Ursachen und Gesetze für alles im physikalischen Bereich angeben (insofern es überhaupt Ursachen und Gesetze gibt), können sie auch alles im physikalischen Bereich erklären (insofern überhaupt Erklärungen möglich sind). Denn eine wissenschaftliche Erklärung nimmt immer auf Gesetze Bezug, und diese Gesetze handeln von den Eigenschaften, die in dem betreffenden Fall kausal wirksam sind. Wenn nun jedoch die kausale Wirksamkeit der Eigenschaften, auf die sich die Einzelwissenschaften beziehen, immer auch mikrophysikalische Veränderungen einschließt, für die es vollständige mikrophysikalische Ursachen, Gesetze und Erklärungen gibt, dann ist es fraglich, welchen Beitrag zum Verständnis der Welt die Einzelwissenschaften leisten können, den nicht auch die universellen und fundamentalen Theorien der Physik im Prinzip erbringen könnten.

Wir stehen damit vor folgender Situation: Die fundamentalen Theorien der Physik und der Gegenstandsbereich, der ausschließlich durch diese Theorien beschrieben wird, sind kausal, nomologisch und explanatorisch vollständig. Ferner beinhaltet jede Veränderung, für die eine prima facie nicht-physikalische Eigenschaft ursächlich ist, immer auch eine Veränderung im mikrophysikalischen Gegenstandsbereich, der ausschließlich durch fundamentale physikalische Theorien beschrieben wird. Wir können diese Situation auf den Punkt bringen und damit zugleich den Bogen zum Beginn dieses Kapitels schlagen, indem wir das Konzept der Supervenienz ins Spiel bringen. Die Form von Supervenienz, um die es hier geht, ist die *globale Supervenienz*: Ein minimales physikalisches Duplikat der realen Welt ist ein Duplikat der realen Welt schlechthin – das heißt, es enthält ebenfalls alles dasjenige, was es in der realen Welt gibt (siehe Jackson 1998, S. 8). Ein minimales physikalisches Duplikat erhalten wir genau dann, wenn wir den Gegenstandsbereich der Welt, der ausschließlich durch die fundamentalen physikalischen Theorien beschrieben wird, verdoppeln. Die Existenz fundamentaler und universeller Theorien der Physik, die mithin in dem genannten kausalen, nomologischen und explanatorischen Sinn vollständig sind, ist somit der Grund dafür, dass ein exaktes mikrophysikalisches Duplikat der Welt schlechthin alles, was es in der Welt gibt, enthalten würde.

Bezogen auf die Beschreibungen, die man von der Welt geben kann, besagt die These der globalen Supervenienz: Der Wahrheitswert von allen Aussagen, die sich auf etwas in der Welt beziehen, superveniert auf einer vollständigen Beschreibung des Gegenstandsbereichs der Welt, der ausschließlich durch die fundamentalen physikalischen Theorien erfasst wird. Durch diese Beschreibung ist der Wahrheitswert aller weiteren Beschreibungen, die sich auf etwas in der Welt beziehen, festgelegt. Mit anderen Worten: Der mikrophysikalische Gegenstandsbereich, der ausschließlich von den fundamentalen physikalischen Theorien beschrieben wird, genügt als »Wahrmacher« für alle Beschreibungen, die sich auf etwas in der Welt beziehen. Infolgedessen ist es fraglich, welchen Beitrag zur wissenschaftlichen Beschreibung und Erklärung der Welt die Einzelwissenschaften leisten können, der nicht bereits durch die fundamentalen und universellen Theorien der Physik abgedeckt ist.

Der heuristische und pragmatische Wert der Einzelwissenschaften bleibt zwar auf jeden Fall unbestritten: Für die Phänomene in deren Gegenstandsbereich kann man in der Regel ohne Bedenken das Bestehen physikalischer Standardbedingungen voraussetzen und dann mit den einfacher anwendbaren Gesetzen der Einzelwissenschaften Vorausberechnungen und Erklärungen der betreffenden Phänomene erzielen, statt den weitaus umständlicheren Weg über die fundamentalen und universellen Gesetze der Physik zu gehen. Aber es ist nun fraglich, ob die Einzelwissenschaften etwas Eigenständiges zum wissenschaftlichen Verständnis der Welt beitragen, das nicht durch die fundamentalen und universellen Theorien der Physik erzielt werden kann. Alexander Rosenberg (1994) zum Beispiel vertritt eine instrumentalistische Haltung in Bezug auf die Biologie, die auf einer realistischen Einstellung in Bezug auf die Physik basiert. Die Tatsache, dass es universelle und fundamentale Gesetze der Physik gibt, ist also keineswegs harmlos und in ihren Auswirkungen auf die Physik beschränkt, sondern wirft die Frage auf, ob man nicht letztlich in einer wissenschaftlichen Beschreibung und Erklärung der Welt auf die Einzelwissenschaften verzichten kann.

Dennoch ist die Geschichte der neuzeitlichen Naturwissenschaft seit Newton nicht die des Siegeszuges einer universellen Physik, die alles erklären kann. Die Einzelwissenschaften haben sich vielmehr selbständig neben der Physik entwickelt – zunächst die Chemie, dann im 19. und zu Beginn des 20. Jahrhunderts mit der Konsolidierung und Neubildung vieler Teildisziplinen die Biologie und heute schließlich die Neuro- und Kognitionswissenschaften, um einige markante Beispiele zu nennen. Die Tatsache der selbständigen historischen Entwicklung sagt alleine nichts über das systematische Verhältnis zwischen diesen Wissenschaften und der Physik aus; aber ihre Entwicklung zu eigenständigen, ausgereiften Wissenschaften verleiht ihnen doch zumindest prima facie die Berechtigung, ebenso wie die fundamentalen und universellen Theorien der Physik etwas zur Erklärung dessen, was es in der Welt gibt, beizutragen. Die Begriffe der Einzelwissenschaften besitzen eine wissenschaftliche Qualität, indem sie in Gesetzesaussagen auftreten, die kontrafaktische Aussagen stützen und kausale Erklärungen bereitstellen. Allein die prinzipiellen Konsequenzen zu benennen, die sich aus den genannten Vollständigkeitsüberlegungen in Bezug auf die fundamentale Physik ergeben, reicht nicht aus, um die Erkenntnisansprüche der Einzelwissenschaften zu untergraben.

Die Situation lässt sich mithin so kennzeichnen: Ja, selbstverständlich gibt es die fundamentalen und universellen Theorien der Physik mit der genannten Konsequenz, dass es in eine Sackgasse führen würde, den Gegenstandsbereich der Einzelwissenschaften so zu konzipieren, dass dieser in nicht-physikalischen, emergenten Eigenschaften besteht; aber dennoch haben die wissenschaftlich ausgereiften Theorien der Einzelwissenschaften nicht nur einen heuristischen und pragmatischen Wert, sondern auch einen Erkenntniswert. Die Aufgabe für die philosophische Reflexion über die Natur und die Naturwissenschaften ist daher, diese beiden Aspekte so zusammenzubringen, dass die resultierende Position beidem gerecht wird – der Einheit der Natur und der Naturwissenschaften, die in den Erkenntnisansprüchen der universellen und fundamentalen Theorien der Physik zum Ausdruck kommt, und ihrer Vielfalt, die sich in dem Beitrag zur Erkenntnis der Welt manifestiert, den die

Einzelwissenschaften leisten und der nicht durch die Physik ersetzt werden kann.

Für diese Aufgabe scheint es eine offensichtliche Lösung zu geben: den *Funktionalismus*. Dieser ist seit Beginn der 1970er Jahre die Standardposition nicht nur in der Philosophie des Geistes und der Kognitionswissenschaften, sondern in Bezug auf das Verhältnis zwischen den Einzelwissenschaften und der Physik generell (die diesbezügliche Standardreferenz ist Fodor 1974/deutsch 1992). Die Idee des Funktionalismus zur Lösung der genannten Aufgabe lässt sich in den folgenden drei Thesen zusammenfassen:

(1) *Die Eigenschaften, von denen die Einzelwissenschaften handeln, sind funktionale Eigenschaften.* Das sind kausale Eigenschaften: Sie bestehen darin, unter Standardbedingungen bestimmte Wirkungen zu haben (und gegebenenfalls eine bestimmte kausale Geschichte – das heißt bestimmte Ursachen – zu besitzen), welche für die betreffenden Eigenschaften ebenfalls charakteristisch sein kann).

(2) *Die funktionalen Eigenschaften, von denen die Einzelwissenschaften handeln, sind physikalisch realisiert.* Es gibt in jedem einzelnen Fall eine Konfiguration physikalischer Objekte, deren physikalische Relationen untereinander so beschaffen sind, dass sie als Konfiguration unter Standardbedingungen die Wirkungen hervorbringen, die eine funktionale Eigenschaft der Einzelwissenschaften charakterisieren und daher die betreffende funktionale Eigenschaft realisieren.

(3) *Die funktionalen Eigenschaften, von denen die Einzelwissenschaften handeln, können physikalisch multipel realisiert sein.* Konfigurationen physikalischer Objekte, die auf verschiedene Weisen zusammengesetzt sind und daher unter verschiedene physikalische Typen (Klassifikationen) fallen, können dennoch alle eine funktionale Eigenschaft desselben Typs einer Einzelwissenschaft realisieren, weil sie als Konfigurationen alle die gleichen signifikanten Wirkungen unter Standardbedingungen hervorbringen.

Der erste Schritt ist weitgehend theorieneutral: Unabhängig von der philosophischen Theorie, die man vertritt, kann man aus der Praxis der Einzelwissenschaften aufnehmen, dass diese die Eigenschaften, die sie behandeln, funktional definieren, indem sie deren signifikante Wirkungen unter bestimmten Standardbedingungen angeben und gegebenenfalls auch eine bestimmte kausale Geschichte in die Charakterisierung der Eigenschaften, auf die sie sich beziehen, einschließen. Der philosophische Gehalt, den der Funktionalismus beisteuert, liegt in den Schritten zwei und drei, nämlich darin, die funktionalen Eigenschaften, von denen die Einzelwissenschaften handeln, als physikalisch realisiert und als physikalisch multipel realisierbar aufzufassen.

Betrachten wir das erwähnte Gen-Beispiel in diesem Kontext: Die Eigenschaft, ein bestimmtes Gen zu sein, ist eine funktionale und damit eine kausale Eigenschaft. Diese Eigenschaft besteht darin, unter Standardbedingungen bestimmte phänotypische Wirkungen in dem betreffenden Organismus hervorzubringen, die, vereinfacht ausgedrückt, Konsequenzen dessen sind, ein Protein eines bestimmten Typs herzustellen (1). Gene werden durch bestimmte Molekülkonfigurationen realisiert. Dabei handelt es sich oftmals um DNA-Sequenzen in einem bestimmten molekularen Umfeld der Zelle. Diese Molekülkonfigurationen sind so beschaffen, dass die Weise, wie die einzelnen Moleküle angeordnet sind, dazu führt, dass diese Konfigurationen unter normalen Bedingungen die betreffenden phänotypischen Wirkungen haben. Deshalb realisieren sie das betreffende Gen (2). Physikalisch verschieden zusammengesetzte Molekülkonfigurationen (DNA-Sequenzen) können alle qua Konfigurationen die phänotypischen Wirkungen hervorbringen, die ein Gen eines bestimmten Typs charakterisieren und deshalb alle trotz ihrer physikalischen Verschiedenheit ein Gen desselben Typs realisieren. So können Aminosäuresequenzen des gleichen Typs, aus denen ein Protein eines bestimmten Typs geformt wird, durch verschiedene Molekülkonfigurationen (DNA-Sequenzen) kodiert werden. Man spricht von der Redundanz des genetischen Codes: Welche Aminosäure verbaut wird, ist von einem Basentriplett kodiert. Da jedoch die Anzahl verschiedener Basentripletts höher ist als die Anzahl möglicher Aminosäuren, kann ein und derselbe Typ von Aminosäure durch Basentripletts verschiedener Typen kodiert werden. Mit anderen Worten, verschieden zusammengesetzte Molekülkonfigurationen können zu gleichen Proteinen führen (3).

Funktionale Eigenschaften sind auf diese Weise von physikalischen Eigenschaften verschieden, ohne nicht-physikalische, emergente Eigenschaften zu sein; denn sie sind physikalisch realisiert. Ihre physikalische Realisation bindet diese Eigenschaften an den physikalischen Bereich; ihre multiple Realisierbarkeit schließt jedoch aus, dass sie auf physikalische Eigenschaften reduziert werden können, indem sie mit diesen identisch sind. Der Erkenntniswert der Einzelwissenschaften besteht dementsprechend darin, dass ihre Klassifikationen etwas in der Welt Relevantes erfassen, ohne mit physikalischen Klassifikationen identisch zu sein oder auf diese reduziert werden zu können.

Kommen wir auf das genannte Beispiel zurück. Eines der zentralen Konzepte der Biologie ist das der Selektion. Bestimmte Konfigurationen von Molekülen werden aufgrund bestimmter signifikanter Wirkungen, die sie in bestimmten Umwelten haben, selektiert. Für die Selektion kommt es allein auf diese Wirkungen an, was auch immer die physikalische Zusammensetzung der betreffenden Konfigurationen sein mag. Deshalb erfasst die biologische Klassifikation, die sich auf diese Wirkungen konzentriert, etwas Relevantes in der Welt und hat dementsprechend einen Erkenntniswert, der den physikalischen Klassifikationen fehlt. Aufgrund der multiplen Realisation geraten die charakteristischen Wirkungen, die alle diese Konfigurationen trotz ihrer verschiedenen molekularen Zusammensetzung gemeinsam haben, nicht in das Blickfeld der Physik. Es ist die Biologie, welche die funktionale Gemeinsamkeit unterschiedlicher Konfigurationen von Molekülen heraushebt – wie zum Beispiel ein Protein desselben Typs zu produzieren –, und es ist allein diese Wirkung des Gens, die für die Selektion relevant ist.

Die multiple Realisation der Typen von Eigenschaften, auf die sich die Einzelwissenschaften beziehen, sichert so deren Erkenntniswert. Deshalb scheint es dem Funktionalismus zu gelingen, beides zusammenzubringen – die Einheit der Natur und der Naturwissenschaften, bestehend in der physikalischen Realisation aller Eigenschaften, von denen die Einzelwissenschaften handeln, und ihre Vielfalt, bestehend in dem Erkenntniswert der Einzelwissenschaften. Letzterer ergibt sich daraus, dass die Klassifikationen der Einzelwissenschaften aufgrund der multiplen Realisation der Typen von Eigenschaften, von denen sie handeln, nicht in physikalische Klassifikationen überführt werden können.

1.2 Der Rollen-Funktionalismus

Die dominierende Version des Funktionalismus, die vorwiegend auf Hilary Putnam und Jerry Fodor zurückgeht (siehe insbesondere Putnam 1967/1975 und Fodor 1974/deutsch 1992), betrachtet die funktionalen Eigenschaften, von denen die Einzelwissenschaften handeln, als *kausale Rollen*. Deshalb ist sie als *Rollen-Funktionalismus* bekannt. Die Rolle besteht darin, unter bestimmten Bedingungen bestimmte Wirkungen hervorzubringen. Ein Gen zu sein, ist demnach beispielsweise eine kausale Rolle, die darin besteht, unter bestimmten Bedingungen im Organismus und in dessen Umwelt durch die Produktion bestimmter Proteine bestimmte phänotypische Wirkungen hervorzubringen. In diesem Sinn gibt es beispielsweise Gene für Haut- und Haarfarbe, und vereinfacht kann man sagen, dass die Produktion der Proteine, welche die Haut- und Haarfarbe bestimmen, nur in Haut- und Haarzellen aktiviert wird.

Jede kausale Rolle ist dem Rollen-Funktionalismus gemäß durch Konfigurationen von Objekten realisiert, deren physikalische Relationen untereinander so beschaffen sind, dass sie die Wirkungen hervorbringen, welche die betreffende Rolle charakterisieren. Ein Gen wird beispielsweise durch bestimmte Molekülkonfigurationen in der DNA realisiert, die so beschaffen sind, dass sie aufgrund der Weise, wie die Moleküle in ihnen angeordnet sind, als Konfigurationen unter den erforderlichen Bedingungen im Organismus und in dessen Umgebung die Wirkungen hervorbringen, die das betreffende Gen charakterisieren. Jede solche Rolle kann multipel realisiert werden. Verschieden zusammengesetzte Konfigurationen von Molekülen in der DNA können alle die gleichen charakteristischen Wirkungen haben. Es ist beispielsweise möglich, dass Proteine, welche die Haut- und Haarfarbe regulieren, durch verschiedene Basensequenzen kodiert werden.

Rollen-Eigenschaften sind dem Rollen-Funktionalismus zufolge von Realisierer-Eigenschaften verschieden. Der Grund ist die multiple Realisation der funktionalen Eigenschaften, von denen die Einzelwissenschaften handeln. Ohne multiple Realisation bräche die Unterscheidung zwischen Rollen-Eigenschaften und Realisierer-Eigenschaften zusammen. Es gäbe dann keinen Grund, die funktionalen Eigenschaften, von denen die Einzelwissenschaften handeln, als Rollen-Eigenschaften aufzufassen und ihnen gegenüber die physikalischen Eigenschaften als Realisierer-Eigenschaften zu betrachten.

Indem der Rollen-Funktionalismus die funktionalen Eigenschaften als Rollen-Eigenschaften einstuft, handelt es sich um Eigenschaften zweiter Ordnung. Wenn ein Objekt eine Rollen-Eigenschaft hat, hat es automatisch auch andere Eigenschaften, die diese Rolle realisieren. Funktionale Rollen-Eigenschaften zu haben, heißt, andere, physikalische Eigenschaften zu haben, welche die betreffende Rolle ausüben. Diese sind Eigenschaften erster Ordnung. Ein Objekt kann physikalische Eigenschaften haben, ohne dass diese irgendwelche funktionalen Rollen-Eigenschaften realisieren. Ein Objekt kann hingegen keine funktionalen Rollen-Eigenschaften haben, ohne dass es über physikalische Eigenschaften verfügt, die diese funktionalen Rollen-Eigenschaften realisieren. Die funktionalen Eigenschaften, von denen die Einzelwissenschaften handeln, treten deshalb in der Welt auf, weil sich im Zuge der zeitlichen Entwicklung des Universums Konfigurationen physikalischer Objekte gebildet haben, deren physikalische Relationen untereinander so beschaffen sind, dass diese Konfigurationen Wirkungen hervorbringen, durch die sie funktionale Rollen-Eigenschaften realisieren.

Indem die funktionalen Rollen-Eigenschaften eine physikalische Realisation erfordern, sind sie keine nicht-physikalischen, emergenten Eigenschaften. Dennoch ist der Rollen-Funktionalismus dem gleichen Problem ausgesetzt wie die Theorie nicht-physikalischer, emergenter Eigenschaften, nämlich dass die Rollen-Eigenschaften nicht kausal wirksam sein können und somit Epiphänomene sind. Denn die Rollen-Eigenschaften sind zwar an physikalische Eigenschaften gebunden, indem sie durch diese realisiert werden, sie sind aber nicht mit den Realisierer-Eigenschaften identisch. Gemäß dem Rollen-Funktionalismus sind die funktionalen Eigenschaften kausale Rollen, die jeweils durch ein bestimmtes Muster charakteristischer Wirkungen definiert sind. Sie sind aber nicht kausal wirksam. Wirksam sind diejenigen Eigenschaften, welche jeweils die Rolle ausüben, also die physikalischen Realisierer-Eigenschaften. Anders ausgedrückt, die Präsenz funktionaler Rollen-Eigenschaften zeigt an, dass andere Eigenschaften vorhanden sind, die physikalischen Realisierer-Eigenschaften, die bestimmte Wirkungen haben. Dessen ungeachtet kann die Bezugnahme auf

Rollen-Eigenschaften für kausale Erklärungen relevant sein, weil diese die Präsenz kausal wirksamer Realisierer-Eigenschaften anzeigen; welches genau diese letzteren Eigenschaften sind, ist in bestimmten Erklärungs-Kontexten irrelevant (vgl. die so genannte Programm-Erklärung von Jackson und Pettit 1990). Demnach gilt: Wenn man die funktionalen Eigenschaften, von denen die Einzelwissenschaften handeln, als Rollen-Eigenschaften auffasst, die von den Realisierer-Eigenschaften verschieden sind, dann ergibt sich die Konsequenz, dass die funktionalen Eigenschaften epiphänomenal sind. Nur die physikalischen Realisierer-Eigenschaften sind kausal wirksam (vgl. Block 1990).

Um auf die Biologie zurückzukommen: Wenn die Eigenschaft, ein Gen zu sein, eine funktionale Rollen-Eigenschaft ist, dann sind nicht die Gene selbst kausal wirksam, sondern die von ihnen verschiedenen Molekülkonfigurationen, die jeweils ein Gen realisieren. Die Gene zeigen an, dass es etwas kausal Wirksames gibt, das die entsprechenden phänotypischen Wirkungen hervorbringt, sie sind aber selbst nicht kausal wirksam. So ist beispielsweise die jeweilige molekulare Basensequenz kausal wirksam, die für die Produktion der Proteine kodiert, welche die Haut- und Haarfarbe wesentlich regulieren.

Man kann versuchen, die Konsequenz des Epiphänomenalismus zu vermeiden, indem man auf systematische Überbestimmung (Überdetermination) setzt (siehe vor allem Bennett 2003 und Loewer 2007): Die Rollen-Eigenschaften und die Realisierer-Eigenschaften stehen beide in den relevanten Kausalbeziehungen, so dass dieselbe Wirkung – zum Beispiel die Produktion bestimmter Proteine – durch zwei nicht miteinander identische Ursachen, hier Gene und molekulare Basensequenzen, überbestimmt ist. Um systematische Überbestimmung handelt es sich, weil jede physikalische Wirkung, die eine Rollen-Eigenschaft hat, zugleich auch durch die entsprechende Realisierer-Eigenschaft verursacht wird. Unter der Annahme der Supervenienz existiert generell eine hinreichende physikalische Ursache für jede mögliche Wirkung einer Rollen-Eigenschaft. Die Vertreter dieses Vorschlags halten diese Art systematischer Überbestimmung deshalb für akzeptabel, weil die Rollen-Eigenschaften auf den Realisierer-Eigenschaften supervenieren, und zwar im Sinn der starken Supervenienz. Das besagt, dass das Auftreten der physikalischen Realisierer-Eigenschaften

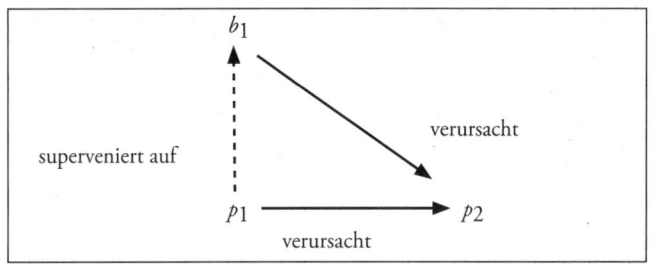

Abb. 2: Systematische Überbestimmung: eine physikalische Eigenschaft p_1 und eine biologische Eigenschaft b_1 verursachen beide eine physikalische Eigenschaft p_2, und b_1 superveniert auf p_1.

eine metaphysisch hinreichende Bedingung für das Auftreten der funktionalen Rollen-Eigenschaften ist. In jeder möglichen Welt, in der Erstere existieren, gibt es auch Letztere.

Starke Supervenienz reicht hin, um bestimmte kontrafaktische Aussagen wahr zu machen. Nehmen wir an, dass in der Situation, die in Abbildung 2 dargestellt ist, die Aussage »Wenn p_1 nicht eingetreten wäre, dann wäre auch p_2 nicht eingetreten« eine wahre kontrafaktische Aussage ist. Dann ist aufgrund der starken Supervenienz die Aussage »Wenn b_1 nicht eingetreten wäre, dann wäre auch p_2 nicht eingetreten« ebenfalls wahr; denn es gibt keine mögliche Welt, in der p_1 existiert, ohne dass auch b_1 existiert. Wir benötigen jedoch ein Argument, wieso die zweite kontrafaktische Aussage eine Kausalbeziehung ausdrücken sollte. In anderen Worten: Es ist ein Argument erforderlich, wieso starke Supervenienz hinreichend sein sollte, um auszuschließen, dass eine Eigenschaft, die auf einer anderen Eigenschaft stark superveniert, epiphänomenal sein kann. Die Tatsache der starken Supervenienz allein ist kein zureichender Grund dafür, zu behaupten, dass die supervenierende Eigenschaft ebenfalls für – einige – der Wirkungen, welche die Basis-Eigenschaft hat, ursächlich ist, so dass diese Wirkungen systematisch überbestimmt sind. Eine solche Behauptung hätte zur Folge, einfach per Dekret festzusetzen, dass Eigenschaften, die auf anderen Eigenschaften stark supervenieren, nicht epiphänomenal sein können. Die Kritik von Marras (2007, S. 318-319) an Kim (1998) und die Lösungsvorschläge von Harbecke (2008, Kapitel 4) und Kroedel (2008) laufen de facto auf ein solches Dekret hinaus.

Dieses Resultat ist unabhängig davon, welche Theorie der Kausalität man vertritt. Der Grund für das Epiphänomenalismus-Problem ist, dass die Situation nicht symmetrisch ist: Supervenienz ist eine asymmetrische Abhängigkeit der supervenierenden Eigenschaften von den Basis-Eigenschaften, und ebenso besteht keine Symmetrie bei den Kausalbeziehungen, die diese Eigenschaften eingehen sollen. Für alle Vorkommnisse physikalischer Eigenschaften gibt es vollständige physikalische Ursachen (insofern es überhaupt Ursachen gibt). Die Gesetze, in denen Typen physikalischer Eigenschaften auftreten, sind strikte Gesetze. Die Gesetze der Einzelwissenschaften sind hingegen nie strikt. Auch wenn man eine Theorie der Kausalität vertritt, gemäß der Kausalbeziehungen durch kontrafaktische Aussagen vollständig erfasst werden, gilt diese Asymmetrie, weil die Naturgesetze wesentlich in die Wahrheitsbedingungen der betreffenden kontrafaktischen Aussagen eingehen. Das heißt, die kontrafaktischen Aussagen, die allein Vorkommnisse physikalischer Eigenschaften miteinander verbinden, haben einen privilegierten Status, weil sie durch strikte Gesetze gedeckt sind. Wie bereits erwähnt, gibt es selbstverständlich auch wahre kontrafaktische Aussagen, die Vorkommnisse supervenierender Eigenschaften mit Vorkommnissen nachfolgender physikalischer Eigenschaften verbinden. Aber es fehlt ein Argument dafür, wieso diese Aussagen eine Kausalbeziehung ausdrücken sollten. Aus diesem Grund sind wir der Auffassung, dass der Hinweis auf die logische Möglichkeit systematischer Überbestimmung nicht geeignet ist, um den Epiphänomenalismus-Einwand gegen den Rollen-Funktionalismus zu entkräften.

Die Schlussfolgerung lautet somit: Multiple Realisation, ontologisch aufgefasst als Dualismus von Rollen- und Realisierer-Eigenschaften, sichert den funktionalen Eigenschaften, von denen die Einzelwissenschaften handeln, zwar einen eigenständigen ontologischen Status und bindet sie durch die physikalische Realisation an die physikalischen Eigenschaften. Aber diese Anbindung ist zu schwach, um das Epiphänomenalismus-Problem, das sich für die Konzeption nicht-physikalischer, emergenter Eigenschaften offensichtlich stellt, zu vermeiden. Kurz: *Multiple Realisation, ontologisch aufgefasst, führt zum Epiphänomenalismus in Bezug auf die Eigenschaften, von denen die Einzelwissenschaften handeln.* Das ist das eine Horn des Dilemmas des Funktionalismus. Wir werden das andere Horn im nächsten Unterkapitel einführen.

Betrachten wir zuvor die Idee der ontologischen multiplen Realisation etwas genauer; denn bereits in dieser Idee selbst steckt ein Dilemma. Dieses Dilemma vor Augen zu haben, ist wichtig, um die Sicht des Verhältnisses von Eigenschafts-Typen und Eigenschafts-Vorkommnissen zu motivieren, die in den Aufbau unserer Position eingeht. Von der multiplen Realisation funktionaler Eigenschaften zu sprechen ist doppeldeutig: Es können Eigenschafts-*Typen* oder Eigenschafts-*Vorkommnisse* gemeint sein. Wenn bereits einzelne Vorkommnisse funktionaler Eigenschaften multipel realisiert sind, dann sind auch die funktionalen Eigenschafts-Typen multipel realisiert, aber nicht umgekehrt.

Die Idee der multiplen Realisation als anti-reduktionistisches Argument wurde erst zu Beginn der 1990er Jahre auch auf einzelne Vorkommnisse von Eigenschaften übertragen, und zwar in einem Zusammenhang, auf den wir in Kapitel 2.6 eingehen werden (siehe insbesondere Yablo 1992). Die Überlegung ist, dass beispielsweise ein und dasselbe einzelne Vorkommnis eines Gens eines bestimmten Typs dasselbe einzelne Protein eines bestimmten Typs auch hätte produzieren können, wenn es durch eine andere einzelne Molekülkonfiguration realisiert gewesen wäre als diejenige, durch die es tatsächlich realisiert ist; diese andere Molekülkonfiguration fällt unter einen anderen biochemischen Typ. Multiple Realisation kann sich in diesem Falle nicht auf die reale Welt beziehen, sondern nur auf den Vergleich mit anderen möglichen Welten: In einer anderen möglichen Welt tritt dasselbe einzelne Vorkommnis eines Gens eines bestimmten Typs auf, und dort ist es durch eine andere einzelne Molekülkonfiguration realisiert.

Die Idee der multiplen Realisation auf einzelne Vorkommnisse von Eigenschaften zu beziehen, erscheint intuitiv wenig plausibel. Betrachten wir eine Analogie: Bizets Oper »Carmen« enthält eine Titelrolle mit einer Mezzosopranstimme. Es ist eine Aufführung mit Denyce Graves in der Rolle der Mezzosopranstimme angekündigt. In einer anderen möglichen Welt wird Denyce Graves kurzfristig krank, die Aufführung findet aber trotzdem statt, und zwar mit Marta Senn. Weil die Person, welche die Mezzosopranstimme realisiert, ausgewechselt wurde, handelt es sich um ein anderes Vorkommnis (token) der Rolle dieser Stimme. Ebenso handelt es sich offenbar um ein anderes Vorkommnis (token) eines Gens des fraglichen Typs, wenn sich die Molekülkonfiguration, die das

Gen realisiert, von einer Welt zur nächsten möglichen Welt ändert.

Wir können den intuitiven Vorbehalt gegen die Idee der multiplen Realisation einzelner Vorkommnisse von Eigenschaften durch folgendes Argument untermauern: Man wäre in diesem Fall auf die Position festgelegt, dass jedes einzelne Vorkommnis einer funktionalen Eigenschaft eine primitive Diesheit besitzt, da es unabhängig von der physikalischen Konfiguration ist, durch die es in einer gegebenen Welt realisiert wird. Es gäbe dann zwei Eigenschaftsvorkommnisse a und b desselben einzelwissenschaftlichen Eigenschaftstyps. In der Welt w_1 wird a durch eine physikalische Konfiguration des Typs P_1 und b durch eine physikalische Konfiguration des Typs P_2 realisiert. In der Welt w_2 hingegen wird a durch eine Konfiguration des Typs P_2 und b durch eine Konfiguration des Typs P_1 realisiert. Der einzige Unterschied zwischen diesen beiden Welten besteht darin, dass a und b vertauscht sind. Eine solche Position ist in der Literatur als Haecceitismus bekannt: Es werden Welten als unterschiedlich anerkannt, deren Differenz nur in der Vertauschung von Individuen besteht, ohne dass es irgendeinen qualitativen Unterschied gibt. Aus diesem Grund stößt diese Position auf starke Vorbehalte (siehe insbesondere Lewis 1986b, Kapitel 4.4, und 2009, Abschnitt 4). Die Idee, multiple Realisation auf einzelne Vorkommnisse von Eigenschaften anzuwenden, führt somit in die Sackgasse des Haecceitismus (siehe auch Sparber 2009, Kapitel 1.4.5).

Seit den Anfängen des Funktionalismus Mitte der 1960er Jahre wird das Konzept der physikalischen Realisation auf Typen funktionaler Eigenschaften bezogen (siehe insbesondere Putnam 1967/1975 und Fodor 1974/deutsch 1992). Die Idee ist, dass ein und derselbe funktionale Eigenschaftstyp einer Einzelwissenschaft durch verschieden zusammengesetzte Konfigurationen von Vorkommnissen physikalischer Eigenschaften, die mithin unter verschiedene physikalische Typen fallen, realisiert werden kann. Die Realisation ist folglich eine Beziehung zwischen einem funktionalen Eigenschafts*typ* und physikalischen Eigenschafts*vorkommnissen*. Ein bestimmtes Gen im Sinn eines bestimmten Gen-Typs kann durch Vorkommnisse von Molekülkonfigurationen realisiert werden, die verschieden zusammengesetzt sind und daher unter verschiedene physikalische Typen fallen.

Nichts in dieser Realisationsbeziehung verhindert jedoch, dass jedes einzelne Vorkommnis einer funktionalen Eigenschaft mit einer Konfiguration von Vorkommnissen physikalischer Eigenschaften identisch ist. Da die multiple Realisation im Rahmen des Funktionalismus der einzige Grund ist, der Identität verhindert, kann man sogar sagen: Wenn nicht Vorkommnisse, sondern nur Typen multipel realisiert sind, folgt, dass jedes Vorkommnis einer funktionalen Eigenschaft mit einer Konfiguration von Vorkommnissen physikalischer Eigenschaften identisch ist.

Mit dieser Schlussfolgerung ist jedoch nicht mehr zu sehen, was Eigenschafts-Typen ontologisch über die jeweiligen Vorkommnisse von Eigenschaften hinaus sein könnten, das nicht mit etwas Physikalischem identisch ist. Wenn jedes Vorkommnis einer funktionalen Eigenschaft mit einer Konfiguration von Vorkommnissen physikalischer Eigenschaften identisch ist, dann sind einige Konfigurationen von Vorkommnissen physikalischer Eigenschaften Vorkommnisse funktionaler Eigenschaften. Identität der Vorkommnisse schließt jeden ontologischen Unterschied zwischen den betreffenden Vorkommnissen aus.

Hingegen kann man selbstverständlich ein und dasselbe Eigenschaftsvorkommnis verschieden klassifizieren – zum einen gemäß seiner physikalischen Zusammensetzung, zum anderen gemäß seiner Funktion im Sinn seiner charakteristischen Wirkungen –, und diese Klassifikationen können divergieren. Nicht alles, was unter dem Kriterium der Funktion im Sinn der charakteristischen Wirkung in dieselbe Klasse kommt, fällt auch unter dem Kriterium der physikalischen Zusammensetzung in diese Klasse. Aber Klassen sind nichts Ontologisches, das über die jeweiligen Eigenschaftsvorkommnisse hinaus in der Welt existiert und irgendwie ontologisch verschieden von den Eigenschaftsvorkommnissen ist. Es handelt sich um Klassifikationen, die wir vornehmen, indem wir bestimmte Begriffe bilden – Begriffe für Funktionen im Sinn charakteristischer Wirkungen, und Begriffe für physikalische Zusammensetzungen. Diese Begriffe sind verschieden, aber sie beziehen sich auf dieselben Eigenschaftsvorkommnisse in der Welt. Die Beschreibungen, die wir mit Hilfe dieser Begriffe bilden, werden durch diese Eigenschaftsvorkommnisse wahr gemacht (insofern sie wahr sind).

Daraus folgt: Wenn Eigenschaftsvorkommnisse nicht multipel realisiert sind und daher die Vorkommnisse funktionaler Eigenschaften mit Konfigurationen von Vorkommnissen physikalischer Eigenschaften identisch sind, dann können die Typen, die nicht miteinander identisch sind, nicht etwas in der natürlichen Welt über die Eigenschaftsvorkommnisse hinaus sein, sondern es handelt sich um Begriffe, die Eigenschaftsvorkommnisse in der Welt gemäß verschiedener Kriterien klassifizieren (siehe gegen diese Schlussfolgerung MacDonald und MacDonald 1986). Nichtsdestoweniger können alle diese verschiedenen Begriffe natürliche Arten in der Welt erfassen (wir werden diesen Punkt am Ende des Buchs in Kapitel 5.3 ausführen, und wir werden auf das Thema von Eigenschafts-Typen als Universalien in Kapitel 2.5 eingehen). Die multiple Realisation von Typen besagt dann, dass die funktionalen Begriffe der Einzelwissenschaften auf Eigenschaftsvorkommnisse multipel referieren, die physikalisch verschieden zusammengesetzt sind. Mit diesem Ergebnis ist jedoch der Rollen-Funktionalismus zusammengebrochen und de facto in den Realisierer-Funktionalismus übergegangen. Das Dilemma der Idee der multiplen Realisation, ontologisch aufgefasst, ist mithin dieses: Wenn diese Idee auf Typen und Vorkommnisse bezogen wird, legt sie uns darauf fest, eine primitive Diesheit der betreffenden Vorkommnisse anzuerkennen. Wenn diese Idee nur auf Typen bezogen wird, ist das Ergebnis die These der multiplen Referenz von Begriffen, statt die These einer ontologischen multiplen Realisation.

Fassen wir zusammen: Der Rollen-Funktionalismus konzipiert einen Unterschied zwischen den funktionalen Eigenschaften, von denen die Einzelwissenschaften handeln, und den physikalischen Eigenschaften. Erstere sind Rollen-Eigenschaften, letztere Realisierer-Eigenschaften. Dieser Unterschied besteht, weil die funktionalen Eigenschaften durch physikalische Eigenschaften multipel realisiert werden können. Insofern jedoch die funktionalen Eigenschaften von den physikalischen Eigenschaften verschieden sind, sind sie epiphänomenal. Der Epiphänomenalismus ist das eine Horn des Dilemmas, in das der Funktionalismus hineinläuft. Bei genauerem Hinsehen erweist sich zudem, dass gar nicht klar ist, wie aufgrund multipler Realisation ein ontologischer Unterschied zwischen funktionalen und physikalischen Eigenschaften bestehen könnte: Wenn dasjenige, was multipel realisiert sein soll, funktionale Eigenschafts*vorkommnisse* sind, dann läuft man in die Sackgasse der Festlegung auf eine primitive Diesheit (haecceitas) dieser

Eigenschaftsvorkommnisse hinein. Wenn die multiple Realisation sich hingegen nicht auf Eigenschaftsvorkommnisse bezieht, dann sind die funktionalen Eigenschaftsvorkommnisse mit Konfigurationen von Vorkommnissen physikalischer Eigenschaften identisch. Multipel realisierte *Typen* können dann nicht etwas ontologisch Verschiedenes anzeigen, das in der Welt existiert, sondern es handelt sich um Begriffe, die ein und dieselben Eigenschaftsvorkommnisse gemäß verschiedenen Kriterien klassifizieren.

1.3 Der Realisierer-Funktionalismus

Der Realisierer-Funktionalismus ist genauso alt wie der Rollen-Funktionalismus, war allerdings stets eine Minderheitsposition. Insbesondere David Lewis und David Armstrong haben ihn seit Ende der 1960er Jahre entwickelt (siehe vor allem Lewis 1966, 1970, 1972 und 1994 sowie Armstrong 1968). Ebenso wie der Rollen-Funktionalismus nimmt er seinen Ausgang von den funktionalen Beschreibungen, die wir in den Einzelwissenschaften vorfinden. Während Ersterer diese Beschreibungen jedoch so interpretiert, dass sie sich auf funktionale Rollen-Eigenschaften beziehen, die physikalisch realisiert sind, versteht Letzterer diese Beschreibungen so, dass sie auf die physikalischen Eigenschaften referieren. Deshalb spricht man von Realisierer-Funktionalismus.

Die Unterscheidung zwischen funktionalen Eigenschaften als Eigenschaften zweiter Ordnung und physikalischen Eigenschaften als Eigenschaften erster Ordnung, die jene realisieren, entfällt in dieser Position. Es gibt nur eine Art von Eigenschaften, die physikalischen Eigenschaften. Einige Konfigurationen von Objekten sind aufgrund der physikalischen Relationen, die zwischen diesen Objekten bestehen, so beschaffen, dass sie unter Standardbedingungen Wirkungen hervorbringen, auf die sich eine funktionale Beschreibung einer Einzelwissenschaft fokussiert. Daher machen diese Konfigurationen solche funktionalen Beschreibungen wahr. Kurz: Es gibt nur Vorkommnisse physikalischer Eigenschaften und deren Konfigurationen, und einige dieser Konfigurationen lassen nicht nur physikalische, sondern auch funktionale Beschreibungen der Einzelwissenschaften zu. Multiple Realisation besagt, dass funktionale Beschreibungen desselben Typs durch Konfigurationen von Vorkommnissen physikalischer Eigenschaften wahr gemacht werden, die aufgrund der Unterschiede in ihrer Zusammensetzung unter verschiedene physikalische Typen fallen. Es ist daher genauer, von *multipler Referenz* zu sprechen: Funktionale Beschreibungen ein und desselben Typs referieren auf Konfigurationen verschiedener physikalischer Typen.

David Lewis zufolge besteht die Welt in der Verteilung der fundamentalen physikalischen Eigenschaften an den Punkten der Raumzeit. Solche Eigenschaften können zum Beispiel Masse, Ladung, Spin, Geschwindigkeit und dergleichen sein. Nach Lewis sind diese kategoriale und intrinsische Eigenschaften (siehe insbesondere Lewis 1986a, Einleitung). *Kategoriale Eigenschaften* sind rein qualitative Eigenschaften, deren Wesen unabhängig von den kausalen und den nomologischen Beziehungen ist, in denen sie stehen. Diese Eigenschaften gehen daher darin auf, bestimmte Qualitäten zu sein, ohne dass ihre qualitative Beschaffenheit die Kraft oder Disposition einschließt, anderes hervorzubringen. *Intrinsische Eigenschaften* sind so definiert, dass Objekte diese Eigenschaften unabhängig davon haben, ob sie alleine oder in Begleitung anderer Objekte auftreten (siehe Langton und Lewis 1998 sowie Hoffmann 2008, Teil 1, ausführlich zu intrinsischen Eigenschaften).

Lewis akzeptiert die gesamte Verteilung der kategorialen und intrinsischen Eigenschaften an den Punkten der Raumzeit – also den gesamten Bereich der fundamentalen physikalischen Eigenschaften – als unhintergehbaren Ausgangspunkt. Auf dieser Verteilung supervenieren die Naturgesetze. Diese sind die signifikanten Regularitäten, die diese Verteilung aufweist. Die Naturgesetze variieren daher von einer möglichen Welt zur nächsten in Abhängigkeit von der gesamten Verteilung der kategorialen und intrinsischen Eigenschaften an den Punkten der Raumzeit in der jeweiligen Welt. Erst und nur durch die Naturgesetze sind auch Kausalbeziehungen gegeben. Daraus folgt: Ob zwischen zwei Eigenschaftsvorkommnissen eine Ursache-Wirkungs-Beziehung besteht oder nicht, hängt nicht von diesen selbst ab, sondern davon, wie die Verteilung der fundamentalen physikalischen Eigenschaften in der Raumzeit insgesamt beschaffen ist. Gemäß einer einfachen Regularitätstheorie der Kausalität hängen Kausalbeziehungen davon ab, ob Eigenschaftsvorkommnisse der gleichen Typen regelmäßig raumzeitlich zusammenhängend auftreten. Gemäß einer verfeinerten Regularitätstheorie in Begriffen kontrafaktischer Abhängigkeit hängen die Kausalbeziehungen wesentlich von den Naturgesetzen ab, die wiederum auf der gesamten Verteilung der fundamentalen physikalischen Eigenschaften supervenieren. Kurz: Indem auf der gesamten Verteilung der kategorialen und intrinsischen Eigenschaften an den Punkten der Raumzeit Naturgesetze und mit diesen Kausalbeziehungen supervenieren, macht diese Verteilung bestimmte kausale Beschreibungen einschließlich der funktionalen Beschreibungen der Einzelwissenschaften wahr (siehe zu Lewis' Position ausführlich Esfeld 2008, Kapitel 5.1).

Nichtsdestoweniger ist es auch im Hinblick auf Lewis' Position nicht erforderlich zu vertreten, dass Kausalaussagen sich unmittelbar auf die Welt als ganze beziehen. Man kann ohne weiteres sagen, dass eine Konfiguration von physikalischen Objekten, die letztlich aus Materieteilchen an Punkten der Raumzeit besteht, bestimmte Wirkungen aufgrund ihrer physikalischen Zusammensetzung hat. Das heißt, sie hat bestimmte Wirkungen aufgrund der physikalischen Relationen, die zwischen diesen Objekten bestehen und die, abgesehen von den raumzeitlichen Relationen, auf den kategorialen und intrinsischen Eigenschaften dieser Objekte supervenieren. Allerdings hat diese Konfiguration bestimmte Wirkungen nur deshalb, weil in der betreffenden Welt bestimmte Naturgesetze gelten, die auf der gesamten Verteilung der fundamentalen Eigenschaften supervenieren. Nichts verhindert also auch hier, dass eine bestimmte Molekülkonfiguration aufgrund ihrer physikalischen Zusammensetzung bestimmte phänotypische Wirkungen hat und daher eine bestimmte Beschreibung in Begriffen der klassischen Genetik wahr macht, auch wenn zwischen der Konfiguration und der Wirkung nur deshalb eine Kausalbeziehung besteht, weil die Verteilung der fundamentalen Eigenschaften in der Welt insgesamt bestimmte Regularitäten aufweist.

Da bestimmte Konfigurationen physikalischer Objekte auf diese Weise bestimmte funktionale Rollen realisieren, kann man in einem vagen Sinn von funktionalen Eigenschaften sprechen. Diese Redeweise ist jedoch nicht exakt: Genau genommen handelt es sich bei den funktionalen Rollen um Rollenbeschreibungen, und die Eigenschaften sind nicht funktional, weil es nicht essenziell für sie ist, bestimmte Effekte zu produzieren – die Eigenschaften sind als solche nicht kausal, sondern reine Qualitäten. So realisiert eine

Konfiguration von Eigenschaften des gleichen Typs in einer anderen möglichen Welt eine andere oder vielleicht gar keine funktionale Rolle, weil dort die Verteilung der fundamentalen und rein qualitativen physikalischen Eigenschaften anders beschaffen ist.

Um auf das Beispiel aus der Genetik zurückzukommen, eine Molekülkonfiguration macht eine funktionale Beschreibung in Begriffen der klassischen Genetik nicht deshalb wahr, weil es sich bei den Eigenschaften, welche die betreffende Konfiguration konstituieren, um funktionale Eigenschaften handelt – die Eigenschaften sind alle rein qualitativ; es ist das Auftreten einer bestimmten Anordnung kategorialer Eigenschaften vor dem Hintergrund der Verteilung der fundamentalen kategorialen Eigenschaften in der Welt insgesamt, aufgrund derer die betreffende funktionale Beschreibung in Begriffen der klassischen Genetik wahr ist. Kurz: Es gibt keine funktionalen Eigenschaften der Einzelwissenschaften, sondern nur kategoriale Eigenschaften der Physik; aber aufgrund der Anordnung dieser Eigenschaften in der Raumzeit insgesamt sind die funktionalen Beschreibungen der Einzelwissenschaften wahr. Der Realisierer-Funktionalismus gibt uns mithin »Wahrmacher« für die funktionalen Beschreibungen der Einzelwissenschaften in der Welt, ohne auf funktionale Eigenschaften angewiesen zu sein.

Multiple Realisation besagt gemäß dem Realisierer-Funktionalismus, dass die funktionalen Beschreibungen der Einzelwissenschaften in folgendem Sinn multipel referieren: Beschreibungen ein und desselben funktionalen Typs der Einzelwissenschaften referieren auf physikalische Konfigurationen, die aufgrund ihrer unterschiedlichen Zusammensetzung unter physikalische Beschreibungen verschiedener Typen fallen. Diese verschiedenen Konfigurationen kategorialer, physikalischer Eigenschaften machen alle funktionale Beschreibungen desselben Typs wahr, ohne dass sie physikalisch etwas gemeinsam haben, das sie von all den physikalischen Konfigurationen abgrenzt, die keine funktionale Beschreibung des betreffenden Typs wahr machen.

Infolgedessen ist es jedoch fraglich, wie diese funktionalen Beschreibungen einen wissenschaftlichen Erkenntniswert haben können. Wenn die funktionalen Beschreibungen der Einzelwissenschaften sich nicht auf genuin funktionale Eigenschaften beziehen, sondern auf Konfigurationen kategorialer, physikalischer Eigenschaften, und wenn diese Konfigurationen wegen der multiplen

Realisation bzw. der multiplen Referenz dieser Beschreibungen physikalisch nichts Signifikantes gemeinsam haben, dann ist nicht ersichtlich, welchen Beitrag zur wissenschaftlichen Beschreibung und Erklärung der Welt die Einzelwissenschaften leisten könnten, der nicht bereits durch die Physik erbracht wird.

Es gibt im Rahmen des Realisierer-Funktionalismus eine Strategie, trotz der multiplen Referenz die funktionalen Beschreibungen der Einzelwissenschaften an die physikalischen Beschreibungen und Erklärungen anzubinden. Diese Strategie geht davon aus, dass multiple Realisation bzw. multiple Referenz nur zwischen verschiedenen Spezies auftritt, die Realisation bzw. Referenz einer funktionalen Beschreibung innerhalb einer Spezies aber physikalisch einheitlich ist. Infolgedessen ist ein gegebener Typ einer funktionalen Beschreibung – bezogen jeweils auf eine bestimmte Spezies – extensionsgleich mit einem Typ einer physikalischen Beschreibung.

Diese Strategie, eine Extensionsgleichheit auf der Ebene jeweils einer Spezies zu finden, stammt aus der Philosophie des Geistes. Betrachten wir ein artifizielles Beispiel, das in der Literatur zur Philosophie des Geistes einschlägig ist: Nehmen wir an, dass immer und nur dann, wenn ein Mensch Schmerzen hat, C-Fasern im Gehirn feuern, und dass immer und nur dann, wenn ein Krake Schmerzen hat, B-Fasern im Gehirn feuern. Dann ist im Falle der Spezies Mensch die funktionale Beschreibung »hat Schmerzen« extensionsgleich mit der physikalischen Beschreibung »C-Fasern feuern«, und im Falle der Spezies Krake ist die funktionale Beschreibung »hat Schmerzen« extensionsgleich mit der physikalischen Beschreibung »B-Fasern feuern«. Infolgedessen kann man die funktionale Theorie über Schmerzen im Falle der Menschen auf eine physikalische Theorie über C-Fasern und im Falle der Kraken auf eine physikalische Theorie über B-Fasern reduzieren. Analog kann man, um auf das oben genannte Gen-Beispiel zurückzukommen, die funktionale Beschreibung der Gene für Haut- und Haarfarbe im Falle jeder Spezies auf eine molekulare Beschreibung reduzieren, die allerdings für jede Spezies verschieden ist.

Es ist für diese Strategie nicht wesentlich, ob die Referenz eines Typs einer funktionalen Beschreibung innerhalb einer Spezies wirklich einheitlich ist. Die Gruppe, in Bezug auf welche die Referenz einheitlich ist, kann auch eine Subspezies oder eine andere Gruppe sein. Ferner sind die entsprechenden Gesetze selbstverständlich nur

Ceteris-paribus-Gesetze, die Ausnahmen zulassen. Diese Strategie besteht allgemein gefasst darin, für jeden Typ einer funktionalen Beschreibung einer Einzelwissenschaft Gruppen zu finden, die durch ein physikalisches Kriterium eindeutig abgegrenzt werden können und in Bezug auf welche die Referenz des betreffenden funktionalen Beschreibungstyps einheitlich ist. Diese Strategie geht wiederum auf David Lewis (1969, 1980) zurück. Sie wurde in den 1990er Jahren insbesondere von Jaegwon Kim aufgenommen und durch seine Schriften weiter verbreitet (siehe Kim 1998, vor allem S. 93-95, und 2005, vor allem S. 25).

Diese Strategie antwortet jedoch nicht auf den Einwand, der besagt, dass im Realisierer-Funktionalismus aufgrund der multiplen Referenz der Erkenntniswert der Einzelwissenschaften verloren geht. Diese Strategie kann funktionalen Begriffen wie »Gen für die Regulation der Haut- und Haarfarbe« oder »Schmerz« (der in dem genannten artifiziellen Beispiel die Stelle eines funktionalen Begriffs der Psychologie vertritt) und den Beschreibungen, Gesetzen oder Erklärungen, in denen diese Begriffe vorkommen, keinen Erkenntniswert sichern. Diese Strategie kann zwar Begriffen wie »Gen für die Regulation der Haut- und Haarfarbe bei Menschen« oder »Schmerz-bei-Menschen« und Beschreibungen und Erklärungen, in denen diese Begriffe vorkommen, einen Erkenntniswert sichern, weil die physikalische Referenz dieser Begriffe einheitlich ist. Diese sind aber keine funktionalen Begriffe, die man im Vokabular der betreffenden Einzelwissenschaft bilden kann, sondern physikalisch-funktionale Mischbegriffe. Man fasst einfach nach physikalischen Kriterien Gruppen zusammen, in denen die Referenz des betreffenden Begriffs der Einzelwissenschaften einheitlich ist, und definiert für diese Gruppen physikalisch-funktionale Mischbegriffe. Diese Mischbegriffe relativieren die funktionalen Begriffe der Einzelwissenschaften jeweils auf eine bestimmte, allein physikalisch abgegrenzte Gruppe, so dass keine signifikante gemeinsame, gruppenübergreifende, funktionale Bedeutung für diese Begriffe mehr bestehen bleibt. Für die funktionalen Begriffe der Einzelwissenschaften wie »Gen für die Regulation der Haut- und Haarfarbe« oder »Schmerz« und die Beschreibungen, Gesetze und Erklärungen, die mit Hilfe dieser Begriffe gebildet werden, bleibt in dieser Strategie kein Platz. Sie werden zugunsten der genannten Mischbegriffe eliminiert.

Damit erreicht auch diese Strategie keine stabile Position, die den wissenschaftlichen Erkenntniswert der Einzelwissenschaften gegenüber der Physik sichert. Sie ist infolgedessen offen im Hinblick darauf, in die neue Form eines eliminativistischen Reduktionismus überzugehen, die unter dem Namen »new wave reductionism« bekannt ist. Um die Theorien der Einzelwissenschaften auf physikalische Theorien zu reduzieren, sucht dieser Reduktionismus ebenfalls im physikalischen Vokabular abgrenzbare Gruppen auf, in Bezug auf welche die Referenz der Begriffe der betreffenden Theorie einer Einzelwissenschaft physikalisch einheitlich ist. Die Reduktion besteht dann in Folgendem: Man konstruiert im Vokabular einer umfassenden physikalischen Theorie ein Abbild der fraglichen Theorie der betreffenden Einzelwissenschaft, so dass man deren Begriffe, bezogen auf die jeweilige Gruppe, physikalischen Begriffen eindeutig zuordnen kann. Diese physikalisch-funktionalen Mischbegriffe kann man dann zugunsten der koextensionalen physikalischen Begriffe der abbildenden Theorie eliminieren; denn sie besagen nichts, das man nicht auch im physikalischen Vokabular allein ausdrücken kann. Auf diese Weise wird eine einzige Theorie der Einzelwissenschaften durch mehrere, jeweils auf eine bestimmte Gruppe bezogene physikalische Theorien, die im Vokabular einer umfassenden physikalischen Theorie konstruiert werden, ersetzt. Diese Konzeption geht auf Clifford Hooker (1981, insbesondere S. 49) zurück. John Bickle (1998, 2003) hat sie zum »new wave reductionism« weiterentwickelt.

Fassen wir zusammen: Der Realisierer-Funktionalismus nimmt eine eliminativistische Haltung in Bezug auf die funktionalen Eigenschaften ein, von denen die Einzelwissenschaften handeln. Deren Beschreibungen referieren nicht auf funktionale Eigenschaften der Einzelwissenschaften, sondern auf Konfigurationen physikalischer Eigenschaften, welche die betreffenden Beschreibungen wahr machen. Diese eliminativistische Haltung in Bezug auf die funktionalen Eigenschaften hat jedoch zur Konsequenz, dass aufgrund der multiplen Realisation bzw. der multiplen Referenz auch die wissenschaftliche Qualität der Einzelwissenschaften zugunsten rein physikalischer, gruppenspezifischer Beschreibungen und Theorien eliminiert wird.

1.4 Die Zukunft des Funktionalismus

Obwohl der Funktionalismus auf den ersten Blick vielversprechend erscheint, laufen seine beiden herkömmlichen Versionen in ein Dilemma hinein: Der Rollen-Funktionalismus, der auf eine Unterscheidung zwischen funktionalen und physikalischen Eigenschaften abhebt, hat zur Konsequenz, dass die funktionalen Eigenschaften epiphänomenal sind. Der Realisierer-Funktionalismus eliminiert nicht nur die funktionalen Eigenschaften, sondern infolgedessen auch die wissenschaftliche Qualität der funktionalen Beschreibungen, Gesetze und Erklärungen der Einzelwissenschaften. Wir stehen somit vor einem Dilemma zwischen Epiphänomenalismus und Eliminativismus. Dennoch ist keine Position in Sicht, die an die Stelle des Funktionalismus treten könnte: Die beiden Alternativen, nicht-physikalische, emergente Eigenschaften anzusetzen oder sich auf einen Physikalismus zurückzuziehen, der nur die Physik anerkennt, laufen explizit in die beiden Hörner des genannten Dilemmas hinein – Epiphänomenalismus im ersten, Eliminativismus im letzten Fall.

Allerdings ist auch nicht zu sehen, von woher eine Alternative zum Funktionalismus kommen könnte. Der Funktionalismus ist die einzige Position, welche eine Erklärung dessen bietet, wieso es die Eigenschaften, von denen die Einzelwissenschaften handeln, in der Welt gibt. Diese Bestandsaufnahme spricht für die folgende Schlussfolgerung: Der Funktionalismus ist nach wie vor attraktiv. Wir benötigen einen Mittelweg zwischen einem emergentistischen Dualismus und einem eliminativistischen Physikalismus, der sowohl der Einheit der Natur, ausgedrückt in dem genannten Vollständigkeitsprinzip in Bezug auf die Physik, und ihrer Vielfalt, ausgedrückt in dem Erkenntniswert der Einzelwissenschaften, gerecht wird. Aber man muss den Funktionalismus in einer anderen Weise ausführen, als es in den herkömmlichen Versionen des Rollen- und des Realisierer-Funktionalismus geschieht.

Wir möchten aus der Analyse dessen, wie es zu dem genannten Dilemma kommt, zwei Konsequenzen vorschlagen:
– Es ist falsch, funktionale und physikalische Eigenschaften einander entgegenzusetzen.
– Es ist falsch, multiple Realisation als anti-reduktionistisches Argument zu verstehen.

Wenn man den Gegenstandsbereich und den Erkenntniswert der Einzelwissenschaften dadurch sichern möchte, dass man die funktionalen von den physikalischen Eigenschaften unterscheidet und dass man die multiple Realisation einsetzt, um gegen den Reduktionismus zu argumentieren, dann sichert man nicht den Status der Einzelwissenschaften und ihres Gegenstandsbereichs, sondern dann unterliegen die Einzelwissenschaften (siehe dazu auch P. Smith 1992, insbesondere S. 25).

Wie kann man aber den Eliminativismus vermeiden, wenn man die funktionalen Eigenschaften nicht den physikalischen entgegensetzt und die multiple Realisation bzw. die multiple Referenz der funktionalen Beschreibungen nicht anti-reduktionistisch konzipiert? Die Überlegungen in den folgenden Kapiteln dieses Buchs bauen auf zwei Thesen auf:

(1) Alle Eigenschaften, die es in der Welt gibt, einschließlich der physikalischen Eigenschaften, sind funktionale im Sinn kausaler Eigenschaften.

(2) Alle Beschreibungen, Gesetze und Theorien der Einzelwissenschaften können trotz multipler Realisation bzw. Referenz auf physikalische Beschreibungen, Gesetze und Theorien reduziert werden.

Die erste These ermöglicht es, funktionale Eigenschaften mit physikalischen Eigenschaften zu identifizieren, ohne einen Eliminativismus zu vertreten; denn die physikalischen Eigenschaften sind selbst funktional – in dem Sinn, dass sie kausale Eigenschaften sind –, und die Identifikation der Eigenschaften der Einzelwissenschaften mit physikalischen Eigenschaften ist der einzige Weg, um Ersteren kausale Wirksamkeit zu sichern. Damit entfällt die Idee, dass funktionale Eigenschaften – physikalisch – realisiert sind. Was stattdessen unsere Position als Funktionalismus charakterisiert, ist die These, dass alle Eigenschaften funktional im Sinn dessen sind, dass sie als solche kausal sind. Das heißt, es gibt keinen Unterschied zwischen Eigenschaften, ohne dass es sich dabei um einen kausalen Unterschied handelt. Wir müssen selbstverständlich diese These erläutern und Argumente für sie anführen, die unabhängig von der Debatte um das genannte Dilemma des Funktionalismus sind. Nur dann haben wir eine gefestigte These zur Verfügung, mit der wir einen Weg aus dem genannten Dilemma finden können. Das ist die Aufgabe des nächsten Kapitels.

Die zweite These gewährleistet die Anbindung der Beschreibungen, Gesetze und Theorien der Einzelwissenschaften an die der Physik. Nur durch eine solche Anbindung können wir dafür argumentieren, dass die Beschreibungen, Gesetze und Theorien der Einzelwissenschaften einen wissenschaftlichen Erkenntniswert haben, statt letztlich durch physikalische Beschreibungen, Gesetze und Theorien ersetzt werden zu können. Im fünften Kapitel werden wir zeigen, wie es dadurch vor dem Hintergrund der kausalen Sicht von Eigenschaften möglich ist, den wissenschaftlichen Wert der Einzelwissenschaften zu sichern.

Die Position, auf die diese beiden Thesen hinauslaufen, ist ein *konservativer Reduktionismus*. Ein Reduktionismus ist deshalb erforderlich, weil dann, wenn man die Einzelwissenschaften und ihren Gegenstandsbereich der Physik entgegensetzt, Erstere nur unterliegen können. Konservativ ist der Reduktionismus genau dann, wenn er begründen kann, wieso er nicht auf einen Eliminativismus hinausläuft. Das Kunststück ist also, eine zwar reduktionistische, aber anti-eliminativistische Position zu entwickeln. Das ist das Gewicht, das auf der These liegt, der zufolge alle Eigenschaften funktional im Sinn von kausal sind.

2. Die Metaphysik kausaler Strukturen

2.0 Einführung und Überblick

Kommen wir auf das Gedankenexperiment vom Beginn des ersten Kapitels zurück und verschärfen wir es in folgender Weise: Nehmen wir an, dass man einen Anfangszustand der Welt eindeutig definieren kann und dass in diesem Zustand nur mikrophysikalische Eigenschaften vorhanden sind, die von einer fundamentalen physikalischen, kosmologischen Theorie beschrieben werden. Stellen wir uns vor, dass dieser Anfangszustand kopiert wird, das heißt, dass ein Duplikat w^* der realen Welt w geschaffen wird, dessen Anfangszustand mit dem von w identisch ist. Ist damit die gesamte zeitliche Entwicklung von w^* auch mit der zeitlichen Entwicklung von w identisch, so dass gegeben die Antwort auf das Gedankenexperiment zu Beginn des ersten Kapitels w^* schlechthin ein Duplikat von w ist?

Diese Frage zu bejahen, hieße, einen umfassenden Determinismus zu vertreten: Mit den Eigenschaften, die im Anfangszustand der Welt vorhanden sind, wären bestimmte Naturgesetze gegeben, und dadurch wäre die gesamte weitere Entwicklung der Welt festgelegt. Für einen solchen umfassenden Determinismus brauchte man entsprechend starke Argumente, die sich jedenfalls nicht ohne weiteres aus den heutigen physikalischen Theorien oder generellen philosophischen Überlegungen ergeben.

Andererseits wäre es auch nicht plausibel, diese Frage einfach zu verneinen, so dass in w^* auf den Anfangszustand, der mit dem von w identisch ist, Beliebiges folgen könnte und w^* dementsprechend in der Folge von w völlig verschieden sein könnte. Wenn dem so wäre, dann würde für jeden beliebigen späteren Zeitpunkt t_n auch gelten, dass eine Welt w^*, die bis zu t_n mit w identisch ist, sich nach t_n vollständig von w unterscheiden könnte. Nehmen wir an, dass die Datumsangabe 20. Dezember 2008 8h30 sich in eine global eindeutige Zeitangabe für einen Zustand der Welt zu diesem Zeitpunkt übersetzen lässt. Dann könnte es eine Welt w^* geben, die bis zu diesem Zeitpunkt mit w identisch, danach aber von w völlig verschieden ist.

Unsere Intuition geht dahin, Folgendes zu sagen: Mit den Eigenschaften, die am Anfangszustand der Welt vorhanden sind, sind bestimmte Naturgesetze für die Welt gegeben, und dadurch gibt es bestimmte Tendenzen für die zukünftige Entwicklung der Welt. Es ist nicht alles am Anfangszustand der Welt festgelegt, aber es ist auch nicht Beliebiges möglich. Diese Intuition reicht aus, um die Unterscheidung zwischen funktionalen und physikalischen Eigenschaften aufzuweichen und zu der kausalen Theorie von Eigenschaften hin zu führen.

In diesem Kapitel möchten wir diese Intuition in philosophische Argumentation umsetzen. Wir stellen zunächst das philosophische Argument für die kausale Theorie von Eigenschaften vor (2.1). Dieses Argument setzt stillschweigend voraus, dass die fundamentalen Eigenschaften in der Welt intrinsische Eigenschaften sind. Gemäß den heutigen fundamentalen physikalischen Theorien handelt es sich jedoch in erster Linie um Relationen bzw. Strukturen statt intrinsischer Eigenschaften (2.2). Auf dieser Grundlage – philosophisches Argument für kausale Eigenschaften, physikalisches Argument für Eigenschaften als Strukturen – bauen wir eine Theorie kausaler Strukturen auf (2.3) und rekonstruieren den Übergang von den fundamentalen physikalischen Strukturen zu lokalen, komplexen Strukturen, die den Gegenstandsbereich von Einzelwissenschaften bilden (2.4). Wir entwickeln die Theorie kausaler Strukturen, um einen Weg aus dem Dilemma von Epiphänomenalismus und Eliminativismus zu finden. Dazu müssen wir diese Theorie zunächst unabhängig von der Debatte um den Funktionalismus und das Verhältnis von Physik und Einzelwissenschaften begründen. Ebenso müssen wir unsere Sicht von Eigenschaften als Existenzweisen (Modi) der Objekte unabhängig von dieser Debatte begründen (2.5). Mit der Theorie kausaler Strukturen als Weisen, wie Objekte existieren, arbeiten wir zum Abschluss dieses Kapitels einen konservativen ontologischen Reduktionismus aus, der das genannte Dilemma vermeidet.

2.1 Das philosophische Argument für kausale Eigenschaften

Bei der Darstellung der beiden herkömmlichen Versionen des Funktionalismus im vorigen Kapitel sind wir davon ausgegangen, dass es eine eindeutige Unterscheidung zwischen funktionalen und physikalischen Eigenschaften und Beschreibungen gibt. Letztere realisieren erstere Eigenschaften bzw. machen erstere Beschreibungen wahr. Diese Unterscheidung ist jedoch keineswegs eindeutig. Mentale Eigenschaften gelten als ein zentrales Beispiel für funktionale Eigenschaften. Man nimmt an, dass die mentalen Eigenschaften durch neurobiologische Eigenschaften realisiert sind. Neurobiologische Eigenschaften sind demnach nicht-funktionale, physikalische Eigenschaften im Vergleich zu mentalen Eigenschaften. Sie sind jedoch ihrerseits Eigenschaften, die von einer Einzelwissenschaft beschrieben werden, im Unterschied zu Eigenschaften, auf die sich eine fundamentale physikalische Theorie fokussiert. In Bezug auf Letztere gelten die neurobiologischen Eigenschaften als funktionale Eigenschaften, die physikalisch multipel realisierbar sind. Ein und dieselben Eigenschaften können also physikalische Realisierer-Eigenschaften und zugleich multipel realisierbare funktionale Eigenschaften sein.

Diese Überlegung hat selbst dann Bestand, wenn man der Meinung ist, dass die Eigenschaften, die mentale Eigenschaften realisieren, molekularbiologische Eigenschaften sind – statt neurobiologischer Eigenschaften, die selbst wiederum molekularbiologisch multipel realisiert sind. Man kann vertreten, dass im Vergleich zu fundamentalen physikalischen Eigenschaften sogar die molekularbiologischen Eigenschaften funktionale Eigenschaften sind (siehe Rosenberg 1994, S. 24-25). Nur die fundamentalen physikalischen Eigenschaften wären demnach nicht-funktionale, physikalische Eigenschaften.

Auch auf diese Weise wird das Problem, welches die genannte Überlegung aufzeigt, jedoch nicht gelöst. Denn auch die Beschreibungen der fundamentalen physikalischen Eigenschaften sind funktionale Beschreibungen. Frank Jackson drückt diesen Sachverhalt so aus:

Wenn Physiker uns etwas über die Eigenschaften berichten, die sie für fundamental halten, dann sagen sie uns, was diese Eigenschaften tun. Das ist kein Zufall. Wir wissen etwas darüber, wie die Dinge beschaffen sind, im Wesentlichen dadurch, wie die Dinge auf uns und unsere Messgeräte einwirken. Hieraus folgt [...] die Möglichkeit, dass (i) es zwei durchaus verschiedene intrinsische Eigenschaften P und P^* gibt, die sich in den kausalen Beziehungen, die sie eingehen, vollständig gleichen, dass (ii) manchmal die eine und manchmal die andere vorhanden ist und dass (iii) wir irrtümlicherweise annehmen, dass es sich nur um eine Eigenschaft handelt, weil der Unterschied keinen Unterschied macht [...]. Eine offensichtliche Ausweitung dieser Möglichkeit führt zu der unbequemen Idee, dass wir mehr oder weniger nichts über die intrinsische Natur der Welt wissen. Wir kennen nur ihre kausal-relationale Natur. (Jackson 1998, S. 23-24, Übersetzung M.E.; siehe auch Blackburn 1990)

Wir können die Eigenschaften der Objekte in der Welt nur erkennen, insofern diese Eigenschaften in Kausalbeziehungen stehen. Denn damit wir etwas erkennen können, muss es in einer Kausalbeziehung zu unserem Erkenntnisapparat stehen, wie indirekt diese auch immer sein mag. Daraus folgt kein Relativismus und auch keine Einschränkung unserer Erkenntnisfähigkeit. Wir können universelle physikalische Theorien aufstellen, die Geltungsanspruch für alles in der Welt erheben, und wir können gute Gründe haben, diese Theorien für wahr zu halten (sie können in der Tat wahr sein). Aber um solche Theorien als empirische Theorien über die reale Welt auszuzeichnen – im Unterschied zu bloßen Modellen möglicher Welten –, muss es möglich sein, von den Gegenständen, die diese Theorien als real annehmen, eine kausale Verbindung zu unseren Sinnen aufzubauen.

Aus diesem Argument folgt, dass es keine Trennung zwischen funktionalen und physikalischen Beschreibungen gibt. Auch die physikalischen Beschreibungen sind funktional, weil sie die Eigenschaften, von denen sie handeln, so beschreiben, dass sie diese Eigenschaften in Beziehung zu anderen Eigenschaften setzen, insbesondere in Kausalbeziehungen. Die Kausalbeziehungen schließen über experimentelle Anordnungen letztlich auch Beziehungen zu unseren Sinn ein. Letztere Beziehungen haben keine besondere Position. Die Aussagen, die Naturgesetze ausdrücken, geben Beziehungen zwischen Eigenschaften an, von denen dann Beziehungen zu unseren Sinnen lediglich ein spezieller Fall sind. Aus diesem Sachverhalt folgt, wie gesagt, keine Einschränkung unserer Erkenntnisfähigkeit.

Eine solche Einschränkung ergibt sich erst und nur dann, wenn man – wie Jackson – postuliert, dass zumindest einige der Eigenschaften, auf welche die funktionalen Beschreibungen Bezug nehmen, intrinsische Eigenschaften sind. Genauer gesagt handelt es sich um intrinsische und kategoriale Eigenschaften, weil das, was diese Eigenschaften sind, nicht durch die Kausalbeziehungen gegeben ist, in denen sie sich manifestieren oder manifestieren können. Mit anderen Worten: Diese intrinsischen Eigenschaften sind reine Qualitäten. Erst und nur dann folgt, dass es etwas gibt, das diese Eigenschaften unabhängig von den Beziehungen sind, in denen sie auftreten und das folglich unerkennbar ist. Der Grund dafür anzunehmen, dass zumindest einige der fundamentalen physikalischen Eigenschaften intrinsisch und kategorial sind, kann sich nicht aus den naturwissenschaftlichen Beschreibungen dieser Eigenschaften ergeben. Diese Beschreibungen belassen es dabei, Beziehungen anzugeben. Es ist ein bloßes metaphysisches Postulat, dass diesen Beziehungen ein rein qualitatives Wesen der betreffenden Eigenschaften zugrunde liegt.

Die Einschränkung unserer Erkenntnisfähigkeit folgt mithin aus einer metaphysischen Annahme über das Wesen der Eigenschaften. Jenes ist etwas rein Qualitatives, eine primitive Washeit, für die in der Literatur der lateinische Ausdruck *quidditas* verwendet wird (die heutige Verwendung dieses Ausdrucks in diesem Kontext geht auf Black 2000 zurück). Primitiv ist diese Washeit, weil sie unabhängig von allen kausalen und nomologischen Beziehungen ist. Es ergibt sich damit eine Kluft zwischen Metaphysik und Erkenntnistheorie: Gemäß der vertretenen Metaphysik ist das Wesen der Eigenschaften eine primitive Washeit. Ein solches Wesen ist jedoch prinzipiell unerkennbar. Für letztere Konsequenz wird der Begriff *humilitas* (Bescheidenheit) verwendet, der ausdrücken soll, dass ein kognitiver Zugang zu dem Wesen der Eigenschaften aus metaphysischen Gründen unmöglich ist.

Wir haben in Kapitel 1.2 bei der Diskussion der Idee der multiplen Realisierbarkeit von Eigenschaftsvorkommnissen die Konsequenz eines haecceistischen Unterschieds zwischen möglichen Welten kennen gelernt und kritisiert: Das ist ein Unterschied zwischen Welten, der lediglich darin besteht, dass in zwei Welten unterschiedliche Individuen existieren, ohne dass es irgendeinen qualitativen Unterschied gibt. Wenn man der Auffassung ist, dass das Wesen der Eigenschaften etwas rein Qualitatives ist (eine quidditas), dann ist man auf eine ähnliche Konsequenz festgelegt: Man muss dann Welten als unterschiedlich anerkennen, die in Bezug auf alle kausalen und nomologischen Beziehungen identisch sind, sich aber durch das rein qualitative Wesen der Eigenschaften unterscheiden, die diesen Beziehungen zugrunde liegen. Es handelt sich um einen Unterschied, der keinen Unterschied macht, wie Jackson in dem Zitat oben sagt. *Ein quidditischer Unterschied ist somit ein qualitativer Unterschied zwischen Welten, aufgrund dessen Welten als unterschiedlich angesehen werden müssen, obwohl sie ununterscheidbar sind.*

Kommen wir auf David Lewis zurück, um zu illustrieren, wie man diese Position ausführen kann. Lewis zufolge sind alle wissenschaftlichen Beschreibungen von etwas in der Welt Beschreibungen einer funktionalen Rolle, die auf die Eigenschaften referieren, welche die betreffende Rolle realisieren. Diese Realisierer-Eigenschaften können wir jedoch prinzipiell nicht erkennen. Sie besitzen Lewis zufolge eine primitive Washeit (siehe Lewis 2009). Betrachten wir das Beispiel aus Kapitel 1.3: Wir können gemäß dem Reduktionsmodell von Lewis die Beschreibung »hat Schmerzen« im Falle der Spezies Mensch auf die Beschreibung »*C*-Fasern feuern« reduzieren. Letztere ist jedoch ebenfalls eine funktionale Beschreibung. Die Beschreibung »*C*-Fasern feuern« kann man ihrerseits, möglicherweise mit zusätzlichen Einschränkungen auf bestimmte Gruppen, weiter reduzieren, bis man zu einer fundamentalen physikalischen Beschreibung gelangt. Nehmen wir an, dass wir diese Beschreibung im Falle der Spezies Mensch auf genau eine molekularbiologische Beschreibung und diese schließlich auf genau eine fundamentale physikalische Beschreibung reduzieren können. Aber Letztere ist auch eine funktionale Beschreibung, die Kausalbeziehungen angibt.

Lewis nimmt an, dass die Eigenschaften, welche die Rollen-Beschreibungen erfüllen, intrinsisch und kategorial sind. Sie besitzen somit einen primitiven qualitativen Charakter, eine primitive Washeit, die unabhängig von den Beziehungen ist, in denen sie auftreten. Ann Whittle (2006, S. 469-472) und Alyssa Ney (2007, S. 50-53) betonen zwar zu Recht, dass unsere Beschreibungen nichtsdestoweniger auf die fundamentalen Eigenschaften referieren können; sie berücksichtigen aber nicht, dass wir die Beschaffenheit dieser Eigenschaften prinzipiell nicht erkennen können, weil die Beziehungen keinen Rückschluss auf das qualitative Wesen der Eigenschaften erlauben (siehe zur Konsequenz der Unerkennbarkeit auch Locke 2009, S. 227-228). Eigenschaften des gleichen Typs, deren Wesen eine bestimmte primitive Washeit ist, können in verschiedenen möglichen Welten ganz unterschiedliche kausale und nomologische Beziehungen manifestieren, je nachdem, wie die Verteilung der intrinsischen und kategorialen Eigenschaften in der betreffenden Welt insgesamt beschaffen ist.

Damit ist multiple Realisierbarkeit bzw. die Möglichkeit multipler Referenz immer automatisch gegeben: Funktionale Beschreibungen ein und desselben Typs können von Konfigurationen intrinsischer Eigenschaften, deren primitive Washeiten ganz verschieden sind, erfüllt werden, sofern nur die betreffenden Konfigurationen vor dem Hintergrund der Eigenschaftsverteilung in der gesamten Welt so beschaffen sind, dass die betreffenden funktionalen Beschreibungen auf sie zutreffen. Nichts verhindert beispielsweise, dass die intrinsischen Eigenschaften, die in der realen Welt die fundamentale physikalische Beschreibung »negative Elementarladung« wahr machen, in einer anderen möglichen Welt die fundamentale physikalische Beschreibung »Masse x« wahr machen und umgekehrt. Mit anderen Worten, Eigenschaften desselben Typs – das heißt charakterisiert durch dieselbe primitive Washeit – können in einer Welt die Ladungs-Rolle ausüben, in einer anderen Welt hingegen die Masse-Rolle. Deshalb kann man von der Rolle nicht auf die Beschaffenheit der Realisierer-Eigenschaft schließen.

Auf diese Weise ist für alle unsere Beschreibungen einschließlich der fundamentalen physikalischen Beschreibungen immer trivialerweise die Bedingung erfüllt, dass sie multipel realisierbar sind bzw. die Möglichkeit multipler Referenz besteht. Jackson spricht von zwei verschiedenen Typen intrinsischer Eigenschaften P und P^*, deren Vorkommnisse exakt die gleichen Kausalbeziehungen aufweisen, so dass es prinzipiell unmöglich ist, den Unterschied zwischen diesen Eigenschaften zu erkennen. Das ist ein Fall von multipler Realisation: Exakt die gleichen kausalen, funktionalen Beziehungen bzw. Beschreibungen können durch Eigenschaften des Typs P, aber auch durch Eigenschaften des Typs P^* realisiert werden.

Wir können das Ergebnis der bisherigen Überlegungen so zusammenfassen:

(1) Es gibt keinen prinzipiellen Unterschied zwischen funktionalen und physikalischen Beschreibungen. Auch die physikalischen Beschreibungen sind funktionale Beschreibungen, weil sie Relationen, insbesondere Kausalrelationen, angeben.

(2) Wenn man vertritt, dass es einen prinzipiellen Unterschied

zwischen funktionalen und physikalischen Eigenschaften gibt bzw. dass die Eigenschaften in der Welt physikalisch im Unterschied zu funktional sind, dann ist man auf die Konsequenz festgelegt, dass das, was die physikalischen Eigenschaften sind, in einer primitiven Washeit (quidditas) besteht. Folglich können wir nicht erkennen, was diese Eigenschaften sind; denn unsere Beschreibungen können als funktionale immer nur die Beziehungen erfassen, welche zwischen den betreffenden Eigenschaften bestehen, nicht aber deren intrinsisches, qualitatives Wesen.

(3) Wenn man vertritt, dass die physikalischen Eigenschaften ein intrinsisches, rein qualitatives Wesen haben, dann folgt, dass die funktionalen Eigenschaften immer automatisch multipel realisierbar sind bzw. dass die funktionalen Beschreibungen immer automatisch multipel referieren können. Denn Eigenschaften, deren intrinsische Washeiten ganz verschieden sind, können alle die gleichen kausalen, funktionalen Beziehungen aufweisen.

Wieso sollte man annehmen, dass die Eigenschaften, die es in der Welt gibt, in einer primitiven Washeit (*quidditas*) bestehen, so dass das, was sie sind, prinzipiell unerkennbar ist? Primitive Washeiten anzuerkennen, ist eine starke metaphysische Festlegung: Der qualitative Charakter von Eigenschaften soll etwas Primitives sein, das unabhängig von allen kausalen und nomologischen Beziehungen ist. Folglich ist der Unterschied zwischen zwei fundamentalen Eigenschaften verschiedener Typen etwas Primitives, das mithin in keiner Weise beschreibbar ist – ein Unterschied, der keinen Unterschied macht, wie Jackson sagt. Wir müssen infolgedessen, wie oben erwähnt, Welten als unterschiedlich ansehen, obwohl sie ununterscheidbar sind. Es drängt sich der Eindruck auf, dass die Festlegung auf primitive Washeiten ein Anzeichen dafür ist, dass die Argumentation in die Irre gelaufen ist (so bereits Black 2000).

Das Standard-Argument für die Anerkennung primitiver Washeiten lautet, dass dasjenige, was in Beziehungen auftritt, etwas an sich selbst unabhängig von den Beziehungen sein muss (so zum Beispiel Jackson 1998, S. 24). Mit anderen Worten, wenn man annähme, dass das, was die Eigenschaften sind, in den Beziehungen, die sie aufweisen, aufgeht, dann ergäbe sich keine kohärente Position. Dieses Argument ist jedoch nicht stichhaltig. Man kann ohne weiteres vertreten, dass die funktionalen Beschreibungen auf funktionale und damit kausale Eigenschaften Bezug nehmen, ohne dass diese Eigenschaften über die Beziehungen, in denen sie sich manifestieren, hinaus noch eine intrinsische Washeit haben. Diese Position ist nicht nur philosophisch kohärent, sondern sie wird auch durch ein empirisches Argument gestützt, auf das wir in Kapitel 2.2 eingehen werden.

Statt wie Jackson zu vertreten, dass den Kausalrelationen intrinsische und kategoriale Eigenschaften (reine Qualitäten) zugrunde liegen, kann man eine Metaphysik von Eigenschaften entwickeln, der zufolge die Eigenschaften als solche kausal sind. Statt dass das Wesen einer Eigenschaft eine primitive Washeit ist, handelt es sich um die Kraft, bestimmte Kausalbeziehungen einzugehen. Folglich zeigt sich das, was die Eigenschaften sind, in den Kausalbeziehungen, in denen sie auftreten bzw. in denen Objekte aufgrund der Eigenschaften, die sie haben, stehen. Man kann die Kausalbeziehungen und die Eigenschaften nicht voneinander trennen. Sydney Shoemaker (1980) beispielsweise zieht aus Überlegungen, die analog zu denen Jacksons sind, die Konsequenz einer kausalen Theorie der Eigenschaften.

Die Sicht, gemäß der die Eigenschaften als solche kausal sind, hat sich seit den 1980er Jahren zu einer starken Gegenposition zur Theorie intrinsischer und kategorialer Eigenschaften entwickelt. Für diese Sicht stehen heute neben Sydney Shoemaker (1980) und Rom Harré und E. H. Madden (1975) vor allem Autoren wie Stephen Mumford (1998, Kapitel 9), Alexander Bird (2007a) sowie auch C. B. Martin (1997) und John Heil (2003, Kapitel 11) und im deutschen Sprachraum Andreas Bartels (1996, 2000) (siehe auch Hawthorne 2001, der diese Sicht als »kausalen Strukturalismus« kennzeichnet, und Chakravartty 2007, Kapitel 3 bis 5). Wir schlagen vor, diese Sicht folgendermaßen zu präzisieren: *Insofern Eigenschaften bestimmte Qualitäten sind, sind sie Kräfte, bestimmte Wirkungen hervorzubringen.* Deshalb geben die Kausalbeziehungen zu erkennen, was die Eigenschaften sind, und der qualitative Charakter der Eigenschaften ist nichts Primitives.

Betrachten wir zum Beispiel die fundamentale physikalische Eigenschaft der Ladung. Diese ist eine bestimmte Qualität, die zum Beispiel von der Masse verschieden ist. Es gibt fundamentale physikalische Objekte, welche die gleiche Ladung, aber verschiedene Ruhemasse haben und umgekehrt (Elektronen und Myonen bzw. Elektronen und Positronen). Insofern die Ladung eine bestimmte

Qualität ist, ist sie eine Kraft, die sich in bestimmten Kausalbeziehungen manifestiert, nämlich die Kraft, ein elektromagnetisches Feld aufzubauen, so dass gleich geladene Objekte abgestoßen und entgegengesetzt geladene Objekte angezogen werden. Diese Kausalbeziehungen werden in der physikalischen Feldtheorie des Elektromagnetismus beschrieben.

Diese Sicht von Eigenschaften ist nur dann kohärent, wenn man das Qualitative und das Kausale von Eigenschaften zusammendenkt. Es handelt sich nicht um verschiedene Aspekte von Eigenschaften, sondern strikt um ein und dasselbe. Die Position von C. B. Martin (1997) und John Heil (2003, Kapitel 11) wird in der Literatur häufig im Sinn einer Theorie zweier Aspekte von Eigenschaften verstanden – qualitativer und kausaler Aspekt – und dementsprechend der Position von Sydney Shoemaker (1980) und Alexander Bird (2007a) entgegengesetzt. Heil (2009, S. 178) sagt jedoch in Bezug auf Martins letzte Position, dass dieser schließlich Eigenschaften als »powerful qualities« konzipiert, also beides in einem zusammendenkt. Wenn man hingegen Martin und Heil im Sinn einer Theorie zweier Aspekte liest, ergeben sich zwei offensichtliche Einwände: Was ist das Verhältnis zwischen dem qualitativen und dem kausalen Aspekt einer Eigenschaft? Und wie lässt sich der Einwand der Festlegung auf eine primitive Washeit für den qualitativen Aspekt einer Eigenschaft vermeiden? Der Sache nach lässt sich nur eine Position sinnvoll vertreten, die Eigenschaften als kausal ansieht, indem sie bestimmte Qualitäten sind: Eigenschaften, die rein kausal sind, ohne bestimmte Qualitäten zu sein, wären reine Potenzialitäten, statt reale, aktuale Eigenschaften (siehe zu dem diesbezüglichen Standardeinwand Armstrong 1999, Abschnitt 4). Und Eigenschaften, die bestimmte Qualitäten sind, ohne dass sie kausale Kräfte sind, wären primitive Washeiten, die uns darauf festlegen würden, Welten, die ununterscheidbar sind, dennoch als qualitativ verschieden anzuerkennen (siehe dazu ausführlich mit Diskussion der Literatur Esfeld 2008, Kapitel 5.3).

Eigenschaften, die kausale Kräfte sind, sind Dispositionen. Wenn die fundamentalen physikalischen Eigenschaften ebenfalls Kräfte sind, dann sind auch sie dispositional. Die Sicht, der zufolge die Eigenschaften als solche kausal sind, impliziert daher die These, dass Dispositionen nicht an kategoriale Basiseigenschaften gebunden sind – was kein Problem darstellt, wenn man die dispositionalen Eigenschaften als bestimmte aktuale Qualitäten auffasst. Ein Problem ergäbe sich nur dann, wenn man Dispositionen als reine Potenzialitäten ansehen würde, die als solche nicht aktuale Eigenschaften sind, sondern eben eine kategoriale Basis voraussetzen (vgl. Bird 2007b, S. 519-523). Die Intuition, dass den Kausalbeziehungen intrinsische Washeiten zugrunde liegen müssen, kann man dadurch – und nur dadurch – entkräften, dass man den qualitativen Charakter von Eigenschaften als kausal und damit als dispositional denkt.

Beides zusammenzudenken impliziert, dass die fundamentalen Dispositionen nicht auf äußere Manifestationsbedingungen angewiesen sind. Sie bringen vielmehr von selbst Wirkungen hervor. Wenn auch für die fundamentalen Dispositionen äußere Manifestationsbedingungen erforderlich wären, dann wäre das Qualitative, das die Eigenschaften sind, wiederum verborgen. Es könnte dann eine Welt bestehen, in der die betreffenden Manifestationsbedingungen nicht vorhanden sind, so dass es wiederum zwei Typen von Eigenschaften P und P^* geben könnte, ohne dass sich der Unterschied zwischen diesen Eigenschaften irgendwo in der Welt manifestiert – also wiederum einen Unterschied, der keinen Unterschied macht. Folglich wäre das, was die Eigenschaften sind, in einer solchen möglichen Welt prinzipiell unerkennbar.

Kommen wir auf das Beispiel der Ladung zurück: Ladung unterscheidet sich dadurch qualitativ von Masse und anderen Eigenschaften, dass sie die Kraft ist, Objekte in bestimmter Weise anzuziehen oder abzustoßen. Auch wenn in einer gegebenen Situation keine Objekte präsent sind, die angezogen oder abgestoßen werden, ist die entsprechende Disposition vorhanden. Es handelt sich aber nicht um eine bloße Disposition, der eine intrinsische und kategoriale Washeit zugrunde liegt. Die Kraft, welche die Ladung ist, manifestiert sich vielmehr eo ipso dadurch, dass sie ein elektromagnetisches Feld aufbaut – immer wenn eine elementare Ladung vorhanden ist, baut sie von sich aus ein solches Feld auf. Ebenso ist die Masse gemäß der allgemeinen Relativitätstheorie an die gravitationelle Interaktion gebunden (so schon Weyl 1931, S. 55).

Die fundamentalen physikalischen Eigenschaften wirken somit nicht nur spontan, sondern sie existieren auch nur, indem sie etwas bewirken: Das macht ihre Realität aus. Die Frage, was Kräfte tun, wenn sie sich nicht manifestieren (Psillos 2006), das heißt, nichts bewirken, stellt sich nicht für eine Position, die Kräfte als reale Eigenschaften denkt und sie so konzipiert, dass das Qualitative und das Kausale von Eigenschaften ein und dasselbe sind. Es ist daher gerechtfertigt zu sagen, dass Eigenschaften, insofern sie bestimmte Qualitäten sind, bestimmte Wirkungen hervorbringen.

Wenn man Eigenschaften so ansieht, dass sie, insofern sie bestimmte Qualitäten sind, kausal sind, kann man nichtsdestoweniger vertreten, dass Eigenschaften in einem bestimmten Sinn intrinsisch sind: Es ist eine Tatsache in Bezug auf ein Objekt als solches, unabhängig von anderen Objekten, dass es, indem es bestimmte Eigenschaften hat, über bestimmte Kräfte verfügt. Diese Tatsache ist unabhängig davon, ob das betreffende Objekt alleine oder in Begleitung anderer Objekte auftritt (vgl. die Definition intrinsischer Eigenschaften von Langton und Lewis 1998). Ladung beispielsweise kann eine intrinsische und qualitative Eigenschaft und zugleich kausal sein, weil der qualitative Charakter dieser Eigenschaft darin besteht, dass das Objekt ein elektromagnetisches Feld aufbaut und dadurch andere Objekte anzieht bzw. abstößt.

Ferner können die Wirkungen, die ein Objekt durch seine Eigenschaften hervorbringt, in einem bestimmten Sinn ebenfalls intrinsische Eigenschaften sein: Die Eigenschaften, die solche Wirkungen sind, existieren in der realen Welt zwar nur deshalb, weil sie durch andere Eigenschaften hervorgebracht wurden. Dessen ungeachtet verhindert nichts, dass in einer anderen möglichen Welt Eigenschaften des gleichen Typs wie die Eigenschaften, die in der realen Welt nur als Wirkungen anderer Eigenschaften auftreten, am Anfangszustand vorhanden sind. Anders ausgedrückt: Eigenschaften, deren Existenz in der realen Welt durch andere Eigenschaften hervorgebracht wird, können dennoch intrinsische Eigenschaften sein, weil Eigenschaften der betreffenden Typen in anderen möglichen Welten unverursacht auftreten. Die kausale Abhängigkeit, die in der realen Welt besteht, impliziert keine ontologische Abhängigkeit der Eigenschaften der betreffenden Typen von anderen Eigenschaften. Deshalb reichen kausale Abhängigkeitsbeziehungen, auch wenn sie im Rahmen der kausalen Theorie von Eigenschaften gedacht werden, nicht hin, um von Holismus in einem gehaltvollen Sinn zu sprechen (siehe Esfeld 2002, Kapitel 1).

Auch gemäß der kausalen Theorie von Eigenschaften sind die Relata von Kausalbeziehungen Objekte oder Ereignisse. Kausalbeziehungen bestehen zwischen Objekten oder Ereignissen aufgrund von deren Eigenschaften. Dass die Eigenschaften kausal sind, heißt Folgendes: Indem ein Objekt oder Ereignis bestimmte Eigenschaften hat, verfügt es über bestimmte Kräfte. Mit anderen Worten, insofern Objekte oder Ereignisse Eigenschaften haben, die bestimmte Qualitäten sind, besitzen diese Objekte oder Ereignisse Kräfte, bestimmte Wirkungen hervorzubringen (vgl. Shoemaker 1980, Abschnitt IV). Was die fundamentalen physikalischen Eigenschaften betrifft, bringen Objekte oder Ereignisse das, was sie aufgrund dieser Eigenschaften bewirken können, von selbst hervor. Die Kausalbeziehungen, die sich hieraus ergeben, sind in folgendem Sinn metaphysisch notwendig: In jeder möglichen Welt, in der Eigenschaften der betreffenden Typen auftreten, bestehen auch Kausalbeziehungen dieser Typen. So bauen beispielsweise in jeder möglichen Welt, in der Ladung vorhanden ist, geladene Objekte ein elektromagnetisches Feld auf, so dass andere Objekte angezogen oder abgestoßen werden.

In der Literatur wird seit kurzem in Frage gestellt, ob man dann, wenn man auch die fundamentalen Eigenschaften als Dispositionen und damit als Kräfte konzipiert, unausweichlich darauf festgelegt ist, notwendige Verbindungen anzuerkennen, die der Hume'schen Metaphysik widersprechen (siehe Handfield 2008). Es besteht jedoch folgender klarer Gegensatz zwischen der auf Hume zurückgehenden Metaphysik kategorialer Eigenschaften und der Metaphysik dispositionaler Eigenschaften (Metaphysik der Kräfte): Gemäß der Hume'schen Metaphysik können Eigenschaften desselben Typs ganz verschiedene kausale Rollen in verschiedenen möglichen Welten einnehmen. Gemäß der Metaphysik dispositionaler Eigenschaften legt hingegen das, was eine Eigenschaft ist, die kausale Rolle fest, welche Eigenschaften des betreffenden Typs einnehmen, und bestimmt damit auch die Kausalbeziehungen, welche die Vorkommnisse der betreffenden Eigenschaft hervorbringen.

Rani Lill Anjum und Stephen Mumford (2010) akzeptieren diese Art von Notwendigkeit, gemäß der die kausale Rolle essenziell für eine Eigenschaft ist, sind jedoch der Auffassung, dass die Konzeption einer solchen Notwendigkeit nicht die Anerkennung notwendiger Verbindungen in der Natur impliziert. Um zwischen einer Notwendigkeit in dem Sinn, dass die kausale Rolle essenziell für eine Eigenschaft ist, und einer Notwendigkeit in dem Sinn, dass die Verbindung zwischen Ursache und Wirkung eine notwendige ist, trennen zu können, muss man jedoch zwei Voraussetzungen machen: (a) die Manifestation der Kraft (Disposition), die eine Eigenschaft ist, hängt auch im Falle fundamentaler physikalischer Eigenschaften von kontingenten äußeren Manifestationsbedingungen ab; (b) auch im Falle fundamentaler physikalischer Eigenschaften können Faktoren auftreten, welche die Verbindung zwischen der Kraft und ihrer Wirkung unterbinden.

Gegen diese Voraussetzungen sprechen ein metaphysischer und ein physikalischer Einwand: Wir haben oben dafür argumentiert, dass man die Konsequenzen einer primitiven Washeit und damit der Unerkennbarkeit der Eigenschaften nur dann vermeidet, wenn man die fundamentalen physikalischen Eigenschaften so konzipiert, dass sie von selbst Wirkungen hervorbringen (und dass diese Konzeption auch physikalisch sinnvoll ist). Ferner vergeht zwischen dem Ausüben der Kräfte, welche die fundamentalen physikalischen Eigenschaften sind, und den Wirkungen dieser Kräfte keine Zeit in dem Sinn, dass irgendetwas zwischen die Ursache und ihre Wirkung treten könnte und das Eintreten der Wirkung unterbinden könnte, obwohl die Eigenschaft die Kraft, die sie ist, ausübt. So ist zum Beispiel die unmittelbare Wirkung einer punktförmigen Ladung nicht das Anziehen oder Abstoßen von Objekten, sondern der Aufbau eines elektromagnetischen Feldes in deren unmittelbarer Umgebung (durch das dann Objekte an- oder abgestoßen werden). Nichts kann verhindern, dass eine Ladung ein Feld aufbaut. Wie sich physikalische Objekte in dem Feld bewegen, hängt dann selbstverständlich von weiteren Faktoren ab. Ebenso ist zum Beispiel der Prozess quantenphysikalischer Zustandsreduktionen von Superpositionen zu klassischen Eigenschaften (zum Beispiel Zerfall eines radioaktiven Atoms) nicht so, dass irgendwelche kontingenten äußeren Bedingungen einen solchen Prozess unterbrechen könnten. Der Zerfall erfolgt spontan – das heißt ohne äußere Manifestationsbedingungen – und erstreckt sich nicht über eine Zeitspanne. Kurz, weil es der Metaphysik dispositionaler Eigenschaften zufolge das Wesen der Eigenschaften ist, bestimmte Wirkungen hervorzubringen, ist die Verbindung zwischen Ursache und Wirkung eine notwendige: Es kann nicht anders sein, als dass die Eigenschaftsvorkommnisse die betreffenden Wirkungen hervorbringen, zumindest wenn es sich um fundamentale Eigenschaften handelt.

Ebenso sind gemäß der Metaphysik dispositionaler Eigenschaften die Naturgesetze nicht kontingent, indem sie auf der gesamten Verteilung der fundamentalen physikalischen Eigenschaften supervenieren, die kontingenterweise in einer Welt besteht, sondern metaphysisch notwendig: Die Naturgesetze beschreiben das, was Objekte aufgrund ihrer Eigenschaften bewirken können. Wenn wir im Folgenden von Naturgesetzen in der Physik und in den Einzelwissenschaften sprechen, haben wir diese Sicht im Sinn, gemäß der Naturgesetze das ausdrücken, was Eigenschaften bewirken können. Mit anderen Worten: Nicht Gesetze als solche, sondern die kausalen Kräfte, welche die Eigenschaften sind, sind metaphysisch fundamental (vgl. zu dieser Sicht zum Beispiel Cartwright 1989, Hüttemann 1998, Bartels 2000 und Dorato 2005). Wenn die Eigenschaften in dem bestehen, was sie bzw. was Objekte aufgrund von ihnen bewirken können, dann sind die Naturgesetze in allen möglichen Welten gleich, weil die Identität der Eigenschaften in dem aufgeht, was sie bewirken können. Wenn es ein Naturgesetz ist, dass alle Fs raumzeitlich benachbart mit Gs auftreten, weil die Fs die Kraft sind, Gs hervorzubringen, dann gilt in jeder möglichen Welt, in der Eigenschaften des Typs F auftreten, dass sie Eigenschaften des Typs G hervorbringen. Sicher können unsere Theorien darüber, was die Naturgesetze sind, falsch sein, aber die Naturgesetze selbst sind von diesen Theorien unabhängig, weil sie im kausalen Wesen der Eigenschaften verankert sind.

Auf den ersten Blick mag die Annahme notwendiger Verbindungen in der Natur als eine schwere metaphysische Last erscheinen, und solche Verbindungen werden manchmal sogar als mysteriös angesehen. Dieser Blick täuscht jedoch: Die Anerkennung metaphysisch notwendiger Verbindungen in der Natur ergibt sich einfach aus dem kausalen Charakter der Eigenschaften. Das Argument für die kausale Sicht von Eigenschaften ist, die Festlegung auf primitive Washeiten (*quidditas*) und die Konsequenz der prinzipiellen Unerkennbarkeit dessen, was die Eigenschaften sind (*humilitas*), zu vermeiden. Mysteriös und ontologisch inflationär ist vielmehr die Festlegung auf primitive Washeiten und ein unerkennbares Wesen der Eigenschaften mit der Konsequenz, Welten als unterschiedlich anerkennen zu müssen, die ununterscheidbar sind. Diese Festlegung vermeidet man, indem man das Wesen der Eigenschaften an die Kausalbeziehungen bindet, die sie eingehen, und daraus folgt dann in einer klar nachvollziehbaren Weise die Anerkennung notwendiger Verbindungen in der Natur.

2.2 Physik und Strukturenrealismus

Man kann keine Metaphysik der Eigenschaften entwickeln, die auf die reale Welt zutreffen soll, ohne zu berücksichtigen, was die Physik über die Eigenschaften aussagt, die es tatsächlich in der Welt gibt. Das Argument, das wir in Kapitel 2.1 besprochen haben, trifft auf die Welt zu, was auch immer die Eigenschaften sein mögen, die es in ihr gibt. Dieses Argument geht jedoch stillschweigend davon aus, dass die fundamentalen Eigenschaften in erster Linie intrinsische Eigenschaften sind. Spätestens an dieser Stelle kommt das ins Spiel, was die Physik über die Eigenschaften aussagt, die es tatsächlich in der Welt gibt. Die Frage, ob die fundamentalen Eigenschaften intrinsisch sind oder nicht, können wir nur beantworten, indem wir zur Kenntnis nehmen, was die fundamentalen und universellen physikalischen Theorien über die Eigenschaften aussagen, von denen sie handeln. Wir haben oben die Ladung als Beispiel benutzt, um zu illustrieren, wie eine Eigenschaft kausal und qualitativ und zugleich intrinsisch sein kann.

Ladung tritt nicht isoliert auf. Wenn ein Objekt im Bereich der fundamentalen Physik die Eigenschaft der Ladung hat, dann hat es auch Eigenschaften wie Ruhemasse, Ort, Geschwindigkeit, Spin in einer gegebenen Raumrichtung usw. Aus dieser Liste sind nur Ladung und Masse Eigenschaften, die man im Sinne der Position verstehen kann, die wir in Kapitel 2.1 skizziert haben, nämlich als kausale und intrinsische Eigenschaften (bezüglich der Masse ist dieses Verständnis jedoch umstritten, da diese in der allgemeinen Relativitätstheorie an die gravitationelle Interaktion und damit an das metrische Feld gebunden ist; siehe Lehmkuhl 2008). Eigenschaften wie Ladung und Masse treten aber in jedem Fall nur an andere Eigenschaften gebunden auf, die man in der heutigen Physik nicht als intrinsische Eigenschaften konzipieren kann. Deshalb müssen wir in diesem Unterkapitel darauf eingehen, in welcher Weise die heutige Physik zentrale fundamentale Eigenschaften als Relationen statt als intrinsische Eigenschaften versteht. Was den Spin betrifft, der eine Art Eigendrehimpuls von Quantenobjekten ist, so meinen wir im Folgenden immer den Spin in einer gegebenen Raumrichtung und nicht den Spin als solchen. Letzterer ist eine determinierbare Eigenschaft, die festlegt, welche determinierten Werte des Spin ein Objekt in einer gegebenen Raumrichtung annehmen kann.

Physikalisch wird die Ladung heute in der Quantentheorie behandelt (genauer gesagt der Quantenelektrodynamik, die eine Quantenfeldtheorie ist; für das Folgende genügt es jedoch, wenn wir uns auf die einfache, nicht-relativistische Quantenmechanik beschränken). In der Quantentheorie wird die Ladung mathematisch als ein Operator dargestellt, der mit allen anderen Operatoren vertauscht. Das heißt, jeder Wert der Ladung kann mit einem beliebigen Wert jeder anderen Eigenschaft eines Quantenobjekts zusammengehen. Selbiges gilt für die Ruhemasse und alle weiteren zeitunabhängigen Eigenschaften eines Quantenobjekts – das heißt Eigenschaften, deren Wert während der Existenz des Objekts konstant bleibt.

Zeitabhängige Eigenschaften wie Ort, Geschwindigkeit, Spin in einer gegebenen Raumrichtung usw., deren Wert sich während der Existenz des Objekts ändert, werden hingegen durch Operatoren dargestellt, die nicht mit allen anderen Operatoren vertauschen. Das heißt physikalisch, dass diese Eigenschaften dem Superpositionsprinzip unterworfen sind: Ein Quantenobjekt ist in der Regel nicht in einem Zustand, in dem es einen definiten numerischen Wert dieser Eigenschaften hat. Es besitzt vielmehr eine Werteverteilung, die eine Superposition (Überlagerung) aus allen möglichen Zuständen mit einem definiten numerischen Wert der betreffenden Eigenschaft ist. Selbst wenn das Objekt in einem Zustand ist, in dem es einen definiten numerischen Wert einer dieser Eigenschaften hat, kann der Wert der anderen Eigenschaften, mit dem der Operator der betreffenden Eigenschaft nicht vertauscht, kein definiter numerischer Wert sein.

Ein Quantenobjekt kann beispielsweise nicht in einem Zustand sein, in dem es gleichzeitig einen definiten numerischen Wert des Ortes und der Geschwindigkeit (Impuls) hat; das besagt die berühmte Heisenberg'sche Unbestimmtheitsrelation. Ebenso kann es nicht in einem Zustand sein, in dem es einen definiten numerischen Wert des Spin in mehr als einer der drei orthogonalen Raumrichtungen hat. Elektronen beispielsweise sind Objekte von Spin 1/2. Das heißt, es gibt nur zwei mögliche Werte des Spin in jeder Raumrichtung, Spin plus und Spin minus. Wenn ein solches Objekt in einem Zustand ist, in dem es, sagen wir, den Wert Spin minus in Richtung der x-Achse hat, dann besteht in Richtung der y-Achse und in Richtung der z-Achse eine Superposition aus Spin plus und Spin minus, in die Spin plus und Spin minus gleichgewichtig eingehen. Operationell heißt das, dass im Falle einer Messung von Spin y oder von Spin z die Wahrscheinlichkeit für das Ergebnis Spin plus und die Wahrscheinlichkeit für das Ergebnis Spin minus jeweils 0,5 ist.

Das Superpositionsprinzip ist nicht auf die Zustände einzelner Quantenobjekte beschränkt. Wann immer man ein Gesamtobjekt betrachtet, das aus mehreren Quantenobjekten besteht (wie zum Beispiel mehreren Elektronen), bezieht sich das Superpositionsprinzip auf die Zustände dieser Quantenobjekte zusammen. Der Zustand des Gesamtobjekts ist in der Regel eine Superposition aller möglichen Weisen, wie die Zustände der einzelnen Quantenobjekte, die seine Teile sind, sich zueinander verhalten können. Man spricht in diesem Falle von einer *Zustandsverschränkung*. Das besagt, dass nur eine Superposition von Korrelationen zwischen den möglichen Werten der zeitabhängigen Eigenschaften der betroffenen Quantenobjekte besteht, keines von diesen Objekten aber in einem Zustand ist, in dem es einen definiten numerischen Wert einer dieser Eigenschaften hat. Diese Korrelationen sind als Einstein-Podolsky-Rosen-Korrelationen bekannt, weil diese Physiker in einem Artikel von 1935 zuerst die Aufmerksamkeit auf sie gelenkt haben.

Das einfachste Beispiel für eine Zustandsverschränkung ist ein Gesamtobjekt, das aus zwei Elektronen besteht, deren Zustände in Bezug auf den Spin in jeder Raumrichtung miteinander verschränkt sind (dieses Beispiel geht auf Bohm 1951, S. 611-622, zurück). Dieser Fall ist als Singulett-Zustand bekannt. Elektronen sind, wie gesagt, Objekte von Spin 1/2, und sie sind Fermionen. Das heißt, wie gesagt, es gibt nur zwei mögliche Werte des Spin in jeder Raumrichtung (Spin plus und Spin minus), und die Elektronen sind in Bezug auf diese Werte miteinander korreliert. Wenn in dem genannten Fall das eine Elektron den Wert Spin plus in einer gegebenen Raumrichtung hat, dann hat das andere Elektron den Wert Spin minus in der gleichen Raumrichtung und umgekehrt. Der Zustand des Gesamtobjekts ist daher eine Superposition aus »erstes Elektron Spin plus« und »zweites Elektron Spin minus« mit

»erstes Elektron Spin minus« und »zweites Elektron Spin plus« in einer beliebigen Raumrichtung.

Die Zustandsverschränkungen besagen somit Folgendes: Es bestehen nur bestimmte *Relationen* zwischen den betrachteten Quantenobjekten in Form von Korrelationen zwischen allen möglichen definiten numerischen Werten der zeitabhängigen Eigenschaften dieser Objekte, ohne dass irgendeines der betroffenen Objekte einen definiten numerischen Wert einer dieser Eigenschaften hat. Es gibt keine intrinsischen Eigenschaften der Quantenobjekte, die den Relationen der Zustandsverschränkung zugrunde liegen in dem Sinn, dass diese Relationen auf diesen intrinsischen Eigenschaften supervenieren, Letztere also Erstere determinieren. Wenn man vertritt, dass es solche intrinsischen Eigenschaften gibt – auch wenn es so genannte verborgene Parameter sein sollten, deren Wert uns mithin unbekannt ist –, dann kann man nicht die Korrelationen erreichen, welche die Quantentheorie postuliert. Das ist das Resultat eines Theorems, das der Mathematiker John Bell 1964 bewiesen hat. Eine metaphysische Hypothese – gegebenenfalls unerkennbare, intrinsische Eigenschaften, die den Relationen der Zustandsverschränkung zugrunde liegen – hat hier also mathematisch berechenbare Konsequenzen, die empirisch durch die Quantentheorie und die sie bestätigenden Experimente widerlegt werden (siehe zu den Zustandsverschränkungen der Quantenobjekte ausführlich mit Diskussion der Literatur Esfeld 2008, Kapitel 3).

Nichtsdestoweniger ist es im Rahmen der Quantentheorie möglich, die zeitunabhängigen Eigenschaften wie Ladung und Ruhemasse, die nicht von den Zustandsverschränkungen betroffen sind, als intrinsische Eigenschaften der Quantenobjekte aufzufassen. Diese Eigenschaften können jedoch nicht die Relationen der Zustandsverschränkung determinieren. Von diesen Eigenschaften aus ist nicht festgelegt, ob und welche Relationen der Zustandsverschränkung bestehen. Sie sind vielmehr umgekehrt in folgendem Sinn von den Eigenschaften abhängig, die den Zustandsverschränkungen unterworfen sind: Letztere Eigenschaften bestimmen deren Verhalten mit. Wenn man nur die Ladung betrachtet, dann wäre zu erwarten, dass die Elektronen (negative Ladung) in den Atomkern (positive Ladung) fallen, da sich entgegengesetzt geladene Objekte anziehen. Um zu verstehen, wieso die Elektronen nicht in den Atomkern fallen, benötigen wir die Schrödinger-Gleichung, welche die Zeitentwicklung der quantentheoretischen Superpositionen und Zustandsverschränkungen beschreibt.

Ferner sind die zeitunabhängigen Eigenschaften wie Ladung und Ruhemasse nicht in der Lage, Quantenobjekte der gleichen Art voneinander zu unterscheiden. Alle Elektronen haben zum Beispiel den gleichen Wert der Ladung und der Ruhemasse. Die Eigenschaften, die den Zustandsverschränkungen unterworfen sind, sind ebenfalls nicht in der Lage, die betroffenen Quantenobjekte voneinander zu unterscheiden. In dem oben genannten Beispiel gibt es keinerlei Spin-Eigenschaft, und auch keinerlei Werte- oder Wahrscheinlichkeitsverteilung einer Spin-Eigenschaft, durch die sich die beiden Elektronen voneinander unterscheiden. Selbiges gilt im Falle einer Zustandsverschränkung für alle anderen zeitabhängigen Eigenschaften von Quantenobjekten, einschließlich des Ortes und der Geschwindigkeit (des Impulses). Insofern man beispielsweise etwas über den Ort von Quantenobjekten aussagen kann, deren Zustände miteinander verschränkt sind, treffen dieselben Aussagen auf alle betroffenen Quantenobjekte zu. Quantenobjekte, deren Zustände miteinander verschränkt sind, sind somit zwar numerisch verschieden (die Quantenmechanik gibt eine definite Anzahl von ihnen an), aber es gibt keinerlei Eigenschaften, durch die sich diese Objekte voneinander unterscheiden. Indem die Relationen der Zustandsverschränkung nicht-reflexiv sind (kein Objekt kann mit sich selbst verschränkt sein), zeigen sie lediglich an, dass eine numerische Vielzahl von Objekten (mindestens zwei) vorhanden ist (siehe dazu die Diskussion zwischen Saunders 2006 sowie Muller und Saunders 2008 einerseits und Dieks und Versteegh 2008 andererseits).

Die Zustandsverschränkungen der Quantenobjekte sind ein wesentliches physikalisches Argument für die naturphilosophische Position des *Strukturenrealismus*: Statt intrinsischer Eigenschaften sind für die Quantenobjekte bestimmte Relationen, nämlich die Relationen der Zustandsverschränkung, kennzeichnend. Mit einer *Struktur* ist in diesem Zusammenhang ein *Netz von konkreten, qualitativen, physikalischen Relationen zwischen Objekten* gemeint*, die keine Identität unabhängig von den Relationen, in denen sie stehen (also keine intrinsische Identität), besitzen.* Selbstverständlich gibt es dann, wenn es ein Netz von Relationen gibt, auch Relata, das heißt Objekte, die in den Relationen stehen. Die Anerkennung von Objekten als Relata kennzeichnet die Position, die wir vertreten, als *moderaten Strukturenrealismus*. Sie unterscheidet sich dadurch von dem radikalen ontischen Strukturrealismus, den Steven French und James Ladyman entwickelt haben und gemäß dem es gar keine Objekte gibt bzw. die Objekte von den Relationen abgeleitet sind, indem sie Knotenpunkte von Relationen sind (siehe French und Ladyman 2003 sowie Ladyman und Ross 2007, Kapitel 3). Es wäre verfehlt, die moderate Version des Strukturenrealismus so zu formulieren, dass es Relationen und darüber hinaus Objekte als verschiedenes, wechselseitig voneinander ontologisch abhängiges Seiendes gibt. Die Behauptung ist vielmehr folgende: *Die Relationen sind die Weisen (Modi), wie die Objekte existieren*. Es gibt also Objekte, aber das, was sie sind, kann vollständig in den Relationen aufgehen, die zwischen ihnen bestehen. Die Objekte haben keine intrinsischen Eigenschaften, die den Relationen zugrunde liegen. Es ist sogar möglich, dass sie überhaupt keine intrinsischen Eigenschaften haben.

Für den letzten Fall gibt es ein klares Beispiel, nämlich die Punkte der Raumzeit. Gemäß der üblichen geometrischen Darstellung der allgemeinen Relativitätstheorie besteht die Raumzeit in metrischen Relationen zwischen physikalischen Punkten. Genauer gesagt, die Raumzeit besteht in metrischen Eigenschaften physikalischer Punkte; diese sind keine intrinsischen, sondern relationale Eigenschaften, weil die metrischen Eigenschaften eines jeden Punktes von dessen – infinitesimaler – Umgebung abhängen. Die metrischen Eigenschaften sind für die Punkte der Raumzeit essenziell. Wenn man annähme, dass die Punkte der Raumzeit über die metrischen Eigenschaften hinaus noch intrinsische Eigenschaften oder eine eigenschaftslose, primitive Diesheit haben, die ihre Identität stiftet, würde man in Konflikt mit der allgemeinen Relativitätstheorie geraten: Es wären dann verschiedene Situationen möglich, die sich allein dadurch unterscheiden, welche Punkte die metrischen Feldeigenschaften tragen. Physikalisch sind diese Situationen jedoch ununterscheidbar. Man müsste also wiederum Welten als unterschieden anerkennen, obwohl sie ununterscheidbar sind. Ferner bräche in diesem Fall der Determinismus, den die allgemeine Relativitätstheorie impliziert, zusammen (das zeigt das so genannte Loch-Argument; siehe dazu ausführlich mit Diskussion der Literatur Esfeld 2008, Kapitel 2.2 und 2.3). Daher führt die Annahme einer intrinsischen Identität der Punkte der Raumzeit zu einer Konsequenz, die innerhalb der allgemeinen Relativitätstheorie nicht akzeptabel ist. Infolgedessen stützt die allgemeine Relativitätstheorie ebenfalls den Strukturenrealismus, und zwar gleichfalls einen moderaten Strukturenrealismus (siehe Esfeld und Lam 2008).

Allerdings ist die Weise, wie die allgemeine Relativitätstheorie für den Strukturenrealismus spricht, verschieden von der Weise, wie die Quantentheorie den Strukturenrealismus nahe legt. Im Falle der Quantentheorie geht es um Nicht-Separabilität von Quantenobjekten, die darin besteht, dass die Quantenobjekte durch Zustandsverschränkungen – Überlagerungen von Korrelationen – aneinandergebunden sind. In der allgemeinen Relativitätstheorie gibt es hingegen nichts dergleichen. Sie stützt den Strukturenrealismus allein dadurch, dass die Eigenschaften der fundamentalen Objekte, die sie in der geometrischen Darstellung postuliert (physikalische Raumzeit-Punkte), in metrischen Relationen bestehen, statt intrinsische Eigenschaften zu sein. Zusammenfassend kann man sagen, dass die heutigen fundamentalen physikalischen Theorien die Welt so beschreiben, dass sie im Wesentlichen in Strukturen besteht im Sinn von Netzen konkreter physikalischer Relationen zwischen Objekten, die keine Identität unabhängig von den Relationen besitzen, in denen sie stehen (siehe zum Strukturenrealismus ausführlich Esfeld 2008, Kapitel 4).

2.3 Das Argument für kausale Strukturen

Man kann die Strukturen, auf die sich die fundamentalen physikalischen Theorien beziehen, auf jeden Fall in einem vagen und weiten Sinn als funktional ansehen, nämlich in dem Sinn, dass sie Abhängigkeiten zwischen Objekten beinhalten. Aber das ist nicht der Sinn von »funktional«, in dem die Eigenschaften, von denen die Einzelwissenschaften handeln, funktional sind. Letzteres ist ein kausaler Sinn: Das, was diese Eigenschaften sind, besteht darin, unter bestimmten Umständen bestimmte Wirkungen hervorzubringen. Wir verstehen den Begriff »funktional« in diesem Buch durchweg in diesem kausalen Sinn. Die Frage ist somit, ob die Strukturen, von denen die fundamentalen physikalischen Theorien handeln, auch funktionale Strukturen im Sinn kausaler Strukturen sind. Sind diese Strukturen so, dass sie, insofern sie bestimmte qualitative Strukturen sind, Kräfte sind, bestimmte Wirkungen hervorzubringen? Oder handelt es sich um rein qualitative, kategoriale Strukturen?

Der logische Raum der möglichen Positionen in Bezug auf die fundamentalen physikalischen Eigenschaften wird dementsprechend durch vier Standpunkte aufgespannt:

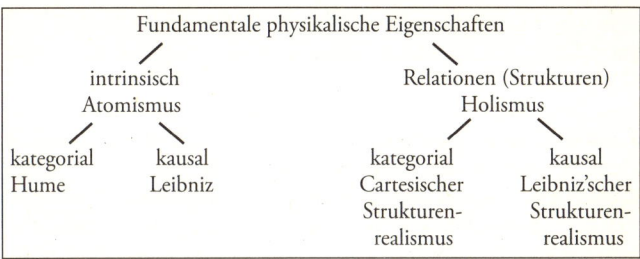

Abb. 3: Die vier möglichen Positionen hinsichtlich fundamentaler physikalischer Eigenschaften

Die erste Unterscheidung ist die zwischen intrinsischen Eigenschaften und Relationen. Sie markiert den Gegensatz zwischen Atomismus und Holismus. Wenn die fundamentalen physikalischen Eigenschaften intrinsisch sind, dann haben die Objekte diese Eigenschaften unabhängig davon, ob sie alleine oder in Begleitung anderer Objekte auftreten. Wenn hingegen die fundamentalen physikalischen Eigenschaften Relationen sind, dann sind die Objekte durch diese Relationen aneinandergebunden, statt unabhängig voneinander zu existieren. Die zweite Unterscheidung ist diejenige zwischen kategorialen und kausalen Eigenschaften. Diese Unterscheidung betrifft sowohl den Atomismus als auch den Holismus. Es ergeben sich daher vier verschiedene mögliche Standpunkte.

Die Position ganz links in der Abbildung, intrinsische und kategoriale Eigenschaften, ist der klassische Atomismus. Diese Position ist mit Hume und dem, was heute als Hume'sche Metaphysik gilt, assoziiert. Die Position rechts daneben, intrinsische und kausale Eigenschaften, kann man mit Leibniz in Verbindung bringen, der – gegen Descartes – die fundamentalen physikalischen Eigenschaften als Kräfte denkt. Die Position kategorialer Strukturen kann man am ehesten auf Descartes beziehen, dem zufolge die Natur durch raumzeitliche Ausdehnung charakterisiert ist. Raumzeitliche Strukturen sind in der klassischen Physik das Paradebeispiel für kategoriale Strukturen. Man kann daher in Bezug auf diese Position von einem Cartesischen Strukturenrealismus sprechen. Sie steht in dem Sinn im Rahmen dessen, was heute als Hume'sche Metaphysik gilt, dass sie keine notwendigen Verbindungen in der Natur anerkennt (siehe zu dieser Position Sparber 2009, Kapitel 5).

Die Position ganz rechts wird erst mit den physikalischen Theorien des 20. Jahrhunderts verfügbar. Erst durch die allgemeine Relativitätstheorie entfällt der Dualismus zwischen dynamischen, materiellen Eigenschaften und der Raumzeit als einer passiven Hintergrundstruktur, in welche die Materie eingefügt ist. Denn gemäß dieser Theorie sind die metrischen Eigenschaften keine rein raumzeitlichen im Unterschied zu materiellen Eigenschaften, da sie die Gravitation einschließen und daher in materiellen Interaktionen stehen. Das metrische Feld wird in gleicher Weise wie ein Materie-Feld (die Felder nicht-gravitationeller Energie-Materie) behandelt. Valtteri Viljanen (2007) sieht allerdings schon in Spinoza einen Vorläufer dieser Position; ihm zufolge versteht Spinoza den Raum selbst als Kraft. Man kann in Bezug auf diese Position von einem Leibniz'schen Strukturenrealismus sprechen: Die fundamentalen physikalischen Eigenschaften sind kausale Eigenschaften, aber sie sind in erster Linie Strukturen statt intrinsische Eigenschaften.

Es handelt sich hier um vier reine Positionen, die zusammen den logischen Raum der möglichen Positionen aufspannen. Selbstverständlich sind Kombinationen dieser Positionen möglich oder sogar unvermeidbar. Die Metaphysik intrinsischer und kategorialer Eigenschaften ist nicht als reine Position vertretbar, weil die raumzeitlichen Relationen nicht auf intrinsische und kategoriale Eigenschaften zurückgeführt werden können. Selbst David Lewis erkennt Strukturen in Form der raumzeitlichen Relationen als dasjenige, was die Welt zusammenhält, an (siehe Lewis 1986b, Kapitel 1.6). Ferner kann der Strukturenrealismus intrinsische Eigenschaften anerkennen, sofern diese nicht Identitätsbedingungen für die fundamentalen physikalischen Objekte bereitstellen.

Was die Unterscheidung zwischen kategorialen und kausalen Eigenschaften betrifft, so ist es weitaus schwieriger, für kombinierte Positionen zu argumentieren. Wenn man vertritt, dass es sowohl kategoriale als auch kausale Eigenschaften in der Welt gibt, dann muss man einen triftigen Grund dafür vorbringen, wieso einige qualitative, physikalische Eigenschaften rein kategorial sind, während andere kausal sind, insofern sie bestimmte Qualitäten sind. Wenn man die Konsequenz primitiver, unerkennbarer Washeiten für einige fundamentale Eigenschaften akzeptiert, wieso dann nicht für alle fundamentalen Eigenschaften? Und wenn man im Falle einiger fundamentaler Eigenschaften akzeptiert, dass diese als solche kausal sind, wieso sollte man dann nicht alle fundamentalen Eigenschaften als kausale Eigenschaften konzipieren? Wie bereits angedeutet wurde, ist es infolge der allgemeinen Relativitätstheorie nicht mehr möglich, einen Dualismus von raumzeitlichen Relationen als kategorialer Hintergrundstruktur und materiellen Eigenschaften als kausalen Eigenschaften zu vertreten.

Die heutigen fundamentalen physikalischen Theorien verschieben den Akzent vom Atomismus zum Holismus, von einer Metaphysik intrinsischer Eigenschaften zu einer Metaphysik von Relationen (Strukturenrealismus). Sie legen uns jedoch nicht ohne weiteres darauf fest, ob die Strukturen kategorial oder kausal sind. Um für eine dieser beiden Optionen einzutreten, muss man sich daher auf die Argumentation in der Metaphysik von Eigenschaften beziehen, die wir in Kapitel 2.1 vorgestellt haben und die in Bezug auf intrinsische Eigenschaften gut ausgearbeitet ist. Wie verhält sich diese Argumentation, wenn man von der Metaphysik intrinsischer Eigenschaften zum Strukturenrealismus wechselt? Um die Metaphysik kausaler Strukturen zu begründen, die wir im Folgenden einsetzen wollen, um einen Ausweg aus dem Dilemma von Epiphänomenalismus und Eliminativismus zu formulieren, müssen wir in diesem Unterkapitel jene Frage beantworten.

Der Strukturenrealismus kategorialer Relationen entkräftet auf den ersten Blick den Einwand, den wir in Kapitel 2.1 anhand des Zitats von Jackson eingeführt haben, ohne sich auf ein unerkennbares intrinsisches Wesen der Eigenschaften (eine primitive Washeit) festzulegen und ohne eine kausale Konzeption der Eigenschaften zu akzeptieren: Das, was es in der Welt gibt, sind in erster Linie nicht kategoriale intrinsische Eigenschaften, sondern kategoriale Strukturen. Weil es sich um Strukturen und damit um Relationen handelt, sind diese erkennbar: Sie sind so, wie sie von den fundamentalen physikalischen Theorien beschrieben werden. Es handelt sich zwar um rein qualitative Strukturen, die nicht kausal sind, aber nicht um intrinsische, primitive Washeiten. Es sind vielmehr geometrische – oder genereller gesagt algebraische – Strukturen.

Man kann sich auf das ursprüngliche Programm der Geometrodynamik von John A. Wheeler beziehen, um diese Position zu illustrieren: Diesem Programm zufolge ist die physikalische Welt identisch mit der Raumzeit, die man naturphilosophisch als eine kategoriale Struktur auffassen kann. Alle materiellen Eigenschaften und Interaktionen sind in der Geometrie der Raumzeit enthalten, weil sie Weisen sind, wie die Raumzeit gekrümmt ist (siehe Wheeler 1962a und für eine Zusammenfassung Wheeler 1962b; siehe dazu Esfeld 2008, Kapitel 2.3). Man kann dieses Programm als den Versuch der konkreten Durchführung von Descartes' Naturphilosophie im Rahmen der allgemeinen Relativitätstheorie auffassen; denn gemäß Descartes ist die physikalische Welt mit der Raumzeit identisch (siehe Graves 1971, S. 79-101). Die Welt besteht demzufolge in kategorialen Strukturen, und die Physik kann diese Strukturen beschreiben, weil deren Wesen darin aufgeht, geometrische Strukturen zu sein. Indem man von einer Metaphysik intrinsischer Eigenschaften zu einer Metaphysik von Strukturen wechselt, scheint man somit den Einwand der Festlegung auf unerkennbare, intrinsische Washeiten vermeiden zu können, ohne die Konsequenz einer kausalen Theorie von Eigenschaften ziehen zu müssen.

Bei genauerem Hinsehen erweist sich jedoch, dass sich dieser Einwand nicht so einfach aus dem Weg räumen lässt. Das Argument für die kausale Theorie von Eigenschaften, das wir in Kapitel 2.1 ausgeführt haben, besagt, dass man nur dann, wenn man den qualitativen Charakter der Eigenschaften als kausalen Charakter denkt, die Festlegung auf die Anerkennung quiddistischer Unterschiede zwischen Welten vermeidet. Eine analoge Überlegung gilt auch, wenn man zwar von intrinsischen Eigenschaften zu Strukturen wechselt, die Strukturen aber als kategorial statt kausal denkt.

Die Strukturen, auf die sich die fundamentalen physikalischen Theorien beziehen, können in keiner direkten Kausalrelation zu unseren Sinnen stehen. Es handelt sich um so genannte theoretische Entitäten, weil sie nicht direkt beobachtbar sind. Die Quantenrelationen der Zustandsverschränkung sind nicht beobachtbar. Man beobachtet bestimmte Korrelationen zwischen Messergebnissen, jedoch keine Superpositionen solcher Korrelationen (das heißt keine Zustandsverschränkungen). Man nimmt die Existenz der Superpositionen einschließlich der Zustandsverschränkungen an, um die Messergebnisse und die Korrelationen zwischen ihnen zu erklären. Ebenso sind die metrischen Relationen, von denen die allgemeine Relativitätstheorie handelt und denen zufolge die Raumzeit gekrümmt ist, weil sie mit den Feldern nicht-gravitationeller Energie-Materie interagiert, für einen lokalen Beobachter nicht direkt beobachtbar. Wir nehmen die Existenz dieser theoretischen Entitäten an, weil sie die beobachtbaren Phänomene erklären. Es handelt sich dabei um eine Kausalerklärung: Die fraglichen Strukturen sind der kausale Ursprung der beobachtbaren Phänomene.

Wir haben jedoch bereits in Kapitel 2.1 auf folgenden Sachverhalt hingewiesen: Wenn den Kausalrelationen in der Welt fundamentale physikalische Eigenschaften zugrunde liegen, die intrinsisch und kategorial sind, dann besteht automatisch immer die Möglichkeit der multiplen Realisation der Kausalrelationen in der Welt – und infolgedessen der beobachtbaren Phänomene – durch verschiedenartige fundamentale intrinsische und kategoriale Eigenschaften. Daher ist es nicht möglich, zu erkennen, welches die zugrunde liegenden intrinsischen und kategorialen Eigenschaften sind. Hieran ändert sich nichts, wenn man zu kategorialen Strukturen übergeht. Kategoriale Eigenschaften einschließlich kategorialer Strukturen sind unabhängig von den Kausalrelationen, die in der Welt bestehen. Man kann daher alle Kausalrelationen festhalten und die zugrunde liegenden kategorialen Eigenschaften austauschen, und zwar ungeachtet dessen, ob es sich dabei um kategoriale intrinsische Eigenschaften handelt oder um kategoriale Strukturen.

Jede beliebige Menge kausaler Relationen kann mithin durch verschiedenartige Anordnungen fundamentaler und kategorialer Strukturen multipel realisiert sein. Die Kombinationsmöglichkeiten sind zwar sicher eingeschränkt, wenn man statt intrinsischer kategorialer Eigenschaften kategoriale Strukturen ansetzt. Nichtsdestoweniger kann man immer von einer Welt zu einer anderen möglichen Welt übergehen, die mit der Ausgangswelt in Bezug auf alle Kausalrelationen identisch ist, in der aber eine andere Anordnung fundamentaler kategorialer Strukturen besteht. Wir sind also wiederum auf eine Form des Quidditismus festgelegt: Es gibt einen qualitativen Unterschied zwischen Welten, der dazu führt, dass

Welten als unterschiedlich angesehen werden müssen, obwohl sie ununterscheidbar sind.

Hieran zeigt sich: Wenn man die Eigenschaften als kategorial ansieht, dann ist man prinzipiell darauf festgelegt, rein qualitative Unterschiede zwischen Eigenschaften anzuerkennen, ohne dass diese Unterschiede einen Unterschied machen, indem sie zu kausalen Unterschieden führen (*quidditas*). Infolgedessen ist der qualitative Charakter der Eigenschaften unerkennbar (*humilitas*). Diese Konsequenzen sind unabhängig davon, ob man die Eigenschaften für intrinsisch hält oder als Strukturen konzipiert. Wenn die fundamentalen physikalischen Eigenschaften kategorial und intrinsisch sind, dann können wir nichts darüber wissen, was diese Eigenschaften sind. Wenn die fundamentalen physikalischen Eigenschaften kategorial und Strukturen sind, dann kann man die fundamentalen physikalischen Theorien zwar so verstehen, dass sie Hypothesen darüber aufstellen, was diese Strukturen sind, indem diese Theorien mathematische Strukturen verwenden. Wir haben jedoch keine Berechtigung dazu, eine realistische Einstellung in Bezug auf die fundamentalen Strukturen einzunehmen, die irgendeine Version der gegenwärtigen oder zukünftigen physikalischen Theorien annimmt, weil die gesamten Kausalrelationen der realen Welt durch verschiedenartige Anordnungen fundamentaler physikalischer Strukturen realisiert sein können. Wir können folglich prinzipiell nicht wissen, welches die fundamentalen physikalischen Strukturen der realen Welt sind (siehe dazu ausführlich Esfeld 2009).

Wenn hingegen die fundamentalen Eigenschaften kausal sind, dann bringen sie von selbst bestimmte Wirkungen hervor. Infolgedessen führen Unterschiede in den fundamentalen Eigenschaften immer zu kausalen und dadurch zu prinzipiell beobachtbaren Unterschieden. Es ist dann ausgeschlossen, dass es Unterschiede zwischen möglichen Welten gibt, die keinen Unterschied machen, das heißt, zu keinen kausalen Unterschieden führen. Anders ausgedrückt: Wenn die fundamentalen Eigenschaften kausal sind, dann – und nur dann – besteht statt multipler Realisation eine bikonditionale Verbindung zwischen den fundamentalen Eigenschaften und den Kausalrelationen: Immer dann, wenn eine bestimmte Anordnung fundamentaler Eigenschaften vorhanden ist, bestehen bestimmte Kausalrelationen, und immer wenn diese bestimmten

Kausalrelationen bestehen, ist auch diese bestimmte Anordnung fundamentaler Eigenschaften vorhanden.

Wir haben in Kapitel 2.2 die Argumente dafür zusammengefasst, dass die fundamentalen physikalischen Theorien uns in erster Linie auf Strukturen statt intrinsischer Eigenschaften festlegen. Wir haben nun gesehen, dass man mit dem Wechsel zu Strukturen das Argument gegen kategoriale Eigenschaften nicht aus dem Weg räumen kann. Dieses ist allerdings ein philosophisches Argument. Dementsprechend haben wir zu Beginn dieses Unterkapitels gesagt, dass die physikalischen Theorien uns nicht ohne weiteres darauf festlegen, ob die Strukturen kategorial oder kausal sind. Dennoch steht die Physik dieser Debatte nicht einfach neutral gegenüber.

Eine wichtige Frage in der Philosophie der Physik ist die folgende: Wodurch unterscheiden sich physikalische von mathematischen Strukturen? Die fundamentalen physikalischen Theorien benutzen mathematische Strukturen, um die physikalische Wirklichkeit darzustellen und um beobachtbare Phänomene vorauszusagen. Bei weitem nicht alle mathematischen Strukturen, die in physikalischen Theorien auftreten, referieren jedoch auf eine physikalische Struktur und stellen deren Beschaffenheit dar. Die Metaphysik kategorialer Strukturen ist nicht in der Lage, die Frage zu beantworten, wodurch sich physikalische von mathematischen Strukturen unterscheiden.

Im wörtlichen cartesischen Strukturenrealismus – wie zum Beispiel in Wheelers ursprünglichem Programm der Geometrodynamik – sind die fundamentalen physikalischen Strukturen geometrische Strukturen. Man kann versuchen, die Frage, aufgrund wovon eine geometrische Struktur eine reale physikalische im Unterschied zu einer bloß mathematischen Struktur ist, zurückzuweisen, indem man es als eine grundlegende Tatsache ansieht, dass die raumzeitlichen Relationen physikalische Relationen sind. Nichtsdestoweniger besteht unsere Erkenntnis raumzeitlicher Relationen auch in Kausalrelationen. Deshalb war Leibniz der Auffassung, dass das Netz raumzeitlicher Relationen an sich selbst keine Realität hat, sondern eine bloße mathematische im Unterschied zu einer realen physikalischen Struktur ist.

Ferner ist Wheelers ursprüngliches Programm der Geometrodynamik vor allem an der Quantenphysik gescheitert (siehe Misner, Thorne und Wheeler 1973, § 44.3-4, insbesondere S. 1205). Die

Quantenstrukturen der Zustandsverschränkung kann man nicht als raumzeitliche, geometrische Strukturen konzipieren, da sie unabhängig von raumzeitlichen Abständen sind. Wenn man sie als kategoriale Strukturen verstehen möchte, kann man sie nur als algebraische Strukturen auffassen (siehe die algebraische Darstellung der Quantenfeldtheorie, insbesondere Haag 1992). Auch die allgemeine Relativitätstheorie lässt neben der geometrischen eine algebraische Darstellung zu (siehe Bain 2006 und Lam 2007, Kapitel 6.5). Infolgedessen kann man auch diese Theorie so interpretieren, dass sie auf algebraische Strukturen festgelegt ist. Während man im Falle geometrischer Strukturen deren physikalischen Charakter qua raumzeitlicher Strukturen als etwas Ursprüngliches akzeptieren mag, ist dies bei algebraischen Strukturen offensichtlich nicht mehr möglich. Kurz, die Metaphysik kategorialer Strukturen ist im Rahmen der heutigen Physik auf algebraische Strukturen festgelegt, aber sie kann nicht die Frage beantworten, aufgrund wovon diese reale physikalische statt bloßer mathematischer Strukturen sind.

Die Metaphysik kausaler Strukturen bietet hingegen eine klare Antwort auf diese Frage: Mathematische Strukturen, was auch immer sie sein mögen, sind nicht kausal wirksam. Der Gebrauch, den Personen von mathematischen Strukturen zur physikalischen Theoriebildung machen, ist selbstverständlich kausal wirksam, aber diese Strukturen selbst haben keinerlei kausale Kraft. Reale physikalische unterscheiden sich dadurch von bloß mathematischen Strukturen, dass sie kausal wirksam sind. Genauer ausgedrückt: Die kausale Theorie von Eigenschaften auf Strukturen angewendet besagt, dass eine Struktur dann und nur dann physikalisch real ist, wenn sie kausal wirksam ist (kausales Kriterium der Existenz, ontologisch notwendige und hinreichende Bedingung). Strukturen sind genau in dem gleichen Sinn wie intrinsische Eigenschaften kausal wirksam: Eine intrinsische Eigenschaft ist kausal wirksam, indem sie dem Objekt oder Ereignis, das die betreffende Eigenschaft hat, die Kraft verleiht, bestimmte Wirkungen hervorzubringen. Eine Struktur ist kausal wirksam, indem sie den Objekten oder Ereignissen, die in den betreffenden Relationen stehen, die Kraft verleiht, zusammengenommen – das heißt als Ganzes – bestimmte Wirkungen hervorzubringen. Mit anderen Worten: Indem die Objekte oder Ereignisse in bestimmten Beziehungen stehen, bringen sie bestimmte Wirkungen hervor. Folglich sind zwei Strukturen dann und nur dann physikalisch verschieden, wenn sie sich in ihren Wirkungen unterscheiden. Gibt es keinen kausalen Unterschied, handelt es sich nur um verschiedene mathematische Repräsentationen derselben physikalischen Wirklichkeit.

Hieraus folgt allerdings nicht, dass wir epistemologisch immer in der Lage sind, die betreffenden kausalen Unterschiede experimentell festzustellen. Deshalb ist es epistemologisch nur eine notwendige, nicht aber auch eine hinreichende Bedingung dafür, dass eine Beschreibung in Begriffen mathematischer Strukturen auf reale physikalische Strukturen referiert und deren Beschaffenheit offenlegt, dass diese Strukturen als kausal wirksam verstanden werden können. Es kann Situationen geben, in denen zwei verschiedene Theorien desselben Gegenstandsbereichs (oder zwei verschiedene Modelle oder Interpretationen einer gegebenen Theorie) verschiedene Strukturen als real anerkennen und kausale Unterschiede zwischen den betreffenden Strukturen angeben, ohne dass wir in der betreffenden Situation in der Lage sind, diesen Unterschied experimentell festzustellen. Wenn man in einer solchen Situation einer kontingenten empirischen Unterbestimmtheit nichtsdestoweniger wissenschaftlicher Realist bleiben und nicht einfach eine agnostische Haltung einnehmen möchte, muss man weitere Kriterien hinzuziehen, wie beispielsweise das der Kohärenz (siehe dazu ausführlich Esfeld 2008, Kapitel 1.2).

Im Hinblick auf die kausale Theorie physikalischer Existenz stimmt unsere Position mit dem Entitäten-Realismus überein. Darunter versteht man in der heutigen Wissenschaftsphilosophie diejenige Strömung, die etwas genau dann als eine reale physikalische Entität (im Unterschied zu einem bloßen mathematischen Beschreibungsinstrument) anerkennt, wenn es möglich ist, diese Entität zu manipulieren – das heißt, ihr kausale Eigenschaften zuzusprechen und diese Eigenschaften experimentell zu nutzen. Ian Hacking beispielsweise beantwortet die Frage, ob Elektronen real sind, mit dem Ausspruch »Wenn man sie sprühen kann, sind sie real« (»If you can spray them, they are real« – Hacking 1983, S. 22-23; siehe zum Entitäten-Realismus insbesondere Hacking 1983, Kapitel 1, 5, 6, 10 und 16, sowie Cartwright 1983, 1989 und dann Suárez 2008 und Psillos 2008 mit den Antworten von Cartwright 2008 zur aktuellen Diskussion).

Der Entitäten-Realismus sieht sich im Gegensatz zum Theorien-

Realismus: Er beansprucht, direkt eine realistische Einstellung in Bezug auf Entitäten einzunehmen, ohne die entsprechenden Theorien realistisch interpretieren zu müssen. Wir denken hingegen nicht, dass ein solcher Gegensatz besteht (siehe dazu ausführlich Esfeld 2008, Kapitel 1.3): Die Objekte der fundamentalen physikalischen Theorien sind theoretische Entitäten. Wir haben nur durch die entsprechenden Theorien einen Zugang zu ihnen. Wir können auch Elektronen nicht direkt manipulieren, sondern nur, weil wir über Theorien verfügen, die uns Auskunft über deren Eigenschaften geben. Daher stehen wir einem Theorien-Realismus offen gegenüber, stimmen aber mit dem Entitäten-Realismus im kausalen Kriterium der Existenz überein: Wir lehnen einen Theorien-Realismus ab, der eine Beschreibung in Begriffen von mathematischen Strukturen als hinreichend für einen Realismus in Bezug auf physikalische Entitäten ansieht, und interpretieren Theorien nur insofern realistisch (notwendige Bedingung, siehe die Präzisierung oben), als sie physikalischen Entitäten kausale Eigenschaften zusprechen. Wir akzeptieren eine realistische Einstellung in Bezug auf kausale Eigenschaften auch unabhängig davon, ob es Experimentatoren möglich ist, diese Eigenschaften zu manipulieren. Infolgedessen stellt für uns ein Realismus in der Kosmologie kein Problem dar (siehe hingegen zum Beispiel Hacking 1989, der vor dem Hintergrund seines Kriteriums der Manipulierbarkeit keinen Realismus in Bezug auf die Kosmologie vertritt). Kurz, auch im Bereich der fundamentalen Physik einschließlich der Kosmologie ist die Antwort auf die Frage, ob Objekte oder Strukturen real sind, diese: »Wenn sie etwas bewirken, sind sie real.«

Verfolgen wir den Gegensatz zwischen der Metaphysik kausaler und der kategorialer Strukturen weiter. Ein zusätzliches Argument gegen Letztere ist, dass sie nicht die Rolle erfasst, die Naturgesetze in den naturwissenschaftlichen Erklärungen spielen. Die Hume'sche Metaphysik konzipiert die Eigenschaften, die es in der Welt gibt, als kategorial, so dass das, was die Eigenschaften sind, unabhängig von den Naturgesetzen ist. Die Naturgesetze supervenieren auf der gesamten Verteilung der fundamentalen Eigenschaften, indem diese kontingenterweise bestimmte Regularitäten aufweist. Infolgedessen sind die Naturgesetze erst und nur dann festgelegt, wenn die gesamte Verteilung der fundamentalen physikalischen Eigenschaften gegeben ist. Sie können mithin nichts in dieser Verteilung erklären.

Dieser Sachverhalt bleibt bestehen, wenn man von kategorialen intrinsischen Eigenschaften zu kategorialen Strukturen übergeht. Die Gesetze supervenieren dann auf der gesamten Verteilung der kategorialen Strukturen und können folglich nichts innerhalb dieser Verteilung erklären. Man muss daher die gesamte Verteilung der fundamentalen physikalischen Eigenschaften einschließlich der Strukturen als primitiv ansehen. Wenn hingegen die Eigenschaften einschließlich der Strukturen kausal sind, dann ergeben sich, wie in Kapitel 2.1 ausgeführt, die Naturgesetze aus dem, was die Eigenschaften bzw. Strukturen sind. Man kann daher im Einklang mit der naturwissenschaftlichen Praxis die Naturgesetze einsetzen, um mit ihnen zu erklären, wieso die Verteilung der fundamentalen physikalischen Eigenschaften bzw. Strukturen in der Welt so beschaffen ist, wie sie tatsächlich ist.

Die fundamentalen physikalischen Theorien legen uns mithin zwar nicht in der Weise auf die Anerkennung kausaler im Unterschied zu kategorialen Strukturen fest, wie sie uns auf die Anerkennung von Strukturen statt intrinsischer Eigenschaften als dasjenige, was es in erster Linie im fundamentalen physikalischen Bereich gibt, festlegen. Aber sie sind keineswegs neutral in Bezug auf die Beantwortung der Frage, ob die Strukturen kategorial oder kausal sind. Nur die Metaphysik kausaler Strukturen lässt einen Strukturen*realismus* in Bezug auf die fundamentalen physikalischen Strukturen zu, nur sie ist in der Lage, reale physikalische von bloßen mathematischen Strukturen abzugrenzen, und nur sie kann der Rolle, die Naturgesetze in den naturwissenschaftlichen Erklärungen spielen, Rechnung tragen.

2.4 Kausale Strukturen in der Physik und der Übergang zu den Einzelwissenschaften

Wir haben die Metaphysik kausaler Strukturen bisher durch ein philosophisches Argument begründet – dasjenige gegen den Quidditismus und damit gegen rein qualitative Unterschiede zwischen Welten, die ununterscheidbar sind –, und wir haben gezeigt, wie dieses Argument nicht nur auf intrinsische Eigenschaften, sondern auch auf Strukturen zutrifft. Wir haben ferner generelle physikalische Argumente dafür angeführt, die fundamentalen physikalischen Strukturen kausal zu verstehen. In diesem Unterkapitel möchten wir diesen Faden weiterverfolgen. Wir werden zum einen anhand der Interpretation der Quantentheorie – und kurz auch anhand der allgemeinen Relativitätstheorie – konkret darlegen, wie man die Strukturen, auf die diese Theorien festgelegt sind, als kausale Strukturen verstehen kann; denn bevor wir die Metaphysik kausaler Strukturen für eine naturphilosophische Theorie des Verhältnisses von Physik und Einzelwissenschaften einsetzen können, müssen wir diese Metaphysik in der Physik verankern. Zum anderen werden wir damit zugleich eine Theorie des Übergangs von den fundamentalen physikalischen Strukturen zu den Strukturen, welche die Einzelwissenschaften behandeln, skizzieren.

Betrachten wir zunächst die Quantentheorie. Das zentrale Problem ihrer Interpretation ist das so genannte Messproblem. Das ist die Frage, wie die Superpositionen einschließlich der Zustandsverschränkungen in Zustände übergehen können, in denen Objekte definite numerische Werte ihrer Eigenschaften haben. Diese Frage ist deshalb als das Messproblem bekannt, weil man annimmt, dass die Quantenobjekte definite numerische Werte von Eigenschaften als Resultat eines Messprozesses annehmen. Einfach zu postulieren, dass dann, wenn eine Interaktion zwischen einem Quantenobjekt und einem Messgerät stattfindet, die Schrödinger-Dynamik, die zu immer weiteren Zustandsverschränkungen führt, außer Kraft gesetzt wird und eine Reduktion der Zustandsverschränkungen auf klassische Eigenschaften mit genau einem definiten numerischen Wert stattfindet, ist nicht akzeptabel. Messgeräte bilden keine natürliche Art, sondern beliebige Objekte können von Experimentatoren in geeigneten Situationen als Messgeräte benutzt werden. Man kann keine präzise physikalische Definition einer Messung und eines Messgeräts geben, weil es keinen physikalischen Unterschied gibt, der Messungen von anderen physikalischen Interaktionen abgrenzt. Ferner haben sich in der zeitlichen Entwicklung des Universums auf der Grundlage von Strukturen der Zustandsverschränkung stabile klassische physikalische Strukturen gebildet, welche erst die Voraussetzung dafür sind, dass dann schließlich Menschen – und deren technische Erfindungen – entstehen konnten.

Wenn man anerkennt, dass es sowohl den Quantenbereich als durch Superpositionen und Zustandsverschränkungen gekennzeichnet wie auch klassische Eigenschaften mit definiten numerischen Werten gibt, dann ist man auf die Suche nach einer Dynamik festgelegt, welche die Schrödinger-Dynamik so ergänzt, dass der Übergang von Zustandsverschränkungen zu klassischen Eigenschaften erfasst wird. Der einzige physikalisch konkret ausgearbeitete Vorschlag für eine solche Dynamik geht auf die italienischen Physiker Gian Carlo Ghirardi, Alberto Rimini und Tullio Weber (1986) (GRW) zurück (Vorläufer dieses Vorschlags sind insbesondere Pearle 1976 und Gisin 1984). GRW schlagen die Ergänzung der Schrödinger-Gleichung um einen stochastischen Term vor, so dass diese Gleichung Wahrscheinlichkeiten für Zustandsreduktionen in Form spontaner Lokalisationen von Quantenobjekten enthält. Je mehr Quantenobjekte eine Struktur der Zustandsverschränkung umfasst, desto höher ist die Wahrscheinlichkeit, dass eine Zustandsreduktion durch spontane Lokalisation eintritt. Infolgedessen sind makroskopische Objekte, weil sie aus sehr vielen Quantenobjekten bestehen, nicht mehr den Zustandsverschränkungen unterworfen, sondern haben de facto immer klassische, definite Werte ihrer Eigenschaften. Allerdings bedeutet spontane Lokalisation nicht, dass mikroskopische Quantenobjekte exakt einen definiten numerischen Wert des Ortes haben: Der stochastische Term, durch den GRW die Schrödinger-Gleichung ergänzen, führt dazu, dass der Zustand eines Quantenobjekts als Resultat der spontanen Lokalisation durch eine Gauss-Verteilung repräsentiert wird, die um einen Punkt im mathematischen Konfigurationsraum konzentriert ist, aber nie gänzlich außerhalb dieses Punktes verschwindet. Die philosophische Konsequenz dieser mathematischen Tatsache ist, dass die definiten numerischen Werte, die Resultate der Zustandsreduktionen sind, dennoch einen gewissen Rest an Vagheit aufweisen (siehe dazu Albert und Loewer 1996 sowie Wallace 2008, S. 58-61, für die neuere Diskussion; siehe zu GRW und zum Messproblem insgesamt ausführlich Esfeld 2008, Kapitel 3.3).

Diejenige Fassung der Quantentheorie, die, wie GRW, eine Dynamik mit Zustandsreduktionen einschließt, ist der primäre Ort für eine philosophische Interpretation in Begriffen kausaler Strukturen: Die Strukturen der Zustandsverschränkung sind Kräfte oder Dispositionen, durch Zustandsreduktionen klassische Eigenschaften mit definiten numerischen Werten zu produzieren. Mit anderen Worten: *Insofern die Quantenstrukturen der Zustandsverschränkung bestimmte Qualitäten sind, sind sie kausal, nämlich die Kraft oder Disposition, als Ganze klassische Eigenschaften hervorzubringen* (siehe Dorato 2007, Suárez 2007, S. 426-433, und Dorato und Esfeld 2010). Diese Disposition ist ontologisch fundamental: Ihr liegen keine nicht-dispositionalen, kategorialen Eigenschaften zugrunde. Es handelt sich um eine reale und aktuale Eigenschaft statt um eine bloße Potenzialität. Sie benötigt keine externen Manifestationsbedingungen: Gemäß GRW handelt es sich um eine Disposition für *spontane* Lokalisationen. Da die verschränkten Quantenzustände weder separierbar noch raumzeitlich lokalisiert sind, stellt es kein Problem dar, die Disposition für spontane Lokalisation so zu verstehen, dass sie den verschränkten Quantenzustand als Ganzen charakterisiert: Eine Quantenstruktur der Zustandsverschränkung *ist* die Kraft oder Disposition für spontane Lokalisationen der in dieser Struktur stehenden Objekte zusammengenommen. Die Relationen der Zustandsverschränkung verleihen den Objekten, die in diesen Relationen stehen, die Kraft, sich zusammengenommen spontan zu lokalisieren. Wenn sich diese Disposition manifestiert, dann sind automatisch alle Objekte, welche die betreffende Struktur umfasst, lokalisiert. Für diese Interpretation spricht eine ganze Reihe von Argumenten, die wir im Folgenden skizzenhaft darstellen möchten, um zu zeigen, dass man die Metaphysik kausaler Strukturen in der Philosophie der Quantentheorie ganz unabhängig von generellen philosophischen Überlegungen und solchen zum Verhältnis von Physik und Einzelwissenschaften begründen kann.

(1) Die genannte Interpretation gibt erstens eine klare Antwort auf die Frage, was die Eigenschaften von Quantenobjekten sind, wenn keine zeitabhängigen Eigenschaften mit definiten numerischen Werten vorliegen. Es wäre absurd zu behaupten, dass in einem solchen Fall überhaupt keine zeitabhängigen Eigenschaften vorhanden sind und diese Eigenschaften im Falle einer Zustandsreduktion gleichsam aus dem Nichts entstehen. Ferner kann man sich nicht darauf zurückziehen zu vertreten, dass in diesem Fall einfach der quantentheoretische Zustandsvektor (die Wellenfunktion) existiert. Denn der Zustandsvektor ist ein mathematisches Instrument, um die physikalische Realität zu repräsentieren, und nicht die physikalische Realität selbst. Die Frage ist, wie wir die quantenphysikalische Realität als durch den Zustandsvektor – voll-

ständig – repräsentiert verstehen sollen. Die klare Antwort, welche die vorliegende Interpretation auf diese Frage bietet, besagt, dass der Zustandsvektor Strukturen repräsentiert, bei denen es sich nicht um Eigenschaften mit definiten numerischen Werten handelt, sondern um Dispositionen, solche Eigenschaften zu erwerben. Diese Dispositionen sind reale und aktuale Eigenschaften, da die Quantenstrukturen der Zustandsverschränkung Dispositionen zu spontaner Lokalisation sind.

(2) Diese Interpretation enthält zweitens eine klare Lösung für das Messproblem, die sowohl Zustandsverschränkungen als auch klassische Eigenschaften als in der Welt existierend anerkennt, ohne auf Beobachter Bezug zu nehmen oder das Konzept eines Messgeräts in eine fundamentale physikalische Theorie hineinzuschmuggeln. Die Zustandsverschränkungen sind Dispositionen für Lokalisationen und damit für das Hervorbringen von klassischen Eigenschaften. Diese Dispositionen manifestieren sich spontan, ohne dass es Interaktionen mit Beobachtern oder Messgeräten bedarf. Messungen sind lediglich eine Art von Interaktionen unter anderen, die keine spezielle Behandlung in einer fundamentalen physikalischen Theorie erfordern.

(3) Diese Interpretation berücksichtigt drittens objektive Wahrscheinlichkeiten für Einzelfälle. Es ist unbestritten, dass die Wahrscheinlichkeiten der Quantenphysik objektiv sind und nicht in Begriffen von Häufigkeiten verstanden werden können. Nichtsdestoweniger bevorzugen Frigg und Hoefer (2007) eine Hume'sche Sicht der GRW-Wahrscheinlichkeiten. Um über eine reine Häufigkeitsanalyse hinauszugelangen, stützen sie sich auf die Kriterien der Einfachheit und des Informationsgehalts, die das Hume'sche beste System der Beschreibung der Welt auszeichnen. Dabei handelt es sich jedoch um epistemische Kriterien. Es ist fraglich, wie mit diesen Kriterien die Anerkennung objektiver Wahrscheinlichkeiten für Einzelfälle erreicht werden kann. Wenn man sich hingegen auf kausale Eigenschaften und damit auf Dispositionen festlegt, dann kann man Letztere als Propensitäten verstehen, das heißt als Dispositionen mit einer jeweils quantifizierbaren Stärke, je einen bestimmten definiten numerischen Wert aus dem Spektrum der möglichen Werte – spontan – hervorzubringen. Propensitäten sind objektive Wahrscheinlichkeiten für Einzelfälle, die unabhängig von epistemischen Subjekten in der Welt existieren (siehe dazu Popper

1959 und dann insbesondere die Arbeiten von Suárez 2004a, 2004b and 2007 ebenso wie Gisin 1991 und Dorato 2007).

Die Schrödinger-Gleichung ist deterministisch. Die Modifikation der Schrödinger-Gleichung, die GRW vorschlagen, integriert den Übergang zu klassischen Eigenschaften hingegen dadurch, dass sie irreduzible, objektive Wahrscheinlichkeiten für Einzelfälle enthält. Die GRW-Gleichung ist somit ein Kandidat für ein fundamentales Naturgesetz, das probabilistisch ist, aber dennoch, wie alle Naturgesetze, die auf kausale Eigenschaften zurückgehen, metaphysisch notwendig ist (siehe oben Kapitel 2.1).

(4) Diese Interpretation schlägt viertens eine Brücke zu den zustandsunabhängigen Eigenschaften von Quantenobjekten, wie Ladung und Masse. Man kann diese Eigenschaften im Rahmen der Quantentheorie als intrinsische Eigenschaften auffassen, auch wenn sie nicht in der Lage sind, Identitätsbedingungen für Quantenobjekte bereitzustellen, und sie an die Quantenstrukturen der Zustandsverschränkung gebunden sind (siehe oben Kapitel 2.2). Es liegt dann nahe, Eigenschaften wie Ladung und Masse ebenfalls als Dispositionen anzusehen – Ladung als die Disposition, ein elektromagnetisches Feld aufzubauen, Masse als Disposition für die gravitationelle Interaktion (letzteres Verständnis stellt dann allerdings in Frage, ob Masse wirklich eine intrinsische und nicht vielmehr ebenfalls eine relationale Eigenschaft ist; vgl. Lehmkuhl 2008). Nur so lässt sich die Festlegung auf unerkennbare Washeiten vermeiden (siehe oben Kapitel 2.1). Mit der kausalen Theorie von Eigenschaften lassen sich somit alle Eigenschaften von Quantenobjekten erfassen: Es handelt sich um kausale Strukturen, an die gegebenenfalls intrinsische kausale Eigenschaften gebunden sind.

(5) Diese Interpretation erklärt fünftens den Ursprung der Zeitrichtung. Wenn es Prozesse der Zustandsreduktion von quantenphysikalischen zu klassischen Eigenschaften gibt, dann sind diese Prozesse unumkehrbar und zeichnen dadurch eine Zeitrichtung aus. Wenn daher die GRW-Gleichung oder etwas Ähnliches ein fundamentales physikalisches Gesetz ist, handelt es sich um ein fundamentales Gesetz, das nicht umkehrbar in Bezug auf die Zeitrichtung ist. Wenn einmal eine Zustandsreduktion erfolgt ist, dann ist es zwar möglich, dass die beteiligten Quantenobjekte wieder in verschränkte Zustände eintreten (die sich dann, sofern diese Quantenobjekte ein makroskopisches Objekt bilden, aber gemäß

der GRW-Dynamik auch wieder enorm schnell auflösen). Es ist jedoch nicht möglich, den Prozess der Zustandsreduktion umzukehren: Man kann nicht mit dem Zustand anfangen, der das Resultat einer Zustandsreduktion ist, und eine Entwicklung denken, die zu dem verschränkten Zustand führt, der vor der Zustandsreduktion existiert hat. Eine solche Entwicklung widerspräche der GRW-Dynamik.

Die spontanen Lokalisationen, die GRW konzipieren, sind geeignet, die Grundlage für alle zeitlich nicht umkehrbaren Phänomene in der Welt zu bilden (siehe Albert 2000, Kapitel 7). Wenn wir die quantenphysikalischen Zustandsreduktionen als die Manifestation von kausalen Strukturen interpretieren, dann haben wir eine Erklärung für den Ursprung der Zeitrichtung. Diese ergibt sich daraus, dass das Verhältnis von Ursache und Wirkung unumkehrbar ist: Die Wirkung als Manifestation einer Disposition bzw. als dasjenige, was von einer Kraft produziert wird, folgt zeitlich auf ihre Ursache, und man kann diesen Produktionsvorgang nicht rückgängig machen. Deshalb gibt es irreversible Prozesse und mit diesen eine Zeitrichtung in der Welt, und deshalb ist zu erwarten, dass auch die fundamentalen Naturgesetze, insofern sie kausale Prozesse beschreiben, nicht zeitlich umkehrbar sind.

(6) Diese Interpretation zeigt schließlich sechstens, wie eine Fassung der Quantentheorie, die Zustandsreduktionen einschließt, offen dafür sein kann, in eine fundamentale physikalische Theorie überzugehen. Die GRW-Fassung der Quantentheorie geht nicht darin auf, eine phänomenologische Theorie zur Berechnung von Wahrscheinlichkeiten für Zustandsreduktionen zu sein (siehe dagegen Allori, Goldstein, Tumulka und Zanghì 2008, welche die klassischen Eigenschaften in der Raumzeit, die Resultate der Zustandsreduktionen sind, als die primitive Ontologie von GRW ansehen). GRW erklären die Existenz klassischer Eigenschaften in der Welt auf der Basis einer realistischen Einstellung in Bezug auf den quantentheoretischen Zustandsvektor: Dieser beschreibt Strukturen der Zustandsverschränkung, die objektiv in der Welt existieren, und die kausale Interpretation dieser Strukturen als Dispositionen für spontane Lokalisationen erklärt den Übergang zu klassischen Eigenschaften. Der Gewinn dieser Sicht ist Vereinheitlichung: Sie bietet eine einheitliche Ontologie, die sowohl den spezifisch quantenphysikalischen Bereich als auch den Bereich klassischer Eigen-

schaften umfasst. Sie ermöglicht es auf diese Weise, einen Realismus in Bezug auf beide Bereiche zu vertreten, weil sie den Übergang zwischen beiden durch eine einheitliche Dynamik erklärt.

Die quantenphysikalischen Zustandsverschränkungen sind unabhängig von raumzeitlichen Abständen. Deshalb kann man die Quantenstrukturen der Zustandsverschränkung für fundamentaler als die metrischen Strukturen der Raumzeit halten. Eine wichtige Forschungsrichtung bei der Suche nach einer Theorie der Quantengravitation, welche die Quantenfeldtheorie mit der allgemeinen Relativitätstheorie vereinigt, geht in der Tat davon aus, dass die klassische Raumzeit nicht fundamental ist (siehe zum Beispiel Kiefer 2004, insbesondere Kapitel 10). Aber was ist dann fundamental, und wie unterscheidet sich das, was physikalisch fundamental ist, von einer bloßen mathematischen Entität? Wie wir bereits in Kapitel 2.3 erwähnt haben, steht dann, wenn man die physikalische Wirklichkeit nicht als primitiv und unhintergehbar raumzeitlich ansieht, nur ein kausales Kriterium zur Verfügung, um physikalische von mathematischer Existenz abzugrenzen. Indem die GRW-Fassung der Quantentheorie zeigt, wie man die Strukturen der Zustandsverschränkung als kausale Strukturen auffassen kann, ebnet sie den Weg zu einer fundamentalen Theorie kausaler physikalischer Strukturen. Dazu muss sie selbstverständlich mit der allgemeinen Relativitätstheorie vereinbar sein. Es gibt inzwischen erste Forschungen, die zeigen, wie man im Rahmen von GRW eine Quantentheorie mit einer Dynamik, die Zustandsreduktionen umfasst, konzipieren kann, ohne auf die Annahme eines global bevorzugten Bezugs- oder Koordinatensystems festgelegt zu sein (siehe Tumulka 2006 sowie die Darstellung dieses Vorschlags in Maudlin 2008).

Diese stichpunktartig ausgeführten Argumente verdeutlichen, dass man die Idee kausaler Eigenschaften bzw. Strukturen in der Quantentheorie konkret anwenden kann und zu einer gehaltvollen Interpretation dieser Theorie gelangt, die zweierlei leistet – anzugeben, was es physikalisch fundamental in der Welt gibt, und die Brücke zu klassischen Eigenschaften zu schlagen. Diese Argumente beziehen sich allein auf die Interpretation der Quantentheorie, unabhängig von generellen philosophischen und wissenschaftstheoretischen Überlegungen.

Das, was die Quantentheorie über die Welt aussagt, in Begriffen kausaler Eigenschaften bzw. Strukturen (Dispositionen) zu inter-

pretieren, ist üblicherweise an diejenigen Fassungen der Quantentheorie gebunden, die Zustandsreduktionen anerkennen, und GRW
ist die am besten ausgearbeitete dieser Fassungen. Es gibt jedoch
seit Everett (1957) auch Versionen der Quantentheorie, die keine
Zustandsreduktionen einschließen und die Schrödinger-Gleichung
als die vollständige Dynamik der Quantenobjekte ansehen. Man ist
in diesem Fall darauf festgelegt, die Zustandsverschränkungen für
universell zu halten: Sie umfassen alle Objekte einschließlich der
makroskopischen und letztlich auch das Bewusstsein der Beobachter (letztere Konsequenz wurde zuerst von Albert und Loewer 1988
und Lockwood 1989, Kapitel 12 und 13, hervorgehoben). Gemäß
dieser Sicht spaltet sich die Welt in unendlich viele parallel zueinander existierende Zweige auf, so dass alle Objekte einschließlich des
Bewusstseins jeder Person unendlich viele Male in unendlich vielen
verschiedenen Zweigen des Universums existieren, in denen sie jeweils einen der möglichen Werte ihrer Eigenschaften haben. Alle
möglichen definiten Werte einer Eigenschaft, die in die Superpositionen und Zustandsverschränkungen eingehen, existieren somit
wirklich, aber verteilt auf unendlich viele Zweige des Universums.

Unsere Beobachtung klassischer Eigenschaften erklärt man in
diesem Rahmen in der Regel so: Die Zustandsverschränkungen
münden in einen Prozess, der unter dem Namen der Dekohärenz
bekannt ist. Dieser Prozess besagt, dass die Quantenstrukturen der
Zustandsverschränkung sich so entwickeln, dass bereits nach einer
sehr kurzen Zeit die verschiedenen Terme, die in die Superposition
von Korrelationen eingehen, nicht mehr miteinander interferieren.
Ein lokaler Beobachter innerhalb einer solchen Struktur hat daher
keinen Zugang zu den weiteren Termen der Superposition (die in
anderen, parallel laufenden Zweigen des Universums existieren).
Die Welt erscheint uns deshalb klassisch, weil wir als lokale Beobachter die objektiv bestehenden Zustandsverschränkungen nicht
beobachten können (siehe zur Everett-Interpretation ausführlich
Wallace 2008, Abschnitt 2.4).

Es sprechen im Rahmen dieser Sicht ebenfalls gute Gründe dafür, die Quantenstrukturen der Zustandsverschränkung als kausale
Strukturen aufzufassen. Diese Sicht muss vor allem die folgenden
beiden Fragen beantworten:

(1) Was ist die physikalische Realität der Quantenstrukturen der
Zustandsverschränkung, so dass diese durch Dekohärenz zur Auf-

spaltung der Welt in unendlich viele, nicht miteinander interferierende Zweige führen können? Die einzig bekannte Antwort auf diese Frage, welche die physikalische Realität der Quantenstrukturen der Zustandsverschränkung anerkennt, ohne diese mit der mathematischen Realität des Zustandsvektors zu verwechseln, ist die folgende: Die Quantenstrukturen sind kausale Strukturen und damit Dispositionen, durch Dekohärenz unendlich viele verschiedene Zweige des Universums hervorzubringen, in denen jeweils definite numerische Werte physikalischer Eigenschaften vorhanden sind. Dekohärenz ist demzufolge ein kausaler Prozess, der in der Manifestation von Dispositionen (kausalen Strukturen) besteht.

(2) Wie kann Dekohärenz der Schlüssel für Irreversibilität sein? Obwohl Dekohärenz ausschließlich im Rahmen der Schrödinger-Dynamik stattfindet, muss man dann, wenn man diese einsetzt, um zu erklären, wieso die Welt uns klassisch erscheint, sie als irreversiblen Prozess ausweisen können. Denn man würde das Ziel einer solchen Erklärung verfehlen, wenn der Prozess der Aufspaltung der Welt in unendlich viele parallel zueinander existierende Zweige auch umgekehrt ablaufen könnte, also von diesen getrennten Zweigen zu Interferenz zurück (bzw. dieser Prozess von einem gegebenen Zeitpunkt aus sowohl in dessen Zukunft als auch in dessen Vergangenheit laufen könnte). Wenn man Dekohärenz kausal als Manifestation der Dispositionen, welche die Quantenstrukturen der Zustandsverschränkung sind, konzipiert, dann verfügt man über eine Erklärung der Zeitrichtung und damit eine Erklärung irreversibler Prozesse (siehe oben Argument (5)).

Zusammenfassend können wir somit sagen, dass es eine Reihe von gewichtigen Argumenten dafür gibt, die Quantenstrukturen der Zustandsverschränkung als kausale Strukturen aufzufassen.

Die raumzeitlichen Relationen gelten hingegen als das Standardbeispiel für kategoriale, nicht-kausale Strukturen. Wir können solche Relationen zwischen materiellen Objekten zwar auch nur dadurch erkennen, dass die Objekte in einer Kausalbeziehung zu unseren Sinnen stehen, wie indirekt auch immer diese Kausalbeziehung sein mag; diese Relationen selbst scheinen jedoch nicht kausal sein zu können. Während jedoch in der klassischen Physik bis zur speziellen Relativitätstheorie die Raumzeit als ein passiver Hintergrund aufgefasst wird, in den die materiellen Objekte und ihre Eigenschaften eingefügt sind, hat diese Auffassung in der allgemeinen

Relativitätstheorie keinen Bestand. Diese schließt einen Dualismus zwischen der Raumzeit als passivem Hintergrund und der Materie als dasjenigem, was in diese eingefügt ist, aus. Die Raumzeit, das metrische Feld, ist vielmehr selbst dynamisch und interagiert mit der nicht-gravitationellen Energie-Materie ebenso wie mit sich selbst (gravitationelle Interaktion).

Weil das metrische Feld mit anderen Feldern ebenso wie mit sich selbst interagiert, kann man dieses Feld als eine materielle Entität ansehen, die allen anderen physikalischen Feldern gleicht. In diesem Sinn kann man die Gravitation als eine fundamentale physikalische Interaktion gleich den anderen fundamentalen physikalischen Interaktionen konzipieren, ungeachtet dessen, dass sie alle physikalischen Objekte umfasst (während zum Beispiel die elektromagnetische Interaktion nur alle geladenen Objekte betrifft) (siehe insbesondere Rovelli 2007, Abschnitt 4). Vor diesem Hintergrund ist es möglich, die raumzeitlichen, gravitationellen Relationen als eine kausale Struktur wie alle anderen materiellen, kausalen Strukturen anzusehen: Insofern es qualitative, metrische Eigenschaften der Punkte der Raumzeit gibt, handelt es sich dabei um Kräfte oder Dispositionen, die Gravitationseffekte hervorzubringen, und diese Effekte sind im Prinzip beobachtbar (siehe Bartels 1996, S. 37-38, Bartels 2010 und Bird 2009, Abschnitt 2.3; siehe dagegen Livanios 2008 – wie dieser einfach herauszustellen, dass die metrischen Strukturen geometrische Strukturen sind, greift jedoch zu kurz, da Letztere die gravitationelle Energie enthalten).

Nichtsdestoweniger sind die metrischen Relationen und die Quantenrelationen der Zustandsverschränkung verschiedene Arten konkreter, qualitativer, physikalischer Relationen. Es gibt im Bereich der metrischen Strukturen keine Nicht-Separabilität (vgl. Einstein 1948, S. 321). Dementsprechend sind die Weisen, wie die Quantenstrukturen und die metrischen Strukturen kausal wirksam sind, verschieden: Die Quantenstrukturen können gerade deshalb als Strukturen kausal wirksam sein, ohne das Prinzip zu verletzen, gemäß dem Wirkungen sich höchstens mit Lichtgeschwindigkeit ausbreiten, weil sie nicht-separabel und damit nicht an Punkten in der Raumzeit lokalisiert sind. Die metrischen Strukturen sind hingegen kausal wirksam als metrische Eigenschaften von Raumzeitpunkten. Es handelt sich dabei deshalb um eine kausale Wirksamkeit von Strukturen, weil die metrischen Eigenschaften von

Raumzeitpunkten relationale statt intrinsische Eigenschaften sind. Ein Raumzeitpunkt bringt Gravitationseffekte hervor aufgrund der metrischen Relationen, in denen er steht. Wiederum bringen diese Eigenschaften spontan die Wirkungen hervor, die sie hervorbringen können (Gravitationseffekte, die auch in so genannten Vakuum-Lösungen der Einstein'schen Feldgleichungen auftreten, also auch wenn keine Felder nicht-gravitationeller Energie-Materie und damit keine Testpartikel vorhanden sind).

Zusammenfassend können wir sagen: Nichts verhindert, die fundamentalen physikalischen Strukturen so aufzufassen, dass es sich um kausale Strukturen handelt. Mit dieser These widersetzen wir uns derjenigen Tradition, die auf die Kritik von Bertrand Russell (1912) an der Idee von Kausalität als Produktion zurückgeht und für die heute vor allem die Arbeiten von John Norton gegen Kausalität in der fundamentalen Physik stehen (insbesondere Norton 2007a und 2007b). Entgegen dem, was diese Tradition behauptet, ist es nicht nur möglich, die zeitgenössischen fundamentalen physikalischen Theorien kausal zu interpretieren, sondern dafür sprechen auch eine Reihe von Argumenten: allgemeine philosophische Argumente (die Argumente aus der Metaphysik der Eigenschaften), das Erfordernis, in der Lage zu sein, reale physikalische von bloßen mathematischen Strukturen zu unterscheiden, das Erfordernis, der Rolle von Naturgesetzen in naturwissenschaftlichen Erklärungen Rechnung zu tragen, sowie eine Reihe je konkreter Argumente in Bezug auf die Interpretation der Quantentheorie und der allgemeinen Relativitätstheorie. Selbstverständlich muss man von solchen konkreten Argumenten ausgehen und kann in der Naturphilosophie nicht a priori ein Prinzip der Kausalität voraussetzen.

Im Folgenden stützen wir uns auf die Fassung der Quantentheorie, die Zustandsreduktionen anerkennt (und von der GRW die physikalisch am besten ausgearbeitete Version ist). Mit dieser Anerkennung lässt sich eine ontologisch sparsame Theorie des kausalen Übergangs von den fundamentalen physikalischen Strukturen zu den beobachtbaren Phänomenen erreichen, die es erlaubt, einen Realismus sowohl in Bezug auf die Quantenstrukturen der Zustandsverschränkung als auch in Bezug auf die klassischen Eigenschaften zu vertreten. Unsere weiteren Überlegungen sind allerdings nicht an diese Auffassung gebunden: Wenn man kein Freund von Zustandsreduktionen ist, kann man alle nachfolgenden Aussagen zu klassischen Eigenschaften in diesem Buch so lesen, dass sie sich jeweils auf bestimmte Zweige des Universums beziehen.

Mit den Zustandsreduktionen in Form von Ereignissen der spontanen Lokalisation von Quantenobjekten kommen klassische physikalische Eigenschaften in die Welt. Auf dieser Grundlage entwickeln sich dann die Bereiche der Eigenschaften, die Gegenstand der einen oder anderen Einzelwissenschaft sind. Handelt es sich dabei um intrinsische Eigenschaften? Dann würde gelten: Fundamental sind die Quantenstrukturen der Zustandsverschränkung; infolge der Ereignisse der Zustandsreduktion bilden sich klassische Eigenschaften, so dass von dieser Entwicklungsstufe an die Welt im Rahmen der klassischen, atomistischen Naturphilosophie intrinsischer Eigenschaften beschrieben werden kann? Deren Irrtum bestünde dann lediglich darin, den Bereich derjenigen Eigenschaften, die sich als Resultat von Zustandsreduktionen bilden, für fundamental zu halten.

Bei den Quantenstrukturen der Zustandsverschränkung handelt es sich um Superpositionen (Überlagerungen) von Korrelationen. Das einfachste Beispiel einer Zustandsverschränkung, der in Kapitel 2.2 erwähnte Singulett-Zustand, ist eine Superposition aus den Korrelationen »erstes Objekt Spin plus und zweites Objekt Spin minus« und »erstes Objekt Spin minus und zweites Objekt Spin plus«. Durch eine Zustandsreduktion wird die Superposition auf eine dieser Korrelationen reduziert, also entweder auf »erstes Objekt Spin plus und zweites Objekt Spin minus« oder auf »erstes Objekt Spin minus und zweites Objekt Spin plus«. Korrelationen sind jedoch keine intrinsischen Eigenschaften. In dem betrachteten Fall hat zwar infolge der Zustandsreduktion jedes der beiden Objekte je lokal für sich genommen einen definiten numerischen Wert des Spin in einer gegebenen Richtung (der Zustand des Gesamtsystems ist infolge der Zustandsreduktion ein Produktzustand, das heißt, das Produkt der Zustände der beiden Objekte); aber das eine Objekt hat einen definiten numerischen Wert des Spin in einer gegebenen Richtung nur relativ darauf, dass das andere Objekt den entgegengesetzten Wert des Spin in derselben Richtung hat. Generell gesagt: Insofern Objekte definite numerische Werte von Eigenschaften durch Zustandsreduktionen erwerben, handelt es sich dabei um Werte, die relativ zu bestimmten definiten numerischen Werten der Eigenschaften anderer Objekte bestehen.

Der Singulett-Zustand ist ein speziell konstruiertes Beispiel, um die genannten Korrelationen unabhängig von raumzeitlichen Abständen konzeptuell und experimentell nachzuweisen. In jeder realen Situation in der Natur besteht nicht nur eine Zustandsverschränkung zwischen zwei Objekten in Isolation, sondern die Zustandsverschränkung umfasst eine große Anzahl von Quantenobjekten. Die Strukturen der Zustandsverschränkung sind globale im Unterschied zu lokalen Strukturen. Infolgedessen umfasst eine Zustandsreduktion in der Natur immer eine große Anzahl von Quantenobjekten und führt dementsprechend zu einer raumzeitlich zusammenhängenden spontanen Lokalisation solcher Objekte. John Bell (1987, S. 45/S. 204 im Nachdruck) beschreibt auf der Grundlage der GRW-Dynamik makroskopische Objekte als raumzeitlich zusammenhängende »Galaxien« solcher Quantenereignisse der spontanen Lokalisation.

Durch Zustandsreduktionen in Form spontaner Lokalisationen entstehen mithin nicht intrinsische Eigenschaften. Es handelt sich um den Übergang von globalen Strukturen der Zustandsverschränkung zu je lokalen, klassischen Strukturen. Die Zustände der Quantenobjekte, die in diesen lokalen Strukturen stehen, entwickeln sich selbstverständlich weiterhin gemäß der einen fundamentalen Dynamik (wie der GRW-Dynamik). Nichtsdestoweniger können diese lokalen Strukturen – und mit ihnen die makroskopischen Objekte, die in diesen Strukturen stehen – stabile Strukturen mit stabilen klassischen Eigenschaften sein; denn aufgrund der großen Menge der beteiligten Quantenobjekte lösen sich neu entstehende Zustandsverschränkungen enorm schnell wieder auf. Ein gutes Beispiel für solche stabilen lokalen Strukturen sind Moleküle und Konfigurationen von Molekülen. Aus diesen sind dann alle weiteren makroskopischen Objekte zusammengesetzt: Sie entwickeln sich alle aus Molekülen im Zuge der zeitlichen Entwicklung des Universums aufgrund von Quantenereignissen der spontanen Lokalisation.

Es stellt kein philosophisches Problem dar, dass es sich bei den spontanen Lokalisationen um Ereignisse handelt und die genannten lokalen Strukturen dementsprechend Konfigurationen von Ereignissen sind. Diese Sicht passt zu der speziellen und der allgemeinen Relativitätstheorie, die klassische physikalische Theorien sind, aber Raum und Zeit als miteinander in einer vierdimensionalen

Raumzeit vereinigt konzipieren. Da es kein global bevorzugtes Bezugs- oder Koordinatensystem gibt, legen uns diese Theorien auf eine Ontologie vierdimensionaler Ereignisse und Prozesse im Sinn raumzeitlich zusammenhängender Folgen von Ereignissen fest, statt auf dreidimensionale Substanzen, die als Ganze in der Zeit beharren. Selbst wenn die Quantenstrukturen fundamentaler sein sollten als die raumzeitlichen Strukturen, bieten sie keinen Anhaltspunkt dafür, Substanzen im genannten Sinn anzuerkennen – im Gegenteil: Quantenobjekte besitzen keine Identität in der Zeit. In Form der Zustandsreduktionen gibt es Ereignisse spontaner Lokalisation, die Ereignisse im Sinn des Ereignisbegriffs der speziellen und der allgemeinen Relativitätstheorie sind. In dieser Hinsicht sind also die Quantenphysik und die Relativitätsphysik miteinander vereinbar. Man kann ohne weiteres auch makroskopische Objekte als raumzeitlich zusammenhängende Folgen solcher vierdimensionalen Ereignisse verstehen (siehe dazu Esfeld 2008, Kapitel 2.1, sowie Reydon 2008 mit Bezug auf die Biologie).

Wir haben zu Beginn dieses Unterkapitels dafür argumentiert, die Quantenstrukturen der Zustandsverschränkung als kausale Strukturen anzusehen. Wenn diese kausal sind und durch die Zustandsreduktionen lokale Strukturen entstehen, dann sind Letztere selbstverständlich ebenfalls kausale Strukturen. Sie sind allerdings klassische physikalische Strukturen im Unterschied zu Quantenstrukturen der Zustandsverschränkung. Das bedeutet Folgendes: Die Objekte, die in diesen Strukturen stehen, besitzen eine definite raumzeitliche Lokalisation und generell je für sich Eigenschaften mit definiten numerischen Werten. Um Strukturen handelt es sich, weil, wie oben erwähnt, diese Eigenschaften relationale statt intrinsischer Eigenschaften sind – der jeweilige definite numerische Wert einer solchen Eigenschaft, den ein Objekt hat, besteht nur relativ auf bestimmte definite numerische Werte von Eigenschaften desselben Typs der anderen Objekte.

Alle diese Eigenschaften sind kausal. Das heißt, insofern sie bestimmte Qualitäten sind, sind sie Kräfte, bestimmte weitere Wirkungen hervorzubringen. Aus den kausalen Eigenschaften, welche die Objekte, die in einer solchen lokalen Struktur stehen, relativ zueinander haben, ergibt sich die Möglichkeit dafür, dass die betreffende lokale Struktur als Ganze bestimmte signifikante Wirkungen hervorbringt. Anders ausgedrückt: Die Eigenschaften, welche die Objekte, die in einer solchen Struktur stehen, relativ zueinander haben, verleihen diesen Objekten die Kraft, zusammengenommen bestimmte signifikante Wirkungen zu produzieren. So bringen beispielsweise Moleküle als ganze bestimmte Wirkungen hervor, durch die sie sich von ihrer Umgebung abheben. Einige dieser Wirkungen sind dann diejenigen Wirkungen, auf welche sich die Einzelwissenschaften fokussieren, indem sie solche lokalen Strukturen als funktionale Strukturen betrachten. Die Wirkungen, die solche lokalen Strukturen als ganze hervorbringen und auf die sich die Einzelwissenschaften fokussieren, ergeben sich aus der Weise, wie die fundamentalen Objekte, die in diesen Strukturen stehen, angeordnet sind, da diese Wirkungen die Resultate der kausalen Eigenschaften sind, welche diese Objekte relativ zueinander haben. Wir werden insbesondere in Kapitel 3.3 darauf zurückkommen, wie man auf diese Weise die kausal-funktionalen Strukturen, auf welche sich die Einzelwissenschaften und vor allem die Biologie beziehen, von den fundamentalen physikalischen kausalen Strukturen her verstehen kann.

2.5 Strukturen als Modi

Wir können die bisherigen Ergebnisse dieses Kapitels so zusammenfassen: Die fundamentalen physikalischen Eigenschaften sind in erster Linie Strukturen statt intrinsische Eigenschaften, und zwar kausale statt kategoriale Strukturen. Die globalen Quantenstrukturen der Zustandsverschränkung entwickeln sich durch Ereignisse der Zustandsreduktion zu je lokalen, makroskopischen Strukturen, von denen einige dann in den Gegenstandsbereich einer Einzelwissenschaft fallen. Eine Struktur ist ein Netz konkreter, qualitativer physikalischer Relationen zwischen Objekten, die keine intrinsische Identität unabhängig von den Relationen, in denen sie stehen, besitzen.

Wir können diese Sicht auch so formulieren: Die Strukturen (Relationen) sind die Weisen (Modi), wie die Objekte existieren. Als Weisen, wie die Objekte existieren, sind die Strukturen Netze je konkreter physikalischer Relationen. Es handelt sich somit um je einzelne Eigenschaften statt um Universalien. Diese Sicht von Eigenschaften ist ein wichtiger Bestandteil unseres Vorschlags, das

Dilemma von Epiphänomenalismus und Eliminativismus aufzulösen. Dementsprechend werden wir sie in diesem Unterkapitel
erläutern.

Je einzelne Eigenschaften werden in der Literatur vorwiegend
unter dem philosophischen Fachbegriff der Tropen behandelt. Der
Begriff »Tropos« drückt in diesem Zusammenhang im Griechischen
dasselbe aus wie der Begriff »Modus« im Lateinischen. Dennoch
ziehen wir den Begriff »Modus« vor. Die Sicht von einzelnen Eigenschaften als Tropen wird in der Regel mit der Konzeption von
Objekten als Bündel von Tropen assoziiert. Die Sicht von Eigenschaften als Existenzweisen (Modi) der Objekte ist hingegen frei
von jeglicher Assoziation mit der Bündel-Theorie. Ferner fügt sich
diese Sicht gut in die Geschichte der neuzeitlichen Philosophie ein:
Man kann sie zumindest bis zu Spinoza zurückverfolgen (siehe zu
Eigenschaften als Modi Heil 2003, Kapitel 13; vgl. auch Armstrong
1989, S. 96-98).

Gegen die Theorie von Objekten als Bündel von Eigenschaften
spricht in unserem Zusammenhang Folgendes: Es ist nicht verständlich, wie Objekte Bündel von Relationen sein könnten. Vielmehr
erfordern Relationen offenbar Objekte als dasjenige, was in den
Relationen steht, da eine konkrete physikalische Relation immer
zwischen mindestens zwei Objekten besteht und dementsprechend
durch ein mindestens zweistelliges Prädikat ausgedrückt wird. Wie
wir bereits in Kapitel 2.2 erwähnt haben, erkennt der moderate
Strukturenrealismus, den wir vertreten, Objekte an. Diese brauchen allerdings keine intrinsische Identität unabhängig von den Relationen zu besitzen, in denen sie stehen. Deshalb schlagen wir vor,
die Strukturen als die Weisen (Modi), wie die Objekte existieren,
zu verstehen. Damit ist zum einen klar, dass die Objekte keine Existenz unabhängig von den Strukturen haben; zum anderen machen
wir aber auch deutlich, dass die Strukturen nicht unabhängig von
Objekten existieren können. Ferner bringen wir auf diese Weise
zum Ausdruck, dass es unpassend wäre, von einer wechselseitigen
ontologischen Abhängigkeit zwischen Objekten und Strukturen zu
sprechen. Es gibt nicht zwei unterscheidbare Entitäten, Objekte
und Strukturen, die in einer Beziehung der wechselseitigen ontologischen Abhängigkeit stehen. Vielmehr handelt es sich der Sache
nach um eines: Objekte, deren Existenzweisen (Modi) Strukturen
sind.

Mit der Feststellung, dass es nicht verständlich ist, wie Objekte Bündel von Relationen sein könnten, ist allerdings nur der eine Schritt getan, um zu begründen, wieso Eigenschaften einschließlich Strukturen (Relationen) die Weisen (Modi) sind, wie die Objekte existieren. Denn statt Modi und damit etwas je Einzelnes könnten Eigenschaften auch Universalien sein. Objekte könnten Relationen genauso wie intrinsische Eigenschaften als Universalien instantiieren.

Was wir in der Welt vorfinden, sind je einzelne Vorkommnisse von Eigenschaften. Wenn man diese auf Universalien zurückführen möchte, dann muss man die Beziehung der Instantiation, die zwischen den Universalien und den einzelnen Vorkommnissen bestehen soll, verständlich machen können. Das ist seit den Zeiten von Platon und Aristoteles nicht gelungen. Wenn man Universalien als etwas ansieht, das jenseits der empirischen Welt existiert, dann stellt sich die Frage, was es heißen soll, dass die einzelnen Eigenschaftsvorkommnisse in der Welt an den Universalien teilhaben oder diese instantiieren. Die entsprechenden Probleme hat im Wesentlichen Platon selbst schon im *Parmenides* formuliert (130e-133a), und sie sind bis heute ungelöst. Die Universalien als abstrakte mathematische Strukturen zu denken, die von konkreten physikalischen Strukturen in der Welt instantiiert werden, ändert nichts daran, dass die Beziehung der Instantiation unverständlich ist. Wenn man, wie Aristoteles, die Universalien so konzipiert, dass sie in den einzelnen Objekten in der Welt existieren, dann ist unverständlich, wie numerisch ein und dieselbe Universalie in vielen verschiedenen Objekten existieren können soll. Wir ziehen aus dieser Sachlage den Schluss, dass es überflüssig ist, Universalien zu postulieren. Diese Annahme wirft nur Probleme auf, statt Fragen zu beantworten.

Der Standard-Einwand gegen die Position, die keine Universalien anerkennt, lautet, dass die einzelnen Vorkommnisse von Eigenschaften signifikante Ähnlichkeiten untereinander aufweisen und dass jeder Ähnlichkeit eine qualitative Gleichheit (Identität) zugrunde liegen muss; denn Ähnlichkeit heißt Gleichheit unter einem bestimmten Aspekt. Es ist jedoch nicht erforderlich, aus dieser Überlegung die Schlussfolgerung zu ziehen, dass die Gleichheit (Identität), die den Ähnlichkeiten zugrunde liegt, in Universalien besteht. Wir können alles erklären, indem wir nur mit Eigenschaftsvorkommnissen in der Welt und Begriffen (Prädikaten) arbeiten, die diese Eigenschaftsvorkommnisse klassifizieren. Die Begriffe sind etwas Allgemeines und Abstraktes, aber sie sind Produkte unseres Denkens, die nur in unserem Denken und unserer sprachlichen Kommunikation existieren.

Die Gleichheit, die den signifikanten, objektiven Ähnlichkeiten in der Welt zugrunde liegt, besteht darin, dass es exakte Gleichheiten, also qualitative Identitäten, zwischen fundamentalen physikalischen Eigenschaften im Sinn von Modi gibt. Anders ausgedrückt: Fundamentale physikalische Modi fallen genau dann unter einen fundamentalen physikalischen Begriff, wenn sie exakt gleich (qualitativ identisch) sind. Alle Modi negativer Elementarladung in der Welt sind zum Beispiel exakt gleich. Ebenso sind zum Beispiel alle Modi, die ein bestimmter Wert von Ruhemasse sind, exakt gleich. Mit Modi meinen wir hier immer determinierte und nicht determinierbare Eigenschaften, also nicht Eigenschaften wie zum Beispiel Elementarladung und Ruhemasse, sondern Eigenschaften wie negative Elementarladung und Ruhemasse 0,51 MeV (wobei 1 MeV = 1,782 x 10-27g). Alle Elektronen in der Welt bilden eine natürliche Art, weil ihre charakteristischen Eigenschaften – negative Elementarladung und Ruhemasse 0,51 MeV – exakt gleich sind. Dasselbe gilt für Strukturen: Alle Modi der Korrelationsart »erstes Elektron Spin plus und zweites Elektron Spin minus« – und damit auch alle Modi der Art Singulett-Zustand von gleichartigen Quantenobjekten – sind exakt gleich.

Fundamentale physikalische Eigenschaften im Sinn von Modi sind mithin dadurch ausgezeichnet, dass sie zwar numerisch verschieden sind, aber dennoch qualitativ identisch sein können. Alle und nur diejenigen fundamentalen physikalischen Modi, die qualitativ identisch sind, machen genau eine Beschreibung (einen Begriff, ein Prädikat) wahr, die erfasst, was diese Eigenschaften sind – wie zum Beispiel »negative Elementarladung« oder »Ruhemasse 0,51 MeV«. Ähnlichkeitsbeziehungen bestehen zwischen fundamentalen physikalischen Modi nicht in dem Sinn, dass sie unter einem Aspekt gleich und unter anderen Aspekten verschieden sind, sondern nur in dem Sinn, dass Modi zur gleichen determinierbaren Art gehören können, aber verschiedene determinierte Werte dieser Art sind: Alle Elementarladungs-Modi sind zum Beispiel von allen Ruhemassen-Modi schlechthin verschieden. Sie haben nichts Signifikantes gemeinsam – außer der Tatsache, dass es sich um zeitunabhängige, fundamentale physikalische Eigenschaften handelt, die Existenzweisen fundamentaler physikalischer Objekte sind. Alle Modi negativer Elementarladung und alle Modi positiver Elementarladung sind darin gleich, dass es sich um Elementarladungs-Modi handelt, und sie unterscheiden sich durch den determinierten numerischen Wert der Elementarladung.

Ein determinierter numerischer Wert braucht kein definiter numerischer Wert zu sein: Die Superposition der Korrelationen »erstes Objekt Spin plus und zweites Objekt Spin minus« und »erstes Objekt Spin minus und zweites Objekt Spin plus« ist ein determinierter numerischer Wert einer Spin-Korrelation, obwohl keines der betroffenen Quantenobjekte einen definiten numerischen Wert des Spin in irgendeiner Raumrichtung hat. Ebenso wie definite numerische Werte können auch präzise beschreibbare Werteverteilungen determinierte numerische Werte sein. Mit anderen Worten: Jeder definite numerische Wert ist ein determinierter numerischer Wert, aber nicht umgekehrt.

Determinierte Werte von Ladung, Ruhemasse, Spin usw. sind Weisen, wie fundamentale physikalische Objekte existieren. Aufgrund wovon sind *verschiedene* Modi die Weisen, wie *ein* fundamentales physikalisches Objekt existiert? Anders gefragt: Unter welchen Bedingungen gehören solche Modi verschiedenen fundamentalen physikalischen Objekten an, unter welchen Bedingungen sind sie die Existenzweisen eines fundamentalen physikalischen Objekts? Sofern wir die Quantenstrukturen der Zustandsverschränkung für einen Moment außer Acht lassen, ist die Antwort klar: Modi verschiedener Arten sind genau dann die Weisen, wie ein fundamentales physikalisches Objekt existiert, wenn sie am selben Ort auftreten, und sie sind genau dann die Weisen, wie verschiedene fundamentale physikalische Objekte existieren, wenn sie an verschiedenen Orten auftreten. Ein Modus der Art »negative Elementarladung« und ein Modus der Art »Ruhemasse 0,51 MeV« sind zum Beispiel beides Weisen, wie ein und dasselbe Elektron existiert, weil sie am selben Ort auftreten. Fundamentale physikalische Modi können an Punkten der Raumzeit existieren.

Wie wir am Ende von Kapitel 2.4 erwähnt haben, ist es unter Berücksichtigung der Relativitätsphysik erforderlich, Objekte vierdimensional als Ereignisse und raumzeitlich zusammenhängende Folgen von Ereignissen (Prozesse) zu konzipieren. Ereignisse treten an Punkten der Raumzeit auf. Die Identität eines Objekts in der Zeit qua Ereignisfolge ist schwächer als die Identität eines Objekts zu einer Zeit: Es gibt keine dreidimensionalen Substanzen, die als Ganze in der Zeit beharren und die mithin keine zeitlichen Teile haben. Die Identität eines Objekts zu einer Zeit besteht in dessen raumzeitlicher Lokalisation: Alle und nur diejenigen Eigenschaften, die am gleichen Raumzeitpunkt auftreten, sind die Existenzweisen eines und desselben fundamentalen physikalischen Objekts. Ein Objekt dauert in der Zeit an, insofern diese Eigenschaften erhalten bleiben. Ein Elektron beispielsweise ist eine raumzeitlich zusammenhängende Folge von Ereignissen, deren Existenzweisen alle eine negative Elementarladung und eine Ruhemasse 0,51 MeV einschließen.

Diese Konzeption von Objekten und deren Identität gilt jedoch nicht für die Quantenstrukturen der Zustandsverschränkung, die unabhängig von raumzeitlicher Lokalisation und raumzeitlichen Distanzen sind. Wenn man die in Kapitel 2.4 vorgestellte Interpretation der Quantentheorie mit Zustandsreduktionen akzeptiert, kann man allerdings sagen, dass die Quantenobjekte dasjenige sind, was die Disposition (kausale Kraft) hat, sich zu lokalisieren – und damit auch, sich als eine bestimmte Ladung und eine bestimmte Ruhemasse etc. zu lokalisieren. Kurz gesagt, was die Objekte in diesem Falle sind, ergibt sich durch die Disposition zu spontaner Lokalisation.

Sobald durch Ereignisse der Zustandsreduktion lokalisierte, fundamentale physikalische Objekte entstanden sind, können wir komplexe Objekte als raumzeitlich zusammenhängende Konfigurationen solcher fundamentalen Objekte verstehen. In der Sprache der vierdimensionalen Raumzeit-Ontologie der Relativitätsphysik ausgedrückt handelt es sich um Prozesse, die aus Ereignissen zusammengesetzt sind. Rein geometrisch betrachtet kann man beliebige Konfigurationen raumzeitlich zusammenhängender fundamentaler Objekte herausgreifen, um ein komplexes Objekt zu erhalten. Das geometrische Kriterium ist daher nicht geeignet, um herauszufinden, was komplexe Objekte sind. Wir benötigen ein kausales Kriterium. Eine Konfiguration raumzeitlich zusammenhängender fundamentaler physikalischer Objekte ist genau dann ein *komplexes Objekt*, wenn sie als ganze signifikante Wirkungen hervorbringt, durch die sie sich von ihrer Umgebung abhebt.

Ein Molekül beispielsweise ist in diesem Sinn ein komplexes Objekt, weil es als ganzes in einer bestimmten Weise mit seiner Umgebung interagiert. Durch diese Interaktionen hebt es sich von seiner Umgebung ab. Das Gleiche gilt für einige raumzeitlich zusammenhängende Konfigurationen von Molekülen, wie zum Beispiel DNA-Sequenzen, und generell für Organismen bis hin zu Personen: Sie bringen als ganze bestimmte signifikante Wirkungen hervor. Weil komplexe Objekte dadurch gekennzeichnet sind, dass sie als ganze bestimmte signifikante Wirkungen hervorbringen, ist es sinnvoll, sie zum Gegenstand wissenschaftlicher Forschung zu machen: Sie stellen den Gegenstandsbereich einer Einzelwissenschaft dar, wobei die Beschaffenheit ihrer signifikanten Wirkungen das Kriterium dafür ist, welcher Einzelwissenschaft welche komplexen Objekte zugeordnet werden.

Um ihre charakteristischen Wirkungen hervorzubringen, sind komplexe Objekte in der Regel auf bestimmte physikalische Standardbedingungen in ihrer Umgebung angewiesen. Damit ergibt sich folgende Sicht: Die fundamentalen physikalischen Eigenschaften sind kausale Eigenschaften, und die Objekte, deren Existenzweisen diese Eigenschaften sind, bringen von sich aus Wirkungen hervor, die sie kraft dieser Eigenschaften hervorbringen können. Paradebeispiel hierfür sind das elektromagnetische Feld, das ein fundamentales physikalisches Objekt kraft seiner Elementarladung aufbaut, oder Ereignisse der Quanten-Zustandsreduktion (spontaner Lokalisation), die Objekte kraft der Relationen der Zustandsverschränkung, in denen sie stehen, hervorbringen. Manche Konfigurationen lokalisierter, fundamentaler physikalischer Objekte haben dann aufgrund der Relationen, in denen diese Objekte stehen, als ganze bestimmte kausale Eigenschaften – signifikante Wirkungen hervorzubringen, durch die sie sich von ihrer Umgebung abheben. Aufgrund dieser Eigenschaften fallen sie in den Gegenstandsbereich der einen oder der anderen Einzelwissenschaft. Aber diese kausalen Eigenschaften sind auf bestimmte Bedingungen in der Umwelt angewiesen, um sich zu manifestieren. Wir werden auf diesen Punkt insbesondere am Ende von Kapitel 3.4 zurückkommen. Nicht alles, was in diese normalen Umweltbedingungen eingeht, kann im Vokabular der Einzelwissenschaft beschrieben werden, die sich nur auf die signifikanten Wirkungen der komplexen Objekte bezieht. Deshalb sind die Gesetze der Einzelwissenschaften Ceteris-paribus-Gesetze.

Was die fundamentalen Objekte sind, wird durch die Beschreibung von deren fundamentalen physikalischen Eigenschaften – einschließlich insbesondere der Strukturen, die ihre Existenzweisen sind – erfasst. Für die komplexen Objekte gibt es hingegen zwei Arten von Beschreibungen: die ihrer physikalischen Zusammensetzung und die ihrer signifikanten Wirkungen in bestimmten Umwelten. Letztere ist die Betrachtungsweise der Einzelwissenschaften.

Während dasselbe fundamentale physikalische Prädikat sich nur dann auf zwei oder mehr fundamentale physikalische Eigenschaften im Sinn einzelner Modi bezieht, wenn diese exakt gleich sind, ist es nicht erforderlich, dass zwei komplexe Objekte physikalisch exakt gleich zusammengesetzt sind, um dieselbe physikalische Beschreibung ihrer Zusammensetzung wahr zu machen. Geringe Abweichungen sind tolerabel. Der Grund ist ein pragmatischer: Andernfalls würden sich viel zu wenige komplexe Objekte unter einer physikalischen Beschreibung erfassen lassen bzw. hätten wir es mit einer unübersichtlichen Anzahl verschiedener Beschreibungen zu tun. Das Kriterium dafür, inwiefern Abweichungen in der Zusammensetzung komplexer Objekte deren physikalische Beschreibung nicht beeinträchtigen, ist wiederum ein kausales: Wenn die Unterschiede in irgendeiner Weise relevant sind für das, was das komplexe Objekt als ganzes bewirken kann, dann sind verschiedene physikalische Beschreibungen erforderlich. Generell gilt: Je komplexer die betrachteten Objekte sind, desto mehr Abweichungen in der Zusammensetzung sind tolerabel. Im Falle einzelner Wassermoleküle zum Beispiel kann das Vorhandensein eines zusätzlichen Neutrons dafür hinreichen, dass wir es chemisch nicht mehr einfach mit Wasser, sondern mit schwerem Wasser (Deuteriumoxid) zu tun haben. Im Falle von DNA-Sequenzen hingegen, die Gene sind, weil sie als ganze bestimmte phänotypische Wirkungen haben, können ohne weiteres an einzelnen Stellen Abweichungen in der atomaren Zusammensetzung auftreten, ohne die physikalische Klassifikation dieser DNA-Sequenzen als gleiche zu beeinträchtigen.

Noch viel mehr Abweichungen sind in Bezug auf die einzelwissenschaftlichen Beschreibungen möglich, die komplexe Objekte unter dem Aspekt thematisieren, welche signifikanten Wirkungen sie als ganze haben. Man entwickelt diese einzelwissenschaftlichen Beschreibungen gerade deshalb, weil sie es erlauben, viele komplexe

Objekte unter einem signifikanten kausalen Aspekt zusammenzufassen. Hierbei kommt es nicht auf Gleichheit an, sondern auf Ähnlichkeit der signifikanten Wirkungen, welche die komplexen Objekte als ganze in bestimmten Umwelten haben. Solche Ähnlichkeiten können auch zwischen Objekten bestehen, die physikalisch ganz unterschiedlich zusammengesetzt sind. Zum Beispiel können molekular sehr verschieden zusammengesetzte DNA-Sequenzen Gene des gleichen Typs sein, weil sie unter bestimmten Umweltbedingungen signifikant ähnliche phänotypische Wirkungen hervorbringen.

Von den zwei verschiedenen Arten von Beschreibungen, die komplexe Objekte zulassen, ist die Beschreibung der physikalischen Zusammensetzung die grundlegendere: Wenn man über diese Beschreibung verfügt, kennt man die kausalen Eigenschaften der fundamentalen physikalischen Objekte, aus denen das betreffende komplexe Objekt zusammengesetzt ist (und die im Wesentlichen in kausalen Strukturen und nicht in intrinsischen Eigenschaften bestehen). Aus dieser Beschreibung – plus der physikalischen Beschreibung der Umgebung – könnte man daher im Prinzip die Beschreibung der signifikanten Wirkungen ableiten, die das betreffende komplexe Objekt als ganzes hat. Das Umgekehrte gilt nicht: Aus der einzelwissenschaftlichen Beschreibung der signifikanten Wirkungen, die das komplexe Objekt als ganzes hat, kann man nicht ohne weiteres die Beschreibung seiner physikalischen Zusammensetzung ableiten, weil physikalisch verschieden zusammengesetzte Objekte die gleichen signifikanten Wirkungen haben können. Hierin besteht der Beitrag der Einzelwissenschaften zur wissenschaftlichen Beschreibung und Erklärung der Welt: Für die signifikanten Wirkungen, die physikalisch verschieden zusammengesetzte Objekte gemeinsam haben, gibt es keine physikalischen, sondern nur einzelwissenschaftliche Begriffe. Mit Hilfe Letzterer kann man Gesetzesaussagen formulieren, die signifikante Beziehungen zwischen komplexen Objekten erfassen. Wir werden darauf in Kapitel 5.3 ausführlich eingehen.

2.6 Identitätstheorie und
ontologischer Reduktionismus

Wir haben jetzt alle Prämissen begründet, die wir benötigen, um die neue Version eines Funktionalismus aufzubauen, die das Dilemma zwischen Epiphänomenalismus und Eliminativismus vermeidet, das wir im ersten Kapitel dargestellt haben. Es handelt sich um die folgenden drei Prämissen:

(1) Die fundamentalen physikalischen Eigenschaften sind in erster Linie Strukturen statt intrinsische Eigenschaften (physikalisches Argument, siehe Kapitel 2.2).

(2) Alle Eigenschaften einschließlich Strukturen sind kausale Eigenschaften: Insofern sie bestimmte Qualitäten sind, sind sie Kräfte (Dispositionen), bestimmte Wirkungen hervorzubringen (philosophisches Argument und Argumente aus der Physik, siehe Kapitel 2.1, 2.3 und 2.4).

(3) Alle Eigenschaften einschließlich Strukturen, die es in der Welt gibt, sind einzelne Eigenschaftsvorkommnisse. Eigenschaften sind Modi, das heißt die Weisen, wie die Objekte existieren (philosophisches Argument, siehe Kapitel 2.5).

Das, was es in der Welt gibt, vom Gegenstandsbereich der fundamentalen Physik über Moleküle und Organismen bis hin zu Personen und deren sozialen Institutionen, sind kausal-funktionale Strukturen. Diese sind die Weisen (Modi), wie die Objekte existieren (siehe zu den Prämissen 2 und 3 auch Whittle 2008, die für eine Theorie aller Eigenschaften als kausal-funktionaler Eigenschaften und als Modi bzw. Tropen argumentiert).

Diese Prämissen ermöglichen es, eine *konservative Identitätstheorie* zu begründen: Die komplexen Objekte, die Gegenstand der Einzelwissenschaften sind, sind mit Konfigurationen fundamentaler physikalischer Objekte identisch. Alle ihre Eigenschaften – einschließlich insbesondere der signifikanten kausalen Eigenschaften, die sie als ganze haben – sind mit physikalischen Eigenschaften identisch. Genauer gesagt: Sie sind mit lokalen physikalischen Strukturen identisch, das heißt mit dem Netz von Relationen zwischen den fundamentalen physikalischen Objekten, aus denen die komplexen Objekte bestehen. Wie wir in Kapitel 2.4 argumentiert haben, bilden sich solche lokalen Strukturen von globalen Quantenstrukturen der Zustandsverschränkung aus durch Ereignisse der Zustandsreduktion. Wenn wir die kausalen Eigenschaften, die komplexe Objekte als ganze haben, mit solchen lokalen Strukturen identifizieren, sehen wir diese Strukturen so an, dass die metrischen Relationen (Gravitation) ebenso wie die elektromagnetischen Relationen (Ladung) einbezogen sind; wir haben oben in Kapitel 2.2 und in 2.4 (Argument [4]) angedeutet, wie man die Ladung zwar als eine intrinsische Eigenschaft verstehen kann, die jedoch an die Quantenstrukturen gebunden ist.

Für diese Identität spricht zunächst ein entwicklungstheoretisches Argument: Die komplexen Objekte und ihre Eigenschaften haben sich im Zuge der zeitlichen Entwicklung des Universums von globalen Quantenstrukturen der Zustandsverschränkung aus über lokale Strukturen, die sich durch Zustandsreduktionen ergeben, entwickelt. Immer wenn die lokalen Strukturen und ihre Umwelt gleich sind, sind auch die komplexen Objekte und ihre Eigenschaften gleich – und wenn es bei gleichen Umweltbedingungen einen Unterschied in den Eigenschaften komplexer Objekte gibt, gibt es auch einen Unterschied in den lokalen Strukturen (Supervenienz der Eigenschaften komplexer Objekte als ganzer auf den lokalen physikalischen Strukturen).

Dieses Entwicklungs-Argument und dieses Supervenienz-Argument reichen allerdings nicht aus, um die These der Identität der Eigenschaften komplexer Objekte mit den genannten lokalen Strukturen zu begründen. Denn es könnte sich auch um emergente Eigenschaften handeln (im Sinn von Eigenschaften, die nicht mit physikalischen Eigenschaften identisch sind). Gegen emergente Eigenschaften spricht jedoch das physikalisch-philosophische Argument, das wir in Kapitel 1.1 dargestellt haben: Wenn die Eigenschaften komplexer Objekte emergente Eigenschaften wären, dann könnte es sich nur um Epiphänomene handeln. Die signifikanten Eigenschaften komplexer Objekte sind jedoch ein paradigmatisches Beispiel für kausal wirksame Eigenschaften: Der Grund dafür anzunehmen, dass es die Eigenschaften gibt, von denen die Einzelwissenschaften handeln, besteht einzig und allein darin, dass sie signifikante Wirkungen haben. Wir nehmen beispielsweise an, dass es Gene gibt, weil diese bestimmte phänotypische Auswirkungen auf den Organismus haben. Angesichts der kausalen Vollständigkeit des Bereichs der fundamentalen physikalischen Eigenschaften können diese Eigenschaften nur unter der Bedingung kausal wirksam sein, dass sie mit fundamentalen physikalischen Eigenschaften identisch sind. Und die einzige Weise, wie kausal wirksame Eigenschaften, die komplexe Objekte als ganze haben, mit fundamentalen physikalischen Eigenschaften identisch sein können, besteht darin, dass sie mit den genannten lokalen Strukturen identisch sind.

Abgesehen von dem Akzent auf Strukturen statt intrinsischer Eigenschaften als dem, was es in erster Linie im fundamentalen physikalischen Bereich gibt, ist diese Argumentation nicht neu. Problematisch an ihr ist das folgende: Wenn man vertritt, dass die Eigenschaften komplexer Objekte, welche die Einzelwissenschaften behandeln, mit physikalischen Eigenschaften identisch sind, dann droht die Gefahr, dass diese Position de facto auf einen Eliminativismus hinausläuft, weil sie auch unter der Prämisse der Identität nicht nachweisen kann, wie die Eigenschaften komplexer Objekte kausal wirksam sind. Dieses Problem kann sich allerdings nicht aus der Identitätsthese als solcher ergeben: Identität ist eine logische Relation, die symmetrisch ist. Wenn die kausal wirksamen Eigenschaften, die komplexe Objekte als ganze haben, mit einer lokalen physikalischen Struktur im genannten Sinn identisch sind, dann sind einige solche lokalen physikalischen Strukturen kausal wirksame Eigenschaften von komplexen Objekten als ganzen. Es ergibt dann keinen Sinn zu fragen, ob das komplexe Objekt Wirkungen hervorgebracht hat qua seiner lokalen physikalischen Struktur oder qua seiner Eigenschaften als Ganzes, weil beides dasselbe ist.

Man kann das Eliminativismus-Problem somit nicht auf die Identitätsthese als solche zurückführen. Es ist vielmehr eine Folge der Theorie von Eigenschaften, auf deren Grundlage die Identitätsthese formuliert ist. Mit der Identitätsthese alleine ist nicht viel gewonnen. Man muss aufweisen, wie die Eigenschaften komplexer Objekte mit physikalischen Eigenschaften identisch sein können. Deshalb sind die oben genannten Prämissen (2) und (3) für unsere Argumentation entscheidend. Die Eigenschaften komplexer Objekte, auf die sich die Einzelwissenschaften beziehen, sind ein Paradebeispiel kausaler Eigenschaften. Wie bereits erwähnt, der einzige Grund, weshalb wir annehmen, dass es diese Eigenschaften gibt, sind die spezifischen Wirkungen, welche die komplexen Objekte als ganze haben. Die These der Identität dieser Eigenschaften mit physikalischen Eigenschaften ist daher nur dann verständlich, wenn die physikalischen Eigenschaften ebenfalls kausale Eigenschaften sind.

Andernfalls ergäbe sich die Konsequenz, dass bestimmte Konfigurationen physikalischer Eigenschaften, die als solche nicht kausal sind, zwar bestimmte kausale Beschreibungen der Einzelwissenschaften wahr machen, es aber keine kausalen Eigenschaften der Objekte gibt, auf die sich die Einzelwissenschaften beziehen (siehe oben Kapitel 1.3).

Die eliminativistische Konsequenz folgt mithin erst und nur dann, wenn man eine nicht-kausale Theorie der Eigenschaften vertritt. Nur unter dieser Prämisse ist es unverständlich, wie die Eigenschaften, welche die Einzelwissenschaften behandeln, kausal-funktionale Eigenschaften sein sollen und mit Konfigurationen von Eigenschaften identisch sein können, die kategoriale statt kausaler Eigenschaften sind. Wenn man hingegen der Auffassung ist, dass Eigenschaften eo ipso kausal sind, insofern sie bestimmte Qualitäten sind, kann man ohne weiteres die genannte These einer konservativen Identität vertreten. Die kausalen Eigenschaften komplexer Objekte, auf die sich die Einzelwissenschaften konzentrieren, existieren, sie sind kausal wirksam, und sie sind mit jeweils einer kausalen, lokalen physikalischen Struktur identisch. Diese Position ist ein *ontologischer Reduktionismus*, weil alles, was es in der Welt gibt, physikalische Strukturen sind; aber es handelt sich um einen konservativen Reduktionismus, der frei von eliminativistischen Assoziationen ist: Einige dieser physikalischen Strukturen sind die Eigenschaften komplexer Objekte als ganzer, auf die sich die Einzelwissenschaften beziehen.

Ebenso wichtig wie die Prämisse der kausalen Theorie von Eigenschaften (2) ist die nominalistische Prämisse der Sicht von Eigenschaften als Modi (3). Wenn Eigenschaften Universalien wären, dann könnten die Eigenschaften komplexer Objekte als ganzer nicht mit physikalischen Eigenschaften identisch sein. Denn der Grund dafür, dass es Einzelwissenschaften gibt, die sich auf diese Eigenschaften beziehen, ist gerade, dass die Klassifikationen, welche die Einzelwissenschaften anhand dieser Eigenschaften vornehmen, signifikante Ähnlichkeiten zwischen Objekten aufdecken, welche die physikalische Beschreibung der betreffenden Objekte nicht erfasst. Mit anderen Worten: Komplexe Objekte, deren physikalische Zusammensetzung verschieden ist, können signifikante kausale Eigenschaften gemeinsam haben. Diese Eigenschaften könnten daher qua Universalien nicht mit physikalischen Universalien identisch sein.

Wenn hingegen Eigenschaften nicht Universalien, sondern Modi sind, dann stellt es kein Problem dar, wie kausale Eigenschaften, die komplexe Objekte als ganze haben, mit deren physikalischer Struktur identisch sein können: Die Weise, wie ein komplexes Objekt existiert, indem es als ganzes bestimmte Wirkungen hervorbringt, ist die Weise, wie es als eine bestimmte lokale physikalische Struktur im genannten Sinn existiert. Es handelt sich um zwei verschiedene Beschreibungen (Begriffe, Prädikate) derselben Existenzweise des jeweiligen Objekts.

Die Idee kausaler Eigenschaften einschließlich kausaler Strukturen sowie kausaler Erklärungen hat ihren Ursprung in unserer täglichen Erfahrung der Umwelt und von uns selbst als handelnder Wesen. Ebenso sind das, was wir in der Welt vorfinden, jeweils einzelne Eigenschaftsvorkommnisse. Diese Ideen haben auch in den Wissenschaften Bestand. Mit der kausalen Theorie von Eigenschaften und der Theorie von Eigenschaften als Modi gelangen wir zu einer vollständigen und einheitlichen Sicht der Natur, die sowohl die fundamentalen physikalischen Theorien als auch die Einzelwissenschaften umfasst. Diese Kohärenz verleiht diesen Positionen ein zusätzliches Gewicht. Ebenso spricht es für die Theorie von Eigenschaften als Modi, dass man mit ihrer Hilfe zeigen kann, wie die Eigenschaften, von denen die Einzelwissenschaften handeln, angesichts der kausalen Vollständigkeit des Bereichs der physikalischen Eigenschaften kausal wirksam sein können.

Dennoch ist es für die Überzeugungskraft unserer Argumentation wichtig, diese Positionen zunächst unabhängig von diesen Kohärenz-Überlegungen zu begründen, um den Verdacht einer zirkulären Argumentation abzuwenden. Selbst wenn man nur den Gegenstandsbereich der fundamentalen Physik betrachtet, ist es die beste Interpretation der gegenwärtigen fundamentalen physikalischen Theorien, die Eigenschaften einschließlich insbesondere der Strukturen, von denen diese Theorien handeln, kausal zu verstehen, wie wir in Kapitel 2.3 und 2.4 argumentiert haben. Und wie wir zu Beginn von Kapitel 2.5 ausgeführt haben, sprechen rein metaphysische Überlegungen dafür, die Theorie der Eigenschaften als Modi für die korrekte Sicht von Eigenschaften zu halten.

Die Position, die wir vorschlagen, ist ein Funktionalismus, weil wir alle Eigenschaften als kausale Eigenschaften auffassen. Genauer gesagt handelt es sich in erster Linie um kausale Strukturen – von der Physik bis zu den Einzelwissenschaften. Dieser Funktionalismus ist reduktionistisch, da wir vertreten, dass alle Eigenschaften, die es in der Welt gibt, mit physikalischen Strukturen identisch sind. Aber dieser Funktionalismus ist konservativ; denn die Identität sichert die kausale Wirksamkeit der Eigenschaften, von denen die Einzelwissenschaften handeln. Kurz: Der neue, umfassende Funktionalismus, für den wir eintreten, vermeidet durch die Sicht aller Eigenschaften als kausal-funktionaler Strukturen, welche die Weisen (Modi) sind, wie die Objekte existieren, das Dilemma zwischen Epiphänomenalismus und Eliminativismus, in das die herkömmlichen Versionen des Funktionalismus hineinlaufen.

Vergleichen wir nun zusammenfassend unsere Position mit wichtigen heutigen Theorien im Rahmen des Funktionalismus. Die Argumentation dafür, dass die Eigenschaften, von denen die Einzelwissenschaften handeln, nur dann kausal wirksam sein können, wenn sie mit physikalischen Eigenschaften identisch sind, ist in der zeitgenössischen Diskussion mit den Arbeiten von Jaegwon Kim verbunden (siehe insbesondere Kim 1998 und 2005). Kim neigt zwar einerseits dazu, alle Eigenschaften als kausal aufzufassen (zum Beispiel Kim 2005, S. 159), und lehnt eine Hume'sche Regularitätstheorie der Kausalität ab (siehe Kim 2007), andererseits kommt seine Position schließlich dem Funktionalismus von Lewis sehr nahe: Kim zieht die Konsequenz, dass es letztlich keine Eigenschaften gibt, die den Beschreibungen der Einzelwissenschaften entsprechen; diese Beschreibungen beziehen sich vielmehr auf Vorkommnisse fundamentaler physikalischer Eigenschaften (siehe insbesondere Kim 1998, S. 111, Kim 1999, S. 17-18, und Kim 2005, S. 26, 58). Dabei nimmt er Lewis' Konzeption der lokalen, auf einzelne Spezies bezogenen Reduktion auf (siehe Kim 1998, vor allem S. 93-95, und 2005, vor allem S. 25). Damit läuft seine Position letztlich jedoch in das Eliminativismus-Horn des Dilemmas der herkömmlichen Versionen des Funktionalismus hinein, das wir in Kapitel 1.3 aufgezeigt haben. Unsere Position kann man als Weiterentwicklung von Kims Konzeption ansehen mit dem Ziel, einen Funktionalismus zu entwickeln, der durch einen konservativen Reduktionismus dieses Dilemma vermeidet.

John Heil (2003) wendet sich wie Kim gegen das Modell verschiedener, aufeinander aufbauender ontologischer Schichten von Eigenschaften. Er ist ebenfalls der Ansicht, dass die Eigenschaften, die in diesem Modell höheren Schichten zugeordnet werden, nur dann kausal wirksam sein können, wenn sie mit physikalischen Eigenschaften identisch sind. Über Kim hinausgehend vertritt Heil eine Version der kausalen Theorie von Eigenschaften (zur genaueren Einschätzung siehe Kapitel 2.1) und sieht Eigenschaften als Modi an. Die Position, für die wir in diesem Buch eintreten, steht daher der von Heil nahe – mit dem Unterschied, dass wir im Anschluss an die heutige Physik von kausalen Strukturen ausgehen, die spontan Wirkungen hervorbringen, statt von intrinsischen, dispositionalen Eigenschaften, die zudem auf äußere Manifestationsbedingungen angewiesen sind. Unsere Kritik an Heils Ontologie bezieht sich darauf, dass er nicht die Konsequenzen entwickelt, die zu ziehen ihm seine Prämissen ermöglichen würden: Er kommt letztlich zu dem Schluss, dass die funktionalen Eigenschaften, von denen die Einzelwissenschaften handeln, nicht existieren, sondern es nur die fundamentalen physikalischen Eigenschaften gibt (siehe Heil 2003, S. 45, 153 sowie Heil 2006, S. 18-21, für eine klare Aussage und dazu Esfeld 2006). Damit läuft auch Heil unnötigerweise in einen Eliminativismus hinein.

Die kausale Theorie von Eigenschaften ist insbesondere mit Sydney Shoemakers Aufsatz »Causality and properties« (1980) verbunden. In späteren Arbeiten tritt Shoemaker für eine Sicht ein, gemäß der die Eigenschaften, von denen die Einzelwissenschaften handeln, durch physikalische Eigenschaften realisiert sind, ohne mit diesen identisch zu sein: Die Kräfte, die eine Eigenschaft, von denen eine Einzelwissenschaft handelt, charakterisieren, sind eine Untermenge der Kräfte, welche die physikalischen Eigenschaften charakterisieren, die die betreffende Eigenschaft realisieren (siehe Shoemaker 2007, Kapitel 2, insbesondere S. 11-14). Shoemaker folgt Yablo (1992) darin, eine ontologische Unterscheidung zwischen determinierbaren und determinierten Eigenschaften aufzubauen, und setzt diese Unterscheidung ein, um seine Sicht der physikalischen Realisation zu erläutern: Die Kräfte, die eine determinierbare Eigenschaft charakterisieren, sind eine Untermenge der Kräfte, welche die entsprechenden determinierten Eigenschaften auszeichnen. So sind zum Beispiel die Kräfte, welche die Eigenschaft blau charakterisieren, eine Untermenge der Kräfte, welche die Eigenschaft marineblau charakterisieren: Marineblau hat alle Kräfte von Blau und noch weitere – nämlich diejenigen, die Marineblau unter anderem von Kobaltblau unterscheiden.

Indem jedoch Shoemaker diese ontologische Unterscheidung zwischen Eigenschaften aufbaut, ist sein Funktionalismus mit demselben Problem konfrontiert wie der Rollen-Funktionalismus von Putnam und Fodor (siehe Kapitel 1.2). Wie Carl Gillet und Bradley Rives (2005) hervorgehoben haben, verfügen die determinierten oder Realisierer-Eigenschaften automatisch über alle diejenigen Kräfte, über welche die betreffenden determinierbaren oder realisierten Eigenschaften verfügen. Folglich reichen die determinierten Eigenschaften aus, um alle Wirkungen hervorzubringen, welche die determinierbaren Eigenschaften bewirken können. Man trifft hier also wiederum auf den Epiphänomenalismus-Einwand, der auf dem herkömmlichen Rollen-Funktionalismus lastet. Unter der Voraussetzung, dass die realisierten Eigenschaften nicht mit den betreffenden Realisierer-Eigenschaften identisch sind bzw. es einen ontologischen Unterschied zwischen determinierbaren und determinierten Eigenschaften gibt, kann man den Eigenschaften, von denen die Einzelwissenschaften handeln, nur dadurch eine kausale Wirksamkeit zusprechen, dass man das Prinzip der kausalen Vollständigkeit des Bereichs der physikalischen Eigenschaften zurückweist (B. McLaughlin 2007 interpretiert Shoemakers Position im Sinn eines Interaktionismus; vgl. auch den Emergentismus, den Gillet 2006 in Erwägung zieht).

Die Unterscheidung zwischen Determinierbarem und Determiniertem ist keine ontologische Unterscheidung zwischen Eigenschaften, die es in der Welt gibt, sondern eine Unterscheidung zwischen Prädikaten: Die Prädikate, die wir zur Beschreibung der Eigenschaften in der Welt verwenden, stehen in einem Verhältnis von determinierbar zu determiniert – so zum Beispiel die Prädikate »blau« und »marineblau«. Die Eigenschaften, die es in der Welt gibt, sind alle determiniert (so auch Gillet und Rives 2005). Blau oder marineblau zu sein, sind nicht verschiedene Eigenschaften, die es in der Welt gibt. Ein und dieselbe Eigenschaft im Sinn einer Existenzweise eines Objekts kann vielmehr genau als marineblau und weniger genau als blau beschrieben werden.

Es ist nicht so (pace Shoemaker), dass eine physikalische Eigenschaft, die eine Eigenschaft im Gegenstandsbereich einer Einzelwissenschaft realisiert, die Wirkungen, welche die letztere Eigenschaft kennzeichnen, nur durch eine Untermenge ihrer kausalen Kräfte hervorbringt. Letztere Eigenschaften können nicht durch einzelne physikalische Eigenschaften, sondern nur durch Konfigurationen physikalischer Eigenschaften (lokale Strukturen) realisiert werden. Jedes Eigenschaftsvorkommnis kann die Wirkungen, welche den betreffenden Eigenschafts-Typ im Vokabular der betreffenden Einzelwissenschaft kennzeichnen, nur hervorbringen, indem es alle die Wirkungen hat, welche eine Konfiguration physikalischer Eigenschaftsvorkommnisse qua Konfiguration produziert. Ein Vorkommnis eines Gens eines bestimmten Typs kann zum Beispiel bestimmte Proteine nur produzieren, indem es alle diejenigen molekularen Wirkungen hervorbringt, welche eine bestimmte DNA-Sequenz qua dieser Sequenz hat; denn durch diese Wirkungen entstehen die betreffenden Proteine. Um noch ein anderes Beispiel aufzunehmen, das in der Literatur zur Philosophie des Geistes weit verbreitet ist, jedes Vorkommnis eines Schmerzes kann nur Schmerzverhalten produzieren, indem es die neuronalen Wirkungen hervorbringt, die eine bestimmte Neuronenkonfiguration qua Konfiguration hat; denn durch diese Wirkungen entsteht das Schmerzverhalten. Die Eigenschaften, von denen die Einzelwissenschaften handeln, sind genauso determiniert wie physikalische Eigenschaften. Ihre Beschreibungen sind lediglich nicht so detailliert. Somit bestätigt sich, dass die Eigenschaften, von denen die Einzelwissenschaften handeln, nur dadurch kausal wirksam sein können, dass sie mit physikalischen Eigenschaften im Sinn lokaler physikalischer Strukturen identisch sind.

Diese kurze Diskussion zeigt, dass auch neuere Versionen des Funktionalismus, die in der zeitgenössischen Literatur vertreten werden, in das Dilemma zwischen Epiphänomenalismus und Eliminativismus hineinlaufen, das die klassischen Versionen von Putnam und Fodor auf der einen und Lewis auf der anderen Seite trifft. Der Weg aus diesem Dilemma besteht darin, eine kausale Theorie der Eigenschaften zusammen mit einer Theorie von Eigenschaften als Modi zu entwickeln und darauf die These der Identität der Eigenschaften, von denen die Einzelwissenschaften handeln, mit Konfigurationen von physikalischen Eigenschaften (lokalen physikalischen Strukturen) aufzubauen. Für diesen konservativen, ontologischen Reduktionismus haben wir in diesem Kapitel argumentiert.

Der Vorschlag, Eigenschaftsidentität im Sinn einer Identität der jeweiligen Eigenschaftsvorkommnisse einzusetzen, um das Problem der kausalen Wirksamkeit der Eigenschaften, von denen die Einzelwissenschaften handeln, zu lösen, ist nicht neu. Insbesondere David Robb (1997) hat für eine solche Identität auf der Basis einer Metaphysik von Eigenschaften als Tropen argumentiert. Unser Vorschlag fügt zu dem Robbs eine kausale Sicht aller Eigenschaften und die Sicht von Eigenschaften als Strukturen hinzu, die durch unabhängige Argumente gestützt werden. Nichtsdestoweniger kann man einwenden, dass diese Konzeption nicht hinreicht, um das erwähnte Problem zu lösen: Auf die Metaphysik von Eigenschaften als etwas Partikulares (Modi oder Tropen) im Unterschied zu Universalien greift man in diesem Zusammenhang zurück, weil aufgrund von multipler Realisation keine Typen-Identität zwischen mentalen oder biologischen Typen einerseits und physikalischen Typen andererseits besteht. Man kann nun Folgendes einwenden: Insofern nur eine Reduktion der je einzelnen Eigenschaftsvorkommnisse, nicht jedoch der Typen möglich ist, bleibt das Problem bestehen, ob die Eigenschaften, von denen die Einzelwissenschaften handeln, etwas verursachen, insofern sie beispielsweise biologische oder mentale Eigenschaften sind.

Gehen wir kurz auf den Hintergrund dieses Problems ein: Donald Davidson vertritt, dass mentale mit physikalischen Ereignissen identisch sind (siehe insbesondere Davidson 1970/deutsch 1985, Kapitel 11, und 1993). Genauer gesagt: Jedes Ereignis lässt eine physikalische Beschreibung zu, und einige Ereignisse ermöglichen auch eine mentale Beschreibung. Die mentale kann nicht auf die physikalische Beschreibung reduziert werden. Diese Position ist als anomaler Monismus bekannt – Monismus, weil alle Ereignisse physikalisch sind, anomal, weil es keine gesetzesartigen Verbindungen zwischen den mentalen und den physikalischen Beschreibungen gibt, die eine Reduktion Ersterer auf Letztere ermöglichen würden. Diese Position scheitert an folgendem Einwand: Sie kann nicht zeigen, dass Ereignisse etwas verursachen, insofern sie mentale Ereignisse sind. Fred Dretske veranschaulicht dieses Problem anhand von folgendem Beispiel: Der Gesang einer Sopranistin bewirkt, dass ein Kristallglas zerspringt. Diese Wirkung tritt aufgrund der physikalischen Tonhöhe der gesungenen Worte ein. Die Bedeutung des Gesangs ist für diese Wirkung völlig irrelevant (Dretske 1989, S. 1-2). Genauso verhält es sich nach einem allgemein anerkannten Einwand mit Ereignissen, insofern sie mental sind, in Davidsons anomalem Monismus (siehe die Beiträge in Heil und Mele 1993).

Die hier vertretene Position unterscheidet sich von Davidsons darin, dass das, was miteinander identisch ist, nicht mentale und physikalische Ereignisse sind, sondern mentale und physikalische Eigenschaften im Sinn von Eigenschaftsvorkommnissen (Modi, Tropen). Dennoch wendet Paul Noordhof (1998) gegen David Robb (1997) Folgendes ein (siehe zu diesem Einwand auch Kistler 2009, Kapitel 5.2): In der gleichen Weise, wie es berechtigt ist, zu fragen, ob ein Ereignis im Sinn von Davidson etwas qua mentales Ereignis verursacht, ist es berechtigt zu fragen, ob ein mentales Eigenschaftsvorkommnis (Modus oder Trope) etwas qua Vorkommnis eines mentalen Typs verursacht. Robb (2001) weist diesen Einwand mit folgendem Argument zurück: Wenn Identität auf dasjenige bezogen wird, aufgrund dessen ein Objekt oder Ereignis etwas verursacht, nämlich Eigenschaften im Sinn der jeweiligen Vorkommnisse (Modi, Tropen), dann ergibt es keinen Sinn, die qua-Fragen für diese Entitäten zu stellen; denn bei Modi oder Tropen handelt es sich bereits um die feingliedrigsten Entitäten, die mithin nicht noch weiter spezifiziert werden können (vgl. auch Whittle 2007, Abschnitt 4).

Obwohl diese Antwort korrekt ist, bleibt ein Problem bestehen. Wenn alles, was es in der Welt gibt, etwas Partikulares ist – Objekte und ihre Existenzweisen (Modi) –, dann sind Typen Begriffe, die relevante Ähnlichkeiten in den Weisen, wie die Objekte sind, erfassen. Was die erwähnten lokalen Strukturen betrifft, welche die Weisen sind, wie komplexe physikalische Objekte existieren, so lassen diese Modi sowohl Beschreibungen in physikalischen Begriffen zu, die ihre Zusammensetzung erfassen, als auch Beschreibungen in Begriffen der einen oder anderen Einzelwissenschaft, die sich auf die Wirkungen konzentrieren, die diese Strukturen als ganze in bestimmten Umwelten haben. Multiple Realisation ist die epistemologische Tatsache, dass Modi, die von einem einzigen Begriff einer Einzelwissenschaft erfasst werden, unter verschiedene physikalische Begriffe fallen. Die Begriffe der Einzelwissenschaften und die entsprechenden physikalischen Begriffe unterscheiden sich nicht nur in ihrer Bedeutung (Intension), sondern auch in ihrer Extension.

Auf der einen Seite besitzen nicht nur die physikalischen Begriffe, sondern auch die Begriffe der Einzelwissenschaften eine wissenschaftliche Qualität, die unter anderem darin besteht, dass sie in Gesetzesaussagen auftreten, die kontrafaktische Aussagen stützen und kausale Erklärungen bereitstellen. Auf der anderen Seite vertreten nicht nur Davidson, sondern auch die meisten derjenigen Philosophen, die für eine feingliedrige Identität von Eigenschaftsvorkommnissen (Modi, Tropen) eintreten, dass die Beschreibungen (Gesetze, Theorien), in denen die Begriffe der Einzelwissenschaften auftreten, nicht auf Beschreibungen (Gesetze, Theorien) der Physik reduziert werden können. Mit anderen Worten: Diese Philosophen vertreten einen ontologischen Reduktionismus verbunden mit einem epistemologischen Anti-Reduktionismus (oder bleiben zumindest neutral in Bezug auf die Frage nach epistemologischer Reduktion).

In diesem Falle stellt sich jedoch das Problem, an dem Davidsons anomaler Monismus scheitert und das Noordhof gegen Robb vorbringt: Um nachweisen zu können, dass es sich bei den einzelwissenschaftlichen und den entsprechenden physikalischen Beschreibungen wirklich um zwei verschiedene Beschreibungen derselben Existenzweisen der Objekte handelt, müssen wir diese Beschreibungen systematisch in einer reduktiven Weise miteinander verbinden können. Wenn diese verschiedenen Beschreibungen durch eine und dieselbe Weise (Modus, Trope), wie ein Objekt ist, wahr gemacht werden und wenn jede dieser Beschreibungen eine wissenschaftliche Qualität im genannten Sinn besitzt, dann muss es eine systematische, reduktive Verbindung dieser Beschreibungen geben. Ansonsten bestünde kein Grund für die Behauptung, dass diese Beschreibungen sich auf *dieselben* Entitäten in dem feinkörnigen Sinn von Modi beziehen, statt dass sie von *verschiedenen* Eigenschaften eines Objekts oder Ereignisses handeln. Folglich würde man erneut entweder in einen Eigenschafts-Dualismus hineinlaufen mit der Konsequenz, dass die Weisen, wie Objekte sind, insofern sie Beschreibungen der Einzelwissenschaften wahr machen, epiphänomenal sind, oder in einen Eliminativismus in Bezug auf die wissenschaftliche Qualität der Beschreibungen der Einzelwissenschaften.

Die Argumentation, die wir in diesem Kapitel ausgeführt haben, ist somit noch nicht vollständig: Der konservative, ontologische Reduktionismus hat nur zusammen mit einem konservativen, epistemologischen Reduktionismus Bestand. Multiple Realisation verhindert zwar, dass die Typen, in welchen die Klassifikationen der Einzelwissenschaften bestehen, mit physikalischen Typen identisch sind. Nichtsdestoweniger müssen wir eine Art Typen-Reduktion erreichen, das heißt einen Weg finden, der die Reduktion der Beschreibungen (Gesetze, Theorien) der Einzelwissenschaften auf physikalische Beschreibungen (Gesetze, Theorien) ermöglicht, und zwar gerade, um die wissenschaftliche Qualität der Ersteren zu sichern. Das wird in Kapitel 5 geschehen. Zuvor wollen wir jedoch die theoretischen Behauptungen dieses Kapitels durch eine konkrete Diskussion der Philosophie der Biologie untermauern: Das folgende Kapitel ist der Evolutionstheorie und den biologischen Funktionen gewidmet, und Kapitel 4 präsentiert dann eine Fallstudie zum Verhältnis von klassischer und molekularer Genetik.

3. Die Evolutionstheorie und kausale Strukturen in der Biologie

3.0 Einführung und Überblick

Vor nunmehr gut 200 Jahren, am 12. Februar 1809, kam Charles Darwin (1809-1882) auf die Welt – eine Welt, die sich durch sein Lebenswerk auf eine ganz neue Weise betrachten lässt, was Dobzhansky mit seinem bekanntem Diktum – »Nichts in der Biologie ergibt einen Sinn außer im Lichte der Evolution« – wunderschön ausdrückt (Dobzhansky 1973). Im Jahre 1859 revolutioniert Darwins *Entstehung der Arten durch natürliche Zuchtwahl* unser Denken über alles Lebendige in der Welt. Das zeigt sich, an Dobzhanskys Worte anschließend, darin, dass man *Warum*-Fragen in der Biologie ohne Bezug zur Evolution nicht angemessen beantworten kann. Kein biologisches Phänomen kann gänzlich ahistorisch verstanden werden. Die Evolutionsbiologie bereitet den ahistorischen Disziplinen, Fragen und Erklärungen in der Biologie ein kausal-historisches Fundament. In diesem Sinn konstituiert Darwins *Entstehung der Arten* eine Theorie, die einen gemeinsamen Ursprung aller biologischer Arten und einen Mechanismus ihrer Evolution begründet.

Auch wenn das Leben Darwins, die Entstehung seiner Theorie samt der besonderen Umstände seiner Veröffentlichung und die darauf einsetzende fachliche und öffentliche Debatte insgesamt von überaus hohem historischen Interesse sind, gehen wir an dieser Stelle und im weiteren Verlauf des Kapitels vor allem auf empirische und begriffliche Sachverhalte ein, die unsere Diskussion in den folgenden Kapiteln vorbereitet und diese mit den vorangegangenen Kapiteln verbindet (zu Darwin siehe Kitcher 1985 oder Ruse 2007). Versetzen wir uns in die Epoche Darwins, in der aufgrund des anscheinenden Designs und der empfundenen Perfektion alles Lebendigen der Gedanke weit verbreitet ist, dass eine übernatürliche und allmächtige Kraft, Gott, dies alles erschaffen hat. Demnach ist, so scheint es, jede einzelne biologische Art mit einer bestimmten Absicht erschaffen worden – nämlich der, durch ihre spezifischen Eigenschaften an bestimmte Umweltbedingungen perfekt angepasst zu sein, um eine bestimmte Rolle auszufüllen. Löwen wurden mit der Fähigkeit erschaffen, sich mit großer Geschwindigkeit fortbewegen zu können, damit sie erfolgreich in der Lage sind, Zebras zu jagen. Die Zebras wiederum besitzen ihre charakteristischen Streifen, damit diese bei hohem Gras oder flimmernder Luft als Tarnung wirken. Um sich als Pflanzenfresser erfolgreich zu ernähren, verfügen sie zudem über breite Schneidezähne, mit denen sie beispielsweise Gräser abschneiden. Eine solche zielgerichtete, teleologische Beschreibung lässt sich in gleicher Weise auf alle anderen Lebewesen und ihre charakteristischen Eigenschaften anwenden. Dementsprechend versucht die Naturtheologie, in der auch Darwin ausgebildet wurde, die Absichten Gottes bei der Erschaffung des Lebendigen durch ein Erforschen der charakteristischen funktionalen Eigenschaften der Arten besser zu verstehen.

Stellen wir uns nun zwei zusammenhängende Fragen, die auch Darwin während und nach seiner große Forschungsreise mit der *H.M.S. Beagle* (1831-1836) sinngemäß durch den Kopf gegangen sind (siehe auch Ruse 2007). Wie können alle Individuen einer Art *trotz* ihrer offensichtlichen Unterschiede perfekt an bestimmte Umweltbedingungen angepasst sein? Und wie kann eine Art überhaupt perfekt angepasst sein, wenn sich die Umweltbedingungen *stetig ändern*, wie die Geologie zeigt? Bereits im 18. Jahrhundert vertritt der Geologe James Hutton (1726-1797), dass große geologische Veränderungen aus einer Akkumulation kleiner, gradueller geologischer Veränderungen resultieren. Beispielsweise führt eine Jahrhunderte andauernde Erosion dazu, dass Gebirgszüge abflachen, durch Flüsse Täler entstehen und dergleichen. Diese gradualistische Theorie verallgemeinernd versucht Charles Lyell (1797-1875) in seinen *Principles of geology* (1830) zu zeigen, dass die aktuell wirkenden geologischen Prozesse die gleichen sind wie in der Vergangenheit (uniformitarianistische Geologie). Die Erde verändert sich demnach geologisch mit unverminderter Kraft. Der Einfluss dieser Theorie auf Darwin, der während seiner Reise Lyells *Principles* studiert, spiegelt sich sehr deutlich in seinem Werk wider (siehe Darwin 1859/deutsch 1963, vor allem Kapitel 4; siehe dazu auch Mayr 1985 und Ruse 2007). Wie kann angesichts der kontinuierlichen geologischen Veränderung eine perfekte Anpassung der Arten an die Umwelt ohne entsprechende biologische Veränderung Bestand haben?

Dieses Rätsel erscheint noch größer, wenn man aufgrund von

Fossilienfunden die Anatomie ausgestorbener Arten sowohl untereinander als auch mit noch lebenden, so genannten rezenten Arten
vergleicht, wie es Darwin mit den Beobachtungen und Fossilfunden seiner Reise tut. Bereits zu Beginn des 19. Jahrhunderts etabliert
Georges Cuvier (1769-1832), der als Begründer der Paläontologie
gilt, die vergleichende Anatomie als eine biologische Forschungsdisziplin. Cuvier zeigt unter anderem, dass Fossilien aus tieferen
und somit älteren Sedimentschichten weniger Ähnlichkeiten mit
rezenten Arten aufweisen, als es zwischen jüngeren Fossilien und
rezenten Arten der Fall ist. Des Weiteren kann es aufgrund seiner Fossilienfunde als Tatsache angesehen werden, dass bestimmte
Arten bereits ausgestorben sind. Vor diesem Hintergrund erstaunt
es Darwin beispielsweise sehr, dass bestimmte seiner südameri-
kanischen Fossilienfunde dort ausgestorbene Arten darstellen, diese
jedoch große Ähnlichkeiten mit noch rezenten Arten in Europa
aufweisen (siehe Junker 2004). Solche Entdeckungen und die neue-
ren Erkenntnisse seiner Zeit lassen die Möglichkeit einer göttlichen
Erschaffung von *unveränderlichen* Arten als eine *perfekte* Anpassung
an die Umwelt immer problematischer erscheinen. Statt dessen liegt
es nahe, eine Evolution der biologischen Arten bzw. die Entstehung
neuer Arten anzunehmen, die mit den geologischen Veränderungen
zusammenhängt. Dabei ist es allerdings eine Sache, eine Evolution
zu behaupten und beispielsweise anhand von Fossilienfunden zu
untermauern, wie es bereits vor Darwin geschieht (siehe dazu auch
Darwins eigene Einschätzung, vor allem im Vorwort der *Entstehung
der Arten*), und eine ganz andere Sache, die Evolution zu *erklären*.

Genau damit beschäftigt sich Darwin nach seiner Rückkehr. Vor
dem Hintergrund seiner Hypothese – dass sich biologische Arten
kontinuierlich verändern und dies im Zusammenhang mit geologischen Veränderungen steht – geht er der Frage nach, welcher Mechanismus einer solchen biologischen Evolution zu Grunde liegt.
Wie können die sich verändernden Umweltbedingungen nicht nur
mit dem Aussterben von Arten zusammenhängen – was im Falle
von Katastrophen recht einfach zu verstehen ist –, sondern auch
mit der Veränderung bis hin zur Entstehung völlig neuer Arten?
Darwins Erklärungsversuch besitzt mehrere Komponenten, die wir
in Kapitel 3.1 darstellen werden.

Hier sei zunächst eine allgemeine Überlegung vorangestellt: An
erster Stelle wird Darwin wesentlich durch den *Essay on the principle*

of population des Ökonomen Thomas Malthus (1766-1834) beeinflusst, den er 1838 liest. Malthus Werk regt Darwin dazu an, von einer selektierenden Umwelt auszugehen (siehe Darwin 1859/deutsch 1963, Kapitel 4; siehe ebenso sehr übersichtlich Mayr 2002, Kapitel 4-6, oder auch Stephens 2007): Zwischen Individuen gibt es einen Überlebenskampf um Ressourcen, wann immer diese beschränkt sind, das heißt, wann immer diese nicht für das Überleben oder die Reproduktion aller Individuen ausreichen. An zweiter Stelle lässt sich die Beobachtung nennen, dass sich nicht nur Individuen verschiedener Arten, sondern auch Individuen innerhalb einer Art unterscheiden. Drittens schließt Darwin aufgrund der relativ großen Ähnlichkeiten zwischen Eltern und Nachkommen, dass es einen Vererbungsmechanismus von Eigenschaften gibt. Die Tatsache, dass seine Konzeption des Vererbungsmechanismus selbst falsch ist, spielt für die Idee seines Erklärungsversuchs der Evolution keine Rolle.

Diese Beobachtungen stellt Darwin in den Zusammenhang der sich stetig ändernden Umwelt und postuliert, dass die vererbbaren Eigenschaften je nach Umweltbedingung einen positiven oder negativen Einfluss im Kampf um die Ressourcen haben. Da ein positiver Einfluss ein Vorteil für das Überleben oder die Reproduktion darstellt, ergibt sich eine natürliche Selektion: Es werden genau solche Eigenschaften mit größerer Wahrscheinlichkeit an die nächste Generation weitergegeben, durch die das Individuum beim Überleben oder der Reproduktion Vorteile besitzt, während weniger förderliche Eigenschaften mehr und mehr verschwinden (Darwin 1859/deutsch 1963, Kapitel 3-5).

Hierdurch kann man nun das Aussterben und eine bestimmte Veränderung von Arten erklären. Arten können beispielsweise dann aussterben, wenn sich die Umweltbedingungen derart verändern, dass alle Individuen der Art trotz ihrer Unterschiede nicht überleben oder sich nicht ausreichend fortpflanzen können (siehe dazu auch Damuth 1992). Dies kann entweder im Zusammenhang mit einer Naturkatastrophe stehen oder aber dadurch bedingt sein, dass die Individuen einer Art den Kampf um ausreichende Ressourcen gegen Individuen einer anderen Arten verlieren. Ferner führt die natürliche Selektion zu einer Veränderung der Art: Die vererbbaren Unterschiede verringern sich im Laufe der Zeit, weil eher die Eigenschaften weitergegeben werden, die einen Selektionsvorteil besitzen. Man spricht heute in der Populationsgenetik auch von der *Fixierung* einer bestimmten vererbbaren Eigenschaft, sofern alle Individuen einer Art oder Population diese Eigenschaft besitzen.

Wenn somit natürliche Selektion die Unterschiede innerhalb einer Art lediglich verringern bzw. zum Aussterben einer Art führen kann, wie lässt sich dann das Entstehen neuer Arten erklären? Eine vollständige Antwort hierauf liefert erst die moderne Genetik. Dennoch lohnt es sich, zuerst Darwins Erklärungsansatz zu betrachten. Ziehen wir einige Beobachtungen und Funde Darwins von den Galápagosinseln heran, die wir der Anschaulichkeit halber im Folgenden verändert wiedergeben. Stellen wir uns drei Inseln vor – a, b und c. Auf Insel a existiert eine Finkenpopulation der Art F, deren Individuen bestimmte genetisch vererbbare Unterschiede aufweisen – beispielsweise eine unterschiedliche Tiefe und Länge des Schnabels. Aufgrund extremer Windverhältnisse nehmen wir an, dass es einmalig zu einer Migrationsbewegung kommt, so dass auch die Inseln b und c mit einigen Individuen der Finkenart F besiedelt werden.

Es gibt nun auf jeder Insel eine Population der Finkenart F. Hiervon ausgehend stellen wir uns vor, dass sich die drei Inseln sowohl geologisch und klimatisch als auch im Hinblick auf die sonst vorhandene Flora und Fauna unterscheiden. Es liegen somit unterschiedliche Umweltbedingungen vor, in denen unterschiedliche Eigenschaften von Vor- bzw. Nachteil für Überleben und Fortpflanzung sind. Nehmen wir an, dass auf Insel b Finken mit tiefen und breiten Schnäbeln im Kampf um die dort sehr verbreitete Ressource von großen Samenkörnern einen Vorteil gegenüber anderen Individuen besitzen, die dünne und lange Schnäbel haben. Aufgrund dieses Vorteils leben Finken mit tiefen und breiten Schnäbeln durchschnittlich länger und haben mehr Nachkommen als solche mit dünnen und langen Schnäbeln. Somit ist es gemäß der natürlichen Selektion der vererbbaren Eigenschaften nur eine Frage der Zeit, bis alle Individuen der Finkenpopulation auf Insel b tiefe und breite Schnäbel aufweisen (diese Eigenschaft also fixiert wird) und Finken mit dünnen und langen Schnäbeln dort nicht mehr vorkommen.

Den umgekehrten Fall nehmen wir für Insel c an. Dort bieten dünne und lange Schnäbel einen Vorteil, um in den dort verbreiteten Kaktusfrüchten nach Samen zu stochern. Auf Insel c sind es somit Finken mit tiefen und breiten Schnäbeln, die aus der Population verschwinden. In diesem Sinn lässt sich Darwins Erklärungsversuch zur Entstehung neuer Arten so zusammenfassen, dass es, ausgehend vom Verringern von Unterschieden zwischen Individuen einer Population, zu mehr und mehr Unterschieden zwischen zwei getrennten Populationen kommen kann. Dieser Prozess mündet in der Entstehung unterschiedlicher Arten, sobald sich die Individuen zweier getrennter Populationen hinreichend unterscheiden. Dies ist gemäß Mayrs Definition biologischer Arten dann der Fall, wenn die Individuen zweier Populationen keine gemeinsamen Nachkommen mehr haben können (Mayr 1969, S. 26; siehe ebenso Mayr 2002, Kapitel 8-9).

In anderen Worten: Sofern natürliche Barrieren eine Migrationsbewegung zwischen zwei getrennten Populationen *einer Art* verhindern und unterschiedliche Umweltbedingungen unterschiedliche Eigenschaften im Kampf um das Überleben und die Reproduktion bevorzugen, ist das Entstehen von *zwei Arten* nur eine Frage der Zeit. So weist die Analyse des Ornithologen John Gould (1804-1881), an den Darwin seine auf den Galápagosinseln gesammelten Finken schickt, nach, dass es sich dabei um verschiedene Arten handelt – und nicht nur um verschiedene Populationen einer Art, wovon Darwin ursprünglich ausgeht (siehe Junker 2004). Das Schaubild auf S. 120 fasst das Gesagte übersichtlich zusammen.

Ziehen wir zu diesem abstrakten Erklärungsversuch nun neuere Forschungsergebnisse mit Bezug zur Genetik hinzu, um die rein phylogenetischen Untersuchungen, die bereits die These Darwins stützen, noch weiter zu untermauern. Das Ehepaar Grant beginnt 1973 damit, Finkenpopulationen auf der Galápagosinsel Daphne Major zu beobachten (Ridley 2009; zur Diskussion, wie aussagefähig diese im Speziellen und empirische Forschungen allgemein sind, um die Evolutionstheorie zu stützen, siehe auch Forber 2009b; siehe ferner Mayr 2002, Kapitel 6). Dabei stellen sie fest, dass die Finken im Laufe der Jahre evolutionäre Entwicklungen durchmachen, die im Wesentlichen von der Wetterlage und damit von den vorhandenen Ressourcen abhängen. So musste sich die vorhandene Population mittlerer Grundfinken bei Dürre auf größere Samen umstellen (weil diese eher vorhanden waren als kleinere Samen). Individuen mit größeren Schnäbeln vermochten dies eher und breiteten sich somit in der Population aus. Hinzu kam, dass

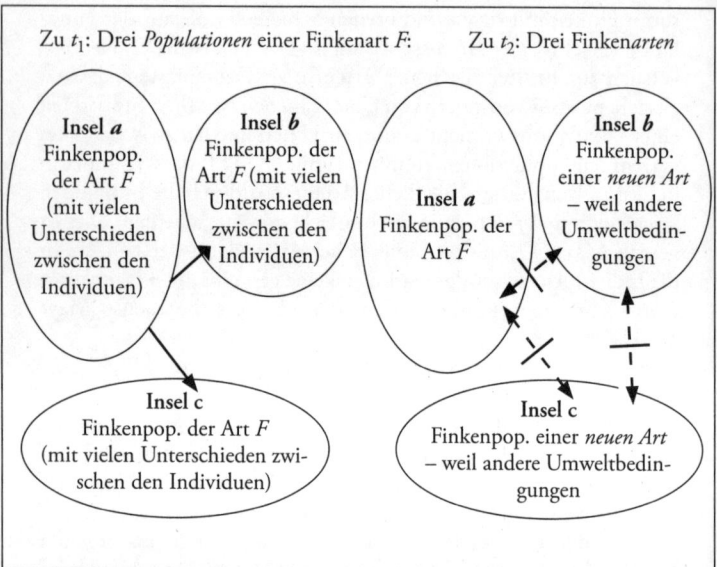

Abb. 4: Die Entstehung neuer Arten aus Populationen einer Art

im Jahre 1982 der große Grundfink als Konkurrent zu den vorhandenen mittleren Grundfinken auf der Insel auftauchte. Das führte dazu, dass bei erneuter Dürre der mittlere Grundfink sich nicht wie zuvor auf größere Samen umstellte, sondern – eine andere Nische gegenüber dem Konkurrenten besetzend – seine Schnabelgröße verringerte (so dass sich nun Individuen mit kleinerer Schnabelgröße in der Population der mittleren Grundfinken ausbreiteten). Die Grants vermuten, dass nur wenige solcher Ereignisse erforderlich sind, damit sich aus einem gemeinsamen Vorläufer verschiedene Arten entwickeln (P. Grant und R. Grant 2002 und 2006; siehe komplementär dazu auch die Arbeiten zur genetischen Basis der Evolution der Schnabelgröße und -form von Abzhanov et al. 2004 und 2006; siehe auch Forber 2009b). Untermauert wird diese Vermutung durch genetische Untersuchungen, die zeigen, dass alle auf den Galápagosinseln vorhandenen Finkenarten eine gemeinsame Abstammung besitzen (siehe beispielsweise Sato et al. 2001).

Den größeren Rahmen biologischen Fortschritts des 20. Jahrhunderts nachskizzierend müssen wir auf die Genetik zu sprechen kommen, weil diese einen ganz entscheidenden Einfluss auf die Evolutionstheorie ausübt – wie bereits am Rande erwähnt, überzeugt Darwins Theorie der Vererbung nicht, wofür er seinerzeit auch kritisiert wurde. Die Genetik entwickelt sich zu Beginn des 20. Jahrhunderts als eigene Forschungsdisziplin der Biologie, und die Einbindung der Genetik in die Evolutionstheorie kommt als so genannte große Synthese beider Theorien in der ersten Hälfte des 20. Jahrhunderts zustande. Diese Synthese ist unter anderem eng mit dem Biologen und Evolutionstheoretiker August Weismann (1834-1914), dem theoretischen Biologen, Genetiker und Statistiker Ronald A. Fisher (1890-1962), dem Genetiker, Zoologen und Evolutionstheoretiker Theodosius Dobzhansky (1900-1975) und dem Biologen Ernst Mayr (1904-2005) verbunden (siehe unter anderem Weismann 1895, Fisher 1930, Dobzhansky 1937 und Mayr 1942). Seit dieser Zeit spricht man oft vom *Neodarwinismus*, der heute geläufiger als *synthetische Evolutionstheorie* bezeichnet wird (zu weiteren historischen und begrifflichen Details siehe allgemein Mayr 2002, Kapitel 4 und 5, Sarkar 2007; spezifisch zu Fisher siehe Okasha 2008 und Skipper 2007). Diese Synthese führt dazu, dass über die Ursachen des Auftretens von vererbbaren Unterschieden (Genmutationen) zwischen sonst gleichen Individuen und genetischen Zusammenhängen (vor allem klassische Genetik und Populationsgenetik), die wesentlich für die Evolution sind, mehr und mehr in Erfahrung gebracht wird.

Mit diesem genetischen Wissen, auf das wir im nächsten Kapitel genauer eingehen werden, können wir nun auf unser Beispiel der Finkenpopulationen zurückkommen. Die drei Finkenpopulationen auf den Inseln *a*, *b* und *c* gehören zu Beginn der gleichen Art an. Genmutationen treten in der jeweiligen Population mit einer gewissen Wahrscheinlichkeit auf. Sofern die Genmutation unter den gegebenen Umweltbedingungen der jeweiligen Insel von Nachteil für das Überleben oder die Reproduktion ist, verschwindet der Mutant – das Individuum mit der Genmutation – mit einer gewissen Wahrscheinlichkeit wieder aus (dem so genannten Genpool) der Population. Sofern jedoch das Auftreten der Mutation von Vorteil für das Überleben oder die Reproduktion ist, setzt sich der Mutant mit einer gewissen Wahrscheinlichkeit gegen den jeweils ursprünglich vorhandenen Wildtyp durch. Da sich die Umweltbedingungen der drei Inseln unterscheiden, ist es nur eine Frage der Zeit, bis sich die drei Finkenpopulationen mehr und mehr in verschiedene Richtungen entwickeln, weil unterschiedliche Mutationen in der jeweiligen Population bestehen bleiben.

So können wir uns vorstellen, dass lediglich auf Insel *b* das durch eine Genmutation bedingte Auftreten von langen Beinen einen selektiven Vorteil darstellt und somit Individuen mit kurzen Beinen auf dieser Insel verschwinden. Demgegenüber stellt lediglich auf Insel *c* aufgrund anderer Umweltbedingungen das durch Genmutation bedingte Auftreten von langen Federn einen selektiven Vorteil dar, das dort kurze Federn verschwinden lässt. Analog zum Gradualismus in der Geologie führt das unterschiedliche Auftreten von Genmutationen und deren Beibehaltung entsprechend unterschiedlicher Umweltbedingungen dazu, dass sich räumlich getrennte Populationen einer Art im Laufe der Zeit mehr und mehr voneinander entfernen und schließlich unterschiedliche Arten darstellen. Der an diesem Beispiel skizzierte Mechanismus der Entstehung neuer Arten stellt einen allgemeinen Ansatz dar, um die Evolution biologischer Arten und biologischer Eigenschaften zu erklären.

Im Anschluss an eine genauere Darstellung der Grundzüge von Darwins Evolutionstheorie erfolgt im nächsten Unterkapitel eine Untersuchung der Begriffe der *Fitness* und der *Adaptation*, die wesentlich für die Evolutionstheorie sind. Bei der Diskussion dieser Begriffe kommen wir auf den wissenschaftlichen Status der Evolutionsbiologie und die viel diskutierte Position des Adaptationismus zu sprechen (siehe zu diesen und anderen zentralen Begriffen der Philosophie der Biologie auch die Artikel in Krohs und Toepfer 2005). Somit gehen wir auf den Stellenwert der natürlichen Selektion für die Evolution ein (3.1). Im Anschluss daran wenden wir uns Darwins Einsicht zu, dass die biologische Evolution von der gegebenen Umwelt abhängt, die sich kontinuierlich verändert. Die Frage, die wir uns stellen, ist, ob und wie die Begriffe der Umwelt, der Ressource und der Nische definiert werden können, um ein klares Konzept einer biologisch *relevanten* Umwelt herauszuarbeiten (3.2). Dieses Unterkapitel leitet dazu über, die Gemeinsamkeiten und Unterschiede von physikalischen und biologischen kausalen Strukturen und damit den Übergang vom Unbelebten zum Belebten durch rein natürliche Prozesse zu diskutieren (3.3).

Abschließend wenden wir uns einer allgemeinen Definition von biologischen Funktionen zu. Dabei argumentieren wir aufgrund von biologischen Erwägungen für den kausal-dispositionalen Ansatz, der sich in die in Kapitel 2 ausgeführte kausale Theorie von Eigenschaften einfügt (3.4).

3.1 Evolution, Fitness und Adaptationismus

Evolution bedeutet Veränderung. Seit Darwin bezieht sich der biologische Begriff der Evolution in aller Regel auf Veränderungen von Arten oder Populationen (siehe Richards 1992). Die große Synthese von Evolutionstheorie und Genetik setzt diese Veränderung in den Zusammenhang mit Genen bzw. Allelen (mögliche Ausprägungen eines Gens). Beginnen wir mit einer vereinfachten Definition von Evolution: Sobald sich die Allelfrequenz eines Gens innerhalb einer Population verändert, sprechen wir von Evolution. Wie sieht die biologische Erklärung einer solchen Evolution genau aus?

Es lässt sich beobachten, dass die Anzahl von Individuen einer Population oder Art exponentiell steigt, sofern genügend Ressourcen vorhanden sind. Eine Ressource ist für ein bestimmtes Individuum etwas, das potenziell dessen Überlebensfähigkeit und Reproduktion steigert. Sobald die Ressourcen nur begrenzt vorhanden sind, kommt es direkt oder indirekt zum Kampf um diese Ressourcen – und damit zum Kampf um das Überleben und die Reproduktion (siehe McIntosh 1992). Über diese Beobachtungen hinaus ist es offensichtlich, dass sich die Individuen einer Population oder Art einerseits ähneln, andererseits unterscheiden. Individuen weisen unterschiedliche Phänotypen auf – beispielsweise eine unterschiedliche Augenfarbe, Schnabelgröße, Blattform usw. Wir können weiterhin beobachten, dass sich Eltern und Kinder in ihren Phänotypen in der Regel weitaus ähnlicher sind, als dies im Vergleich mit anderen Individuen der Population der Fall ist. Aufgrund dessen schließt Darwin, vor allem Züchtungsergebnisse heranziehend, dass ein Vererbungsmechanismus vorliegt (Darwin 1859/deutsch 1963, Kapitel 1). So werden beispielsweise – modern gesprochen – die Gene, die für die Schnabelgröße und -form regulierend wirken, von Finkengeneration zu Finkengeneration weitergegeben, wodurch sich die relativ große Ähnlichkeit zwischen Eltern und deren jeweiligen Nachkommen erklärt.

Eine der großen Leistungen Darwins ist es, den Kampf um die Ressourcen mit dieser Vererbung von Eigenschaften in Verbindung zu bringen. Wer beispielsweise aufgrund seiner durch Gene geerbten phänotypischen Eigenschaften Vorteile im Kampf um die Ressourcen besitzt, hat eine größere Wahrscheinlichkeit, zu überleben und sich fortzupflanzen – und ist somit erfolgreicher darin, seine Gene an die nächste Generation weiterzugeben. Für den Kampf um die Ressourcen nachteilige vererbbare Eigenschaften besitzen dagegen eine geringere Wahrscheinlichkeit, an die nächste Generation weitergegeben zu werden. Sofern nicht weiter präzisiert, verstehen wir den Begriff der Wahrscheinlichkeit epistemisch; denn es kann durchaus sein, dass die erörterten genetischen Zusammenhänge im jeweiligen Einzelfall gemäß deterministischen physikalischen Gesetzen ablaufen.

Unter der Annahme, dass die beschriebenen Prämissen erfüllt sind, ergibt sich biologische Evolution im Sinn einer Allelfrequenzänderung, die an die jeweils vorhandenen Umweltbedingungen und deren Veränderung gekoppelt ist. Es kommt auf die Umwelt an, welche Allele einen Vorteil im Kampf um die Ressourcen, das Überleben und die Reproduktion bieten und somit eine höhere Wahrscheinlichkeit aufweisen, an die nächste Generation weitergegeben zu werden. So haben sich entsprechend den unterschiedlichen Umweltbedingungen auf jeder Galápagosinsel unterschiedliche Eigenschaften der Finken durchgesetzt. Anders ausgedrückt: Die beobachtbaren Variationen zwischen den Finkenpopulationen zweier Galápagosinseln stellen eine klassische Referenz für die so genannte *adaptive Radiation* dar. Das bedeutet, dass sich aufgrund der natürlichen Selektion aus einem gemeinsamen Vorläufer schließlich mehrere Arten entwickeln, die unterschiedliche Ressourcen nutzen. Der Artbegriff hat sich seit Darwin allerdings gewandelt und die Debatte über die Interpretation dieses Begriffs dauert bis heute an (siehe dazu Dupré 1992, Ereshefsky 2007 und Stevens 1992; siehe klassisch auch Mayr 1963, dessen Werk auf die evolutionäre Erklärung der Speziesbildung und den Begriff der Spezies allgemein einen großen Einfluss hat). Wir werden am Ende des Buchs (Kapitel 5.3) zu dieser Debatte im Sinn einer realistischen Position bezüglich natürlicher biologischer Arten Stellung beziehen.

Von dem Beispiel der Galápagosinseln ausgehend können wir nun Darwins naturalistische Erklärung der biologischen Evolution in den Zusammenhang mit einem weiteren ebenso wichtigen Konzept bringen – dem des gemeinsamen Ursprungs aller biologischen Arten. Gemäß der Evolutionstheorie gibt es nur einen Stammbaum, eine einzige kausale Geschichte der Evolution und des Ursprungs allen Lebens. Anschaulich lässt sich dies am bekannten Stammbaum der Wirbeltiere von Ernst Haeckel (1834-1919) vorstellen, der die damaligen morphologischen, paläontologischen und systematischen Kenntnisse im Rahmen der darwinistischen Abstammungslehre widerspiegelt (Haeckel 1866; siehe dazu auch Dawkins 1992 und Junker 2004). Es gibt somit keine getrennten Ursprünge der verschiedenen Arten, sondern eine gemeinsame Abstammung. Diese Auffassung ist eine falsifizierbare, aber bisher nicht falsifizierte These (siehe Dawkins 1986/deutsch 1987, Kapitel 10). Die Quasi-Universalität des genetischen Codes in allen bekannten rezenten und fossilen Organismen, bei denen DNA-Analysen möglich sind, legt einen gemeinsamen Ursprung aller biologischen Arten aus einem so genannten Urorganismus nahe (siehe auch Kapitel 3.3).

Wie jeder Evolutionsbiologe zugestehen wird, besitzen wir jedoch weder ein komplettes Bild der biologischen Evolution – ausgehend vom Urorganismus zu den heute lebenden Arten – noch werden wir dies jemals besitzen. Dennoch reichen die vorhandenen Fossilienfunde aus, um das Entstehen, die Veränderung und das Aussterben von natürlichen Arten als wissenschaftlich gut begründet anzusehen. Die Entstehung von Leben in Form von zellkernlosen Einzellern lässt sich beispielsweise aufgrund von Fossilfunden auf etwa 3,8 Milliarden Jahre zurückdatieren (siehe beispielsweise Mojzsis et al. 1996, Rosing 1999, Schopf et al. 2002; siehe zur philosophischen Diskussion dieses Punktes auch Mayr 2002, Kapitel 3). In diesem Sinn einer Abwägung der Indizien gibt es zwar immer Wissenslücken im phylogenetischen Stammbaum, doch falsifizieren weder die bekannten Fossilien noch die Lücken im Stammbaum die Evolutionsbiologie.

Auf dieser Grundlage kann man die Vielfalt des Lebens mit Hilfe der Evolutionsbiologie wie folgt erklären: Auf der einen Seite häufen sich im Laufe der Generationen genetische Unterschiede innerhalb einer Art an – durch Genmutationen, Rekombinationen usw. Aufgrund genetischer Unterschiede kommt es zu phänotypischen

Unterschieden zwischen den Individuen, die einen Vor- oder Nachteil für die Überlebensfähigkeit und Reproduktionsrate mit sich bringen. Da es von den vorherrschenden Umweltbedingungen abhängt, was Vor- bzw. Nachteile sind, ist es nur eine Frage der Zeit, bis sich Populationen unter verschiedenen Umweltbedingungen auseinanderentwickeln. Diese Evolution kann so weit gehen, dass es sowohl zur Entstehung neuer Arten kommt, als auch, dass Arten oder bestimmte Evolutionsrichtungen innerhalb einer Art aussterben.

Wir müssen allerdings zwischen Evolutionstheorie und natürlicher Selektion unterscheiden (siehe Dawkins 1986/deutsch 1987, vor allem Kapitel 1-3, bezüglich der Wahrscheinlichkeit der Evolution der Augen Kapitel 4; siehe ebenso Mayr 2002, Kapitel 6 und 10). Zufall, genauso epistemisch verstanden wie zuvor Wahrscheinlichkeiten, spielt eine wesentliche Rolle für die Evolution, da das Auftreten von Genmutationen aus biologischer Sicht ein Zufallsprozess ist. Der Mechanismus der natürlichen Selektion dagegen ist kein Zufallsprozess. Natürliche Selektion führt zu Evolution, *sobald* genetische Unterschiede vorliegen und diese zu unterschiedlicher Reproduktion führen. In diesem Sinn ist das Auftreten von Genmutationen selbst kein integraler Bestandteil der evolutionsbiologischen *Erklärung*.

Fitness und Umwelt sind wesentlich für die Evolutionstheorie. Natürliche Selektion kommt zum Tragen, sobald sich Individuen unter den vorherrschenden Umweltbedingungen in ihrer Fitness unterscheiden. Was aber ist Fitness und welche Rolle spielt sie tatsächlich für die Evolution (siehe auch Mayr 2002, Kapitel 6, und Stephens 2007)? Kann es biologische Evolution auch ohne natürliche Selektion von Fitnessunterschieden geben? Aufgrund solcher Fragen, die auf die Tragweite der evolutionsbiologischen Erklärungen abzielen, wenden wir uns nun dem Begriff der Fitness und der stark diskutierten Position des Adaptationismus zu (siehe dazu auch Burian 1992, Mayr 2002, Kapitel 7, Sober 1998, 1999, Kapitel 5, und Stephens 2007). Wir möchten dabei erörtern, was in der Evolutionsbiologie wie erklärt wird.

Natürliche Selektion steht im Zusammenhang mit einer oder beiden der folgenden Eigenschaften eines Organismus – seiner Lebensfähigkeit (Wahrscheinlichkeit zu Überleben) und seiner Reproduktionsrate (Durchschnitt an Nachkommen, absolut oder pro Zeiteinheit). Diese beiden Eigenschaften werden in der Regel unter dem Begriff der Fitness zusammengefasst. Dieser Begriff wird vor allem durch die Anzahl der Nachkommen definiert, die durch die gegebene Wahrscheinlichkeit zu überleben beeinflusst wird (für einen Überblick siehe Sober 1999, Kapitel 3, und Okasha 2008). Es sei dabei angemerkt, dass wir im Folgenden nicht auf die Debatte um die so genannte sexuelle Selektion eingehen, weil wir diese als einen Spezialfall der natürlichen Selektion ansehen (Stephens 2007; siehe auch Cronin 1992 und Spencer und Masters 1992).

Natürliche Selektion kommt dann zum Tragen, wenn es Fitnessunterschiede zwischen Organismen gibt und sie aus unterschiedlichen *vererbbaren* Eigenschaften resultieren. In anderen Worten: Ohne Fitness-Unterschiede gibt es keine natürliche Selektion, weil es keine an relativer Fitnessverbesserung orientierte Evolution gibt. Wir möchten hier ebenfalls nicht auf die Diskussion über die so genannte Selektionseinheit eingehen – ob Gen, Organismus oder Gruppe –, weil wir mit den hier erörterten Punkten und Argumenten nicht auf eine spezifische Position in dieser Debatte festgelegt sind (zu dieser Debatte siehe Sober 1999, Kapitel 4). Wir gehen lediglich davon aus, dass es natürliche Selektion gibt, die auf bestimmte Entitäten (Selektionseinheiten) unter bestimmten Bedingungen wirken kann.

Zur weiteren Erörterung nehmen wir an, dass die Fitness eines Gens, eines Individuums oder einer Gruppe auf den physikalischen Eigenschaften des Gens, des Individuums bzw. der Gruppe einerseits und der relevanten Umwelt andererseits superveniert (siehe Rosenberg 1978, aber auch Sober 1999, Kapitel 3.5, und Weber 1996). Wir möchten hierbei auf die drei Aspekte der Supervenienzbeziehung hinweisen, um dadurch den Zusammenhang zwischen biologischen und physikalischen Eigenschaften zu präzisieren (siehe auch Kapitel 1.1): 1. Die physikalischen Eigenschaften bestimmen die entsprechende Fitness. Dies legen wissenschaftliche Untersuchungen nahe, beispielsweise im Falle von zwei Genvorkommnissen, die sich physikalisch gleichen und sich aufgrund dessen auch in ihrer Funktionalität in der Zelle und somit bezüglich ihrer Fitness bzw. ihres Fitnessbeitrags zum Organismus gleichen (vorausgesetzt, dass sich die relevante Umwelt, vereinfacht die beiden jeweiligen Zellen, die Organismen und der Lebensraum, ebenfalls gleichen). 2. Sofern (beispielsweise zwischen zwei Organismen)

Fitnessunterschiede vorliegen, die Umwelt jedoch gleich ist, gibt es ebenfalls physikalische Unterschiede (zwischen beiden Organismen). Dies wurde empirisch bisher ebenfalls stets bestätigt. 3. Unter bestimmten Umweltbedingungen ist es möglich, dass physikalische Unterschiede (beispielsweise zwischen zwei Genvorkommnissen) vorliegen, ohne dass diese eine unterschiedliche Fitness (für den jeweiligen Organismus) mit sich bringen.

Inwiefern können Fitnesswerte etwas erklären und wie kann Fitness erklärt werden? Vereinfacht können wir sagen: Wenn jedes Individuum der Population im Durchschnitt mehr als einen Nachkommen hat, steigt die Populationsgröße, wenn dagegen der Durchschnitt an Nachkommen geringer ausfällt, verkleinert sich die Population. Es liegt somit nahe, die Veränderung einer Population durch deren jeweilige Fitness zu erklären. Wenn sich beispielsweise eine Population vergrößert, wohingegen sich die Größe einer anderen Population verringert, so können wir dies dadurch erklären, dass Erstere eine höhere Fitness besitzt. Die Erklärung von unterschiedlichen Fitnesswerten von Populationen wird allerdings zirkulär, sobald diese Werte lediglich durch unterschiedliche Größenveränderungen erklärt werden: Organismen vermehren sich umso schneller, je höher deren Fitness ist – und wie hoch deren Fitness ist, hängt davon ab, wie schnell sie sich vermehren. Somit erscheint ein wesentlicher Teil der Evolutionstheorie tautologisch zu sein, wodurch die Theorie insgesamt als unwissenschaftlich kritisiert werden könnte. Ein solcher Schluss ist jedoch voreilig (siehe auch Rosenberg 1978, Sober 1999, Kapitel 3, und Stephens 2007). Evolution ist eine Tatsache und die anscheinende Zirkularität ist auflösbar.

Wie wir an späterer Stelle noch im Detail erörtern werden, ist alles, was erklärt werden kann, im Prinzip durch die Physik erklärbar (Kapitel 5.1). Vor diesem Hintergrund nehmen wir an, dass es *rein theoretisch* möglich ist, Allelfrequenzänderungen und auch jede andere Veränderung, welche die biologische Evolution charakterisieren mag, physikalisch zu erklären. Eine solche physikalische Erklärung könnte vereinfacht beinhalten, dass bestimmte Moleküle, Makromoleküle und noch komplexere Konfigurationen physikalischer Eigenschaften im Laufe der Zeit vermehrt auftreten, während andere an Anzahl abnehmen. Da solche physikalischen Erklärungen lediglich auf physikalischen Gesetzen basieren, gehen wir in der Regel davon aus, dass eine nichttautologische Erklärung der biologischen Evolution vorliegt.

Welche Gene, welcher Organismus und welche Population in welcher Weise mit der jeweils relevanten Umwelt wie in Beziehung stehen, kann die Biologie, wenn auch oftmals nur unter Hinzunahme von physikalischen und chemischen Gesetzen, ohne Bezug zum Fitnessbegriff und zur natürlichen Selektion erklären. Dabei handelt es sich um einfache kausale Erklärungen, die man als proximale Erklärungen auffassen kann. Diese werden in der Regel genauso wenig als tautologisch angesehen, wie es bei physikalischen Erklärungen der Fall ist. Zu Recht wird der Kern der Evolutionsbiologie jedoch in den ultimen Erklärungen gesehen, die Bezug auf die Fitness und die natürliche Selektion nehmen (siehe zu beiden Erklärungstypen Sober 1999, Kapitel 1). Ultime Erklärungen sind Antworten auf Fragen der Art, weshalb sich beispielsweise dieser oder jener Eigenschaftstyp in der Evolution durchgesetzt hat. Dass sich eine vererbbare Eigenschaft in einer Population eher durchsetzt oder durchgesetzt hat, wird dabei in der Regel mit Verweis auf Fitnessunterschiede und daraus resultierende natürliche Selektion erklärt. Was aber ist das Besondere am Begriff der Fitness und dem Prinzip der natürlichen Selektion, so dass deren Verwendung zu tautologischen Erklärungen führt? Wie kann die Abstraktion von physikalischen Details bzw. von proximalen Erklärungen, die beide nicht tautologisch sind, zu tautologischen Erklärungen führen?

Die offenbare Zirkularität der Evolutionsbiologie hat einen lediglich epistemischen Grund, den wir, ähnlich wie Rosenberg (1978), im Mangel an der Unterscheidung zwischen operationalem und begrifflichem Verständnis von Fitness sehen. Rein theoretisch ist es unter Hinzunahme physikalischer und chemischer Gesetze möglich zu prognostizieren, wie viele Nachkommen welcher Organismus wahrscheinlich haben wird, und dadurch seinen individuellen Fitnesswert zu bestimmen; in der Praxis ist dies jedoch nicht durchführbar. Die operationell einfachste Fitnessbestimmung ist die retrospektive Bestimmung des Fitnesswertes durch das Zählen von Nachkommen. In diesem Sinn fassen wir Fitnesswerte bzw. -unterschiede als abstrakte, aber genuine Erklärungen von Populationsentwicklungen bzw. -unterschieden auf. Letztere erachten wir als pragmatisches Mittel der Bestimmung von Fitnesswerten, die sich, rein begrifflich verstanden, in einer abstrakten Weise auf die physikalischen Eigenschaften der jeweiligen Selektionseinheit beziehen.

Im Rahmen dieser Unterscheidung können wir nun die Ansicht diskutieren, dass ultime Erklärungen in der Evolutionstheorie oftmals nichts weiter als Beschreibungen des zu erklärenden Phänomens zu sein scheinen (Mills und Beatty 1979). Operational gesehen stimmt das. Doch möchten wir mit Verweis auf die bisherige Unterscheidung der beiden Momente des Fitnessbegriffs hinzufügen, dass diese als Beschreibungen bezeichneten ultimen Erklärungen der Evolutionstheorie mit Hilfe von theoretisch verfügbaren proximalen Erklärungen zu genuinen kausalen Erklärungen führen, ohne dabei zirkulär zu werden. Somit verstehen wir den Begriff der Fitness, der Durchschnittsfitnesswerte und der Fitnessunterschiede im Wesentlichen als abstrakten Platzhalter für das Zusammenspiel vieler genauer proximaler Erklärungen.

Kommen wir hiermit auf einen analogen Kritikpunkt zu sprechen. Aufgrund von Fitnesswerten können wir in mathematischen Modellen erfassen, wie sich eine Population ändert. Evolutionäre Modelle erscheinen dabei oft nicht als empirische Modelle, sondern eher als mathematische Wahrheiten – so dass dieser abstrakte und allgemeine Teil der Evolutionsbiologie nicht empirisch zu sein scheint (siehe zu einer ähnlichen Position Sober 1999, Kapitel 3; siehe ebenfalls die Diskussion zwischen Fodor 2008a und 2008b einerseits und Sober 2008, Dennett 2008 und Godfrey-Smith 2008 andererseits). Es sei an dieser Stelle jedoch darauf hingewiesen, dass dieser rein analytisch anmutende Teil der Evolutionsbiologie an empirischen Daten getestet werden kann, woraufhin die mathematischen Modelle fortlaufend modifiziert werden. Dieser Punkt verdeutlicht noch einmal, dass der Fitnessbegriff sich nicht in einer reinen, nicht falsifizierbaren Beschreibung erschöpft. Ferner ist nicht alles an der Evolutionstheorie analytisch. Wie schon erwähnt, ist die Evolutionstheorie falsifizierbar – unter anderem durch die Falsifizierbarkeit der Thesen, dass es intermediäre Formen zwischen zwei verwandten Arten gibt oder dass homologe Eigenschaften existieren (siehe darüber hinaus die Diskussion von J. M. Smith 1978).

Die behandelte Problematik um den Begriff der Fitness tritt in ähnlicher Weise an einer anderen Stelle zu Tage. Es ist fraglich, ob Fitness mit aktuellem Erfolg zu identifizieren ist oder nicht. Sofern die Umweltbedingungen gleich sind, besitzen beispielsweise zwei biologisch identische Organismen die gleiche Fitness. Wenn es aber dazu kommt, dass nur einer von beiden tatsächlich Nachkommen hat, besitzt dieser dann auch eine höhere Fitness? Um zwischen operationalem und begrifflichem Moment der Fitness unterscheiden zu können, definieren wir Fitness nicht qua tatsächlicher Reproduktion, sondern qua Fähigkeit zur Reproduktion (Mills und Beatty 1979). Wir verstehen Fitness somit als dispositionale Eigenschaft eines Organismus, ganz im Sinn unserer kausal-funktionalen Theorie von Eigenschaften des zweiten Kapitels.

Der Vergleich mit Zucker und dessen Wasserlöslichkeit kann uns helfen, das zuvor Gesagte wieder aufzugreifen. Die Disposition von Zucker, wasserlöslich zu sein, ist ontologisch gesprochen die Eigenschaft, sich, *ceteris paribus*, in Wasser aufzulösen. In diesem Sinn verstanden ist »Fitness« eine abstrakte Beschreibung der dispositionalen Eigenschaften eines Organismus, zu überleben und Nachkommen zu zeugen. Auf der Basis dieser Ontologie ist es möglich, abstrakte und ultime Erklärungen über die Veränderungen von Populationen und die biologische Evolution allgemein zu geben. Davon zu unterscheiden sind proximale Erklärungen, die Erklärungen der Manifestation der Disposition sind. Zucker löst sich in Wasser deshalb auf, weil durch die polaren Wassermoleküle die Struktur der Zuckermoleküle derart verändert wird, dass ihr kristalliner Verbund bricht. In analoger Weise kann die jeweilige Fitness eines Organismus oder einer Population proximal kausal erklärt werden. In diesem Sinn vertreten wir die Ansicht, dass die charakteristischen ultimen Erklärungen der Evolutionstheorie Abstraktionen von proximalen kausalen Erklärungen sind – eine nicht unumstrittene Position, die jedoch, so hoffen wir, vor dem Hintergrund unserer Reduktionsstrategie plausibel ist (siehe Kapitel 5.3; siehe aber auch Sober 1984, Rosenberg 2006 und Weber 2008).

Mit Elliot Sober stimmen wir darin überein, dass abstrakte biologische Verallgemeinerungen, wie beispielsweise »Fishers Gesetz«, Gesetze sind (Sober 1999, S. 14-18; siehe dagegen beispielsweise Beatty 1995 (keine Gesetze in der Evolutionstheorie) oder Rosenberg 1994, Kapitel 6 (nur das Gesetz der natürlichen Selektion, das gemäß Rosenberg ein physikalisches Gesetz darstellt – siehe dazu auch Rosenberg 2006, Kapitel 4-6)). Wir schließen uns im Wesentlichen Sobers Kritik an Beatty und Rosenberg an (Sober

1997, siehe auch Weber 2008) und teilen dessen Position, dass es in der Evolutionstheorie nichtkontingente Gesetze gibt und dass dies nicht durch die Tatsache der multiplen Realisation biologischer Eigenschaften verhindert wird. Natürlich hängt es von den Anfangsbedingungen ab, ob und welche Gesetze zutreffen, doch gegeben bestimmte Bedingungen können die abstrakten biologischen Verallgemeinerungen Gesetzescharakter besitzen.

Dabei ist es allerdings so, dass Evolutionsprozesse durch Modelle mathematisch beschrieben werden können, die im folgenden Sinn als *a priori* wahr angesehen werden können (Sober 1984, 1997 und 1999): *Sofern* bestimmte formalisierbare Bedingungen erfüllt sind (was sich empirisch überprüfen lässt), wie zum Beispiel, dass Ressourcen nicht unbegrenzt verfügbar sind, es zu einem Kampf um die Ressourcen kommt, dieser Kampf durch Eigenschaften mitbestimmt wird, die vererbt werden, Evolution sich durch Veränderung von Frequenzen dieser vererbbaren Eigenschaften definiert, dann können wir *a priori* wissen, dass es in einem solchen Fall zu einer Evolution aufgrund natürlicher Selektion kommt.

Kommen wir vor diesem Hintergrund genauer auf die Frage zu sprechen, was mit dem Prinzip der natürlichen Selektion erklärt werden kann und wie der Adaptationismus zu verstehen ist (siehe auch Stephens 2007). Es stellt sich die Frage, ob zu jeder Zeit auf der Erde die zuletzt genannten Prämissen derart erfüllt sind, dass das Prinzip der natürlichen Selektion genau das ist, was die biologische Evolution bestimmt – oder ob es auch andere für die Evolution bestimmende Faktoren gibt. Allerdings möchten wir diese so genannte Adaptationismusdebatte unter einem leicht veränderten Blickwinkel betrachten. Wir stellen uns die Frage, wie spezifisch die Natur in ihrer Selektion ist bzw. sein kann, die sie in gewisser Weise ununterbrochen vollzieht. Es gilt somit zu diskutieren, wie sehr die Evolution eine fortlaufende relative Fitnessverbesserung widerspiegelt.

Der Grund dafür ist folgender Gedanke: Je unspezifischer die Natur selektiert, desto eher trifft die Kritik zu, dass die Evolutionstheorie das Entstehen komplexer Strukturen nicht erklären kann. In anderen Worten: Je weniger an relativer Fitnessverbesserung orientiert die Evolution verlaufen ist, desto unwahrscheinlicher würde das Auftreten eines so komplexen Organs, wie es beispielsweise das Auge ist, gewesen sein. Für unsere weitere Untersuchung möchten wir zwischen *Selektion für* und *Selektion von* unterscheiden (siehe Sober 1999, Kapitel 3.6). *Selektion für* beschreibt die Ursachen der Selektion, *Selektion von* ihre Wirkungen.

Füllen wir anhand eines klassischen Beispiels diese Unterscheidung und den Begriff der Adaptation mit mehr Inhalt. Es ist bekannt, dass sich mit den Vorderbeinen der Schildkröte zwei funktionale Eigenschaften verbinden: Sie werden zur Fortbewegung und zum Eiervergraben benutzt; beides bringt einen Fitnessbeitrag mit sich (siehe auch Lewontin 1978 und West-Eberhard 1992). Dabei nehmen wir vereinfacht an, dass nach dem »ersten« Auftreten (zu t_1) von Vorderbeinen diese ausschließlich zur Fortbewegung benutzt wurden. Generationen später, zu t_2, wurden die Vorderbeine auch zum Eiervergraben benutzt, weil, so nehmen wir einmal an, veränderte Umweltbedingungen dies ermöglicht haben. Sich mit den Vorderbeinen fortzubewegen ist als Adaptation zu verstehen, sofern dies von seinem ersten Auftreten (zu t_1) an einen Selektionsvorteil mit sich gebracht hat und deshalb, gemäß der natürlichen Selektion, sich in der Population etablieren konnte bzw. fixiert wurde. Es lag eine *Selektion für* Vorderbeine vor, jedoch ausschließlich aufgrund der damit verbundenen Möglichkeit der Fortbewegung. Es kann jedoch nicht sein, dass Vorderbeine auch deshalb bereits zu t_1 selektiert wurden, weil diese *später* (zu t_2) auch zum Vergraben von Eiern verwendet wurden. In diesem Sinn lag zu t_1 keine *Selektion für* die Fähigkeit, Eier zu vergraben, vor – sondern lediglich eine *Selektion von* dieser Fähigkeit (die dann ab t_2 genutzt wurde). Aus diesem Grund wird die funktionale Eigenschaft, mit den Vorderbeinen Eier zu vergraben, nicht als Adaptation betrachtet.

Vor diesem Hintergrund schlagen wir vor, den Adaptationismus wie folgt zu verstehen (siehe auch Sober 1998 und 1999, Kapitel 5): Natürliche Selektion ist die wesentlichste Ursache für das Fortbestehen und die Fixierung funktionaler Eigenschaften nach ihrem ersten Auftreten, wobei sich die charakteristischen Wirkungen jeder funktionalen Eigenschaft im Laufe der Evolution ändern können. Demnach behauptet der Adaptationismus, dass alle (oder hinreichend viele) funktionale Eigenschaften aufgrund einer oder mehrerer bestimmter kausaler Wirkungen Adaptationen waren, doch müssen diese Wirkungen nicht unbedingt jene sein, die heute die funktionale Eigenschaft charakterisieren. Zusammenfassend können wir deshalb sagen, dass sich die Frage um den Adaptationismus darum dreht, ob der Verlauf der Evolution wesentlich durch das Auftreten von Adaptationen bestimmt wurde (deren charakteristische Wirkungen sich ändern können) oder nicht (siehe klassisch Gould und Lewontin 1978, und zur aktuellen Diskussion Forber 2009a, Lewens 2009, Potochnik 2009, Wilkins und Godfrey-Smith 2009, Houston 2009, Beatty und Desjardins 2009, Forber 2009b und van Walen 2009).

Nicht von der Hand zu weisen ist, dass es andere Faktoren gibt, welche die Evolution beeinflussen und deshalb die Natur, metaphorisch gesprochen, als unspezifischer auswählend erscheinen lassen. Der Begriff der *Gendrift* fasst eine Reihe solcher Faktoren zusammen, die Einfluss auf die Evolution besitzen, ohne dass es dabei zu einer relativen Verbesserung von Fitness kommt (siehe auch M. Abrams 2007). Ein anschauliches Beispiel ist ein Vulkanausbruch, der alle in seiner Umgebung lebenden Individuen tötet, unabhängig von ihren unterschiedlichen Eigenschaften und Fitnesswerten (siehe Beatty 1992). Auch könnten unabhängig von ihren unterschiedlichen Eigenschaften und Fitnesswerten beispielsweise nur die Individuen überleben, die eigentlich weniger fit sind. Beide Beispiele sprechen gegen den Adaptationismus. Es ist allerdings eine empirisch schwer zu beantwortende Frage, wie sehr solche Situationen den Verlauf der Evolution beeinflussen und insofern den Adaptationismus widerlegen. Zu bedenken ist dabei auch, ob zuletzt genannte Situationen häufiger vorkommen, als genau umgekehrt solche, in denen externe Faktoren den Evolutionsverlauf im Sinn einer relativen Fitnessverbesserung begünstigen. Ferner kann der vorliegende Einwand gegen den Adaptationismus auch insofern relativiert werden, dass externe Faktoren wie Katastrophen nicht nur Risiken, sondern auch Chancen für neue Evolutionsrichtungen mit sich bringen, was wir im Folgenden genauer erläutern werden.

Der Adaptationismus ist an Bedingungen geknüpft, die entweder hinreichend, teilweise oder gar nicht erfüllt werden. Wir haben dabei die Adaptationismusdebatte vor allem unter der Frage betrachtet, wie spezifisch die Natur selektiert. Umso spezifischer die Natur selektiert (an relativer Fitnessverbesserung orientiert), desto eher kommen wir der Position des Adaptationismus nahe, je unspezifischer sie selektiert, desto weniger adäquat erscheint er.

Wie lassen sich nun gegebene Ähnlichkeiten und Unterschiede zwischen Individuen innerhalb einer oder zwischen verschiedenen

Arten bewerten? Die Tatsache, dass beinahe ausnahmslos jeder Mensch Augen besitzt, legt nahe, dass diese Fixierung aufgrund eines selektiven Vorteils geschah, so dass bezüglich der Augen der adaptationistische Ansatz begründet erscheint. Das Argument hierfür ist, dass eine starke Verbreitung bis hin zur Fixierung vor allem dann wahrscheinlich ist, wenn die jeweilige Eigenschaft einen relativ hohen Fitnessbeitrag leistet. In diesem Sinn möchten wir den Adaptationismus als insofern zutreffende(re) Position verstehen, als wir im Folgenden abstrakte biologische Begriffe betrachten, die sich auf wesentliche *funktionale Gemeinsamkeiten* beziehen.

3.2 Die Relevanz der Umwelt

In diesem Unterkapitel wenden wir uns den zusammenhängenden Begriffen der Ressource, der Umwelt und der Nische zu, weil diese unser Verständnis der vorherigen Diskussion des Begriffs der Fitness vervollständigen und somit allgemein zur Erläuterung des evolutionsbiologischen Ansatzes und des Begriffs der biologischen Funktion beitragen. Die leitende Frage ist, herauszufinden, welche Bedingungen relevant für den Fitnessbeitrag einer Eigenschaft sind und unter welchen Bedingungen sich der Selektionsdruck verändert.

Die jeweilige Selektionseinheit bestimmt, was in ihrer Umwelt eine Ressource ist (Lewontin 1982). Der Einfachheit halber diskutieren wir die folgenden Punkt vor allem aus der Sicht des Individuums, doch sind unsere Überlegungen auch auf jede andere mögliche Selektionseinheit oder ganz allgemein auf Eigenschaften übertragbar. Eine Ressource ist für einen bestimmten Organismus etwas, das potenziell dessen Überleben und Reproduktion – dessen Fitness – steigert (P. Abrams 1992). Ganz abstrakt und vorläufig in den Rahmen dieses Buchs eingebettet verstehen wir einen Organismus als eine Entität mit bestimmten kausal-dispositionalen Eigenschaften, deren Manifestationen unter anderem direkt oder indirekt davon abhängen, welche Ressourcen vorhanden sind. Hiermit möchten wir vor allem auf den relationalen Aspekt der Ressource aufmerksam machen: Nicht nur Organismen bestimmen, was in ihrer Umwelt eine Ressource ist, sondern auch die jeweilige Ressource kann, ebenfalls als kausal-dispositionale Eigenschaft verstanden, dies für ganz unterschiedliche Arten auf ganz unterschiedliche Weisen sein. Somit verstehen wir eine Ressource als etwas, das potenziell zur Manifestation von Eigenschaften des Organismus führen kann, wobei diese Manifestationen generell die Fitness des Organismus steigern.

Da Ressourcen meist nicht unbegrenzt vorhanden sind, kann es zum physischen Kampf um sie kommen. Der Begriff des Kampfes um die Ressource beschränkt sich jedoch nicht ausschließlich auf physische Kämpfe (siehe dazu auch Mayr 1963, S. 42-43, McIntosh 1992 und Fox Keller 1992, S. 68-73). Aus dem Aspekt der quantitativen Nutzung bzw. der Konsumption von Ressourcen ergibt sich, dass, sofern diese nicht unbegrenzt vorhanden sind, dies Einfluss auf den Konsumenten hat. Anschauliche Modelle, wie die Lotka-Volterra-Gleichung, auch als Räuber-Beute-Gleichung bekannt, beschreiben beispielsweise die Wechselwirkung von Räuber- und Beutepopulationen (Lotka 1998). In ähnlicher Weise können auch andere Zusammenhänge eines Ökosystems formalisiert werden (siehe beispielsweise Gintis 2000, Kapitel 8.5).

Von diesem Übergang zu komplexeren Zusammenhängen in der Natur geleitet möchten wir nun auf den umfassenderen Begriff der *Umwelt* zu sprechen kommen. Er bezieht sich in der Regel auf alle externen Faktoren, die das Überleben und die Reproduktion eines Organismus beeinflussen können, ohne dass es sich dabei um Ressourcen handeln muss, die sich quantitativ verringern. Durch unterschiedliche externe physikalische Bedingungen wurde in den verschiedenen Regionen der Erde die Evolution einer unterschiedlichen Flora und Fauna begünstigt. Diese unterschiedliche Evolution führt wiederum dazu, dass unterschiedliche externe physikalische Bedingungen auftreten, die wiederum dazu führen … und so weiter.

Wie auch im Falle von Ressourcen sind dabei jedoch nicht alle Umweltfaktoren und Umweltveränderungen in gleicher Weise relevant für einen Organismus. Umweltfaktoren sind dann relevant, wenn deren jeweiliges Vorhandensein bzw. deren Abwesenheit einen wesentlichen Einfluss auf die Manifestation der kausal-dispositionalen Eigenschaften von Organismen besitzt, die *relevant für die Fitness* sind. Umweltbedingungen ändern sich stetig, wenn auch manchmal langsam und kaum sichtbar. Somit ist es aufgrund anhaltender Veränderungen nur eine Frage der Zeit, dass sich unterschiedliche kausal-dispositionale Eigenschaften der Organismen unterschiedlich manifestieren und dass dieses unter anderem dazu führt, dass sich die jeweilige Funktion im Sinn eines Fitnessbeitrags verändert. In diesem Sinn bleiben Adaptationen nicht für immer adaptativ.

Nun definieren wir den Begriff der Nische, um dadurch die Diskussion des Begriffs der relevanten Umwelt abzuschließen. Eine Nische wird in der Regel als eine Menge von Bedingungen verstanden, die das Fortbestehen einer Population ermöglichen (siehe auch M. Abrams 2009 und Colwell 1992). Man kann den Begriff der Nische somit als die wesentliche relevante Umwelt eines bestimmten Organismus bzw. einer bestimmten Population auffassen. Es liegt an den vorherrschenden Umweltbedingungen, ob ein Organismus mit seinen biologischen Eigenschaften bzw. seiner Nische überlebens- und reproduktionsfähig ist. Es hängt von den jeweiligen Umweltbedingungen und verfügbaren Ressourcen ab, ob die vorhandenen kausal-dispositionalen Eigenschaften der Individuen einer Population sich ausreichend manifestieren können, um zu überleben und sich fortzupflanzen. Optimale Anpassung (siehe dazu auch Sober 1999, Kapitel 5) können wir dabei so verstehen, dass es diese *relativ* zu bestimmten Umweltbedingungen gibt. Da nicht alle Umweltfaktoren für den Anpassungsgrad in gleicher Weise wichtig sind, verstehen wir unter relevanter Umwelt diejenigen Umweltbedingungen, die im Kontext der Selektion ausschlaggebend sind: Umweltbedingungen, die dazu führen, dass Organismen mit ihren Eigenschaften optimal angepasst sind – oder eben nicht (siehe ebenfalls Brandon 1992 und dessen Analyse der »selektiven Umwelt« sowie M. Abrams 2009). Im Folgenden ist dieser Begriff der relevanten Umwelt mit dem Begriff der Standardbedingungen eng verbunden: Unter Standardbedingungen ist es möglich, wie wir an späterer Stelle noch genauer diskutieren werden, dass bestimmte physikalische Unterschiede von biologischen Eigenschaften keine funktionalen Unterschiede mit sich bringen. Je nachdem, wie sich diese Umweltbedingungen ändern, bringen die physikalischen Unterschiede funktionale Unterschiede mit sich. Dies ist somit als Veränderung der relevanten Umwelt zu verstehen.

Kommen wir vor diesem Hintergrund darauf zu sprechen, wie der Mechanismus der natürlichen Selektion Anpassung als eine Veränderung von Arten erklärt. Dabei lassen sich zwei verschiedene Faktoren unterscheiden – wechselnde Umweltbedingungen einerseits und das Auftreten von neuen Eigenschaften andererseits. Beginnen wir mit dem ersten Faktor und betrachten wir eine Population, deren Individuen zum Teil unterschiedliche Eigenschaften besitzen, jedoch ohne dass diese Unterschiede unter gegebenen Umweltbedingungen signifikante Fitnessunterschiede mit sich bringen. Sobald sich die Umweltbedingungen für diese Population verändern, entsteht ein Spektrum möglicher Zustände: Auf der eine Seite ist es möglich, dass die Veränderung keinen signifikanten Einfluss auf die jeweilige Population hat, weil deren Unterschiede nach wie vor keine signifikanten Fitnessunterschiede mit sich bringen. Das bedeutet, dass jeder Organismus mit seinen funktionalen Eigenschaften diese ausreichend manifestieren kann, um zu überleben und sich fortzupflanzen. Es gibt somit entweder keine Veränderung in der relevanten Umwelt (sondern nur in anderen Bereichen der Umwelt), oder aber die Veränderungen in der relevanten Umwelt sind derart, dass alle Organismen trotz ihrer Unterschiede nach wie vor gleiche Fitnesswerte aufweisen. Das andere Extrem besteht darin, dass die Veränderung der Umweltbedingungen dazu führt, dass die jeweilige Population trotz ihrer vorhandenen Unterschiede ganz ausstirbt, weil keine Organismen mit ihren unterschiedlichen Eigenschaften ausreichend an die neuen Umweltbedingungen angepasst sind. In diesem Fall gibt es eindeutig Veränderungen in der relevanten Umwelt.

Zwischen diesen beiden Extremen finden wir den Raum, der in der Regel zu Evolution führen kann – auch wenn sowohl das Aussterben von Arten als Evolution zu verstehen ist, als auch Evolution nicht notwendigerweise die Veränderung von Umweltbedingungen voraussetzt. Der für uns interessante Fall ist jedoch derjenige, bei dem vorhandene Unterschiede, welche zuvor keine signifikanten Fitnessunterschiede mit sich gebracht haben, nun, aufgrund veränderter Umweltbedingungen, zu signifikanten Fitnessunterschieden und somit zu Evolution führen. Wir greifen damit bereits an dieser Stelle der Debatte um den so genannten Neutralismus vor, die wir im Zusammenhang mit der Genetik im folgenden Kapitel ausführlich behandeln.

Bevor Motoo Kimura (1924-1994) im Jahre 1968 seine Theorie des Neutralismus einführte, war die verbreitete Ansicht in den 1950er und 1960er Jahren, dass die natürliche Selektion die allgemein bestimmende Kraft der Evolution ist (siehe zu Kimura auch Crow 2007). Wie jedoch Kimura auf molekularer Ebene zu zeigen versuchte, sind die meisten Veränderungen auf der DNA-Ebene selektions*neutral* (Kimura 1968, siehe auch Plutynski 2007). Ohne zu verneinen, dass Form und Funktion herkömmlicher phänotypischer Eigenschaften wie beispielsweise das menschliche Sehvermögen durch natürliche Selektion geleitet sind, behauptet Kimura, dass nicht die natürliche Selektion, sondern die Mutationsrate und die Gendrift die wichtigeren Mechanismen für die Evolution auf molekularer Ebene sind. Der Neutralismus richtet sich gegen einen Panselektionismus, da gemäß Kimura die meisten molekularen Veränderungen im Genpool von einer zur nächsten Generation keine Auswirkung auf die Fitness der jeweiligen Organismen haben (siehe auch King und Jukes 1969, welche ebenfalls für den Neutralismus argumentieren, allerdings auf anderer Basis als Kimura; zum Vergleich beider Ansätze und der weiteren Debatte siehe Nei 2005).

Unkontrovers an dieser Position ist, *dass* es phänotypische Eigenschaften und bestimmte Veränderungen von Eigenschaften geben kann, die keinerlei Wirkung auf die Fitness des jeweiligen Organismus haben. So gab es bereits vor Kimuras Publikation eine Debatte um selektionsneutrale Eigenschaften und deren Relevanz für die Evolution (siehe auch Nei 2005 und Plutynski 2007 für den Verlauf der Debatte). Kimura stellt sich vor allem die Frage, welche Rolle bestimmte Umstände und molekulare Mechanismen für die Evolution spielen, die nicht an eine relative Verbesserung der Fitness gebunden sind. Vor diesem Hintergrund behauptet Kimura nun, dass auf dem molekularen Niveau Veränderungen von Aminosäuren oder Nukleotiden, die sich im Laufe der Generationen in Arten und Populationen anhäufen, im Wesentlichen durch zufällige Fixierungen von selektionsneutralen Mutanten bedingt sind – das heißt, auf molekularem Niveau spielt die natürliche Selektion und somit der Adaptationismus so gut wie keine Rolle.

Das ergibt sich aus Kimuras Versuchsresultaten, aus denen er den allgemeinen Schluss zog, dass die Veränderungsrate im Genom eines Organismus schlicht zu hoch ist, als dass natürliche Selektion auf diese Veränderungen relevant wirken könnte. In diesem Sinn sind die molekularen Veränderungen effektiv gesehen selektionsneutral. Es sei jedoch angemerkt, dass es sich hier um eine andauernde Debatte mit vielen quantitativen Tests und Versuchen handelt, zu der bisher kein abschließendes Urteil bezüglich des Neutralismus gefällt werden konnte bzw. keine geeignete Messmethode gefunden wurde (Nei 2005; siehe zu einer Übersicht zu quantitativen Tests Kreitman 2000). Man kann jedoch bereits sagen, dass es beim Neutralismus und dem so genannten Selektionismus nicht um ein Entweder-oder, sondern um ein Mehr-oder-weniger geht (Plutynski 2007).

Vor diesem Hintergrund möchten wir nun Stellung zu dieser Debatte beziehen, weil der Neutralismus offensichtlich eine Herausforderung für unsere im vorherigen Unterkapitel geschilderte Position darstellt und auch für unser Verständnis von biologischen funktionalen Eigenschaften relevant ist. Wie sich empirisch zeigen lässt, finden sich beispielsweise Aminosäuresubstitutionen in Proteinen (bedingt durch Genmutationen in der jeweiligen DNA-Sequenz) in den für den Organismus wichtigen Proteinen, wie beispielsweise Hämoglobin, bzw. in funktional wichtigen Teilen der jeweiligen Proteine weniger häufig (siehe Nei 2005). Dieser Punkt veranschaulicht die bisherige Debatte: Ohne Frage gibt es genetische Veränderungen, die hauptsächlich zu durch die Mutationsrate bedingten Veränderungen innerhalb von Arten und zwischen verschiedenen Arten führen. Sofern solche regelmäßig auftretenden Unterschiede keine wesentlichen funktionalen Unterschiede mit sich bringen, kann natürliche Selektion nicht wirken, und es ist durchaus möglich, dass es zu einer Fixation bestimmter DNA-Sequenzen kommt, obwohl diese nicht durch die natürliche Selektion geleitet ist. In diesem Sinn denken wir, dass die Position des so genannten Neodarwinismus abzuschwächen bzw. dass von einem Panselektionismus abzusehen ist. In anderen Worten bedeutet dies, dass etwas eine funktionale Eigenschaft unabhängig davon sein kann, ob es durch natürliche Selektion, Zufall oder durch Gentechnik entstanden ist (siehe auch P. McLaughlin 2005). Doch, und damit verschwindet der angesprochene Konflikt mit unserer Position, sobald genetische Veränderungen funktionale Veränderungen mit sich bringen, wirkt das Prinzip der natürlichen Selektion im klassischen Sinn. Die Frage, die wir im Allgemeinen hier und bezüglich der Genetik an späterer Stelle noch behandeln werden (Kapitel 4.3), betrifft somit die Bedingungen, unter denen genetische Unterschiede funktionale Unterschiede mit sich bringen, wenn sie beispielsweise zuvor funktionsneutral gewesen sind.

Kommen wir auf das eingangs erwähnte Beispiel der Galápagosfinken zurück. Wir hatten angenommen, dass die auf Insel *a* vorhandenen Unterschiede hinsichtlich bestimmter Eigenschaften dort keinerlei Fitnessunterschiede mit sich bringen. Allerdings wurden diese Unterschiede entsprechend der vorhandenen unterschiedlichen Flora und Fauna auf Insel *b* und *c* selektiert – und zwar auf unterschiedliche Weise. Um vorab unsere Position bereits an dieser Stelle zu skizzieren, möchten wir darauf hinweisen, dass sich verändernde Umweltbedingungen die Wahrscheinlichkeit erhöhen, dass vorhandene Unterschiede innerhalb der Population verstärkt abnehmen. Dabei spricht man oftmals auch von unterschiedlichem Selektionsdruck, der zur Abnahme von Unterschieden führt. Auf Insel *a* gab es in unserem Beispiel keinen Selektionsdruck bezüglich unterschiedlicher Schnabelgröße, weil die vorhandenen Ressourcen sowohl mit kleinen als auch mit großen Schnäbeln ausreichend genutzt werden konnten. Demgegenüber liegt für die Galápagosfinken auf den Inseln *b* und *c* eine andere Flora und Fauna vor, in der die Schnabelgröße im Zugang zu Ressourcen sehr wohl eine Rolle spielt und somit ein Selektionsdruck vorliegt. Selektionsdruck ist dabei eine meist spezifische Wechselwirkung zwischen den kausal-dispositionalen Eigenschaften von Organismen und Umwelt. Ein vorhandener Selektionsdruck auf Eigenschaftsunterschiede zwischen Organismen einer Population wird durch die vorhandene relevante Umwelt bestimmt – und ist natürlich auch zwischen Populationen unterschiedlicher Arten möglich, sofern diese sich beispielsweise in ihrer Nische überschneiden oder in einem Räuber-Beute-Verhältnis zueinander stehen. In diesem Sinn werden wir im Kontext molekularbiologischer Forschung den Neutralismus im nächsten Kapitel ausführlich diskutieren und unsere Position eingehender begründen (4.3).

Hinzu kommt, dass neue Eigenschaften mit einer bestimmten Wahrscheinlichkeit in der Population auftreten. Die Frage ist nun, ob der Selektionsdruck neben dem Effekt, Unterschiede zu verringern, im Falle einer sich verändernden Umwelt auch dazu führen kann, dass sich bestimmte Wahrscheinlichkeiten derart verändern, dass neue Eigenschaften in der Population beispielsweise eher bestehen bleiben bzw. sich verbreiten können. Es wird oft gesagt, dass der Selektionsdruck zur Veränderung umso höher wird, je weiter ein Organismus (oder Population bzw. Art) von optimaler

Anpassung entfernt ist. Dies ist jedoch vorsichtig und vor allem nicht teleologisch zu verstehen – nämlich nur so, dass, sobald eine neue Eigenschaft auftritt und diese zu einer verbesserten Anpassung führt, die Wahrscheinlichkeit, dass diese neue Eigenschaft aufgrund natürlicher Selektion in der Population bestehen bleibt bzw. sich bis hin zur Fixierung ausbreitet, umso höher ist, desto stärker die Fitness der Organismen bzw. der Population von der sich verändernden Umwelt betroffen ist. Kurz gesagt: Eine sich verändernde Umwelt kann, wie bereits Darwin vermutet hat, in neue Evolutionsrichtungen führen, die zuvor relativ unwahrscheinlich waren. Umgekehrt bedeutet dies, dass die Wahrscheinlichkeit der Fixierung einer neuen Eigenschaft umso niedriger ist, je besser der Organismus (bzw. die Population bzw. die Art) bereits angepasst ist. Vor diesem Hintergrund wird ganz allgemein verständlich, weshalb die Wahrscheinlichkeit für Evolution – im Sinn eines Abnehmens von Unterschieden und auch im Sinn der Durchsetzung neuer Eigenschaften – vor allem durch die sich verändernde relevante Umwelt beeinflusst wird.

3.3 Das Kriterium für kausale biologische Strukturen

Was Leben ist, scheint uns einerseits sehr vertraut zu sein, weil wir Lebendigem in sehr vielfältiger Weise jeden Tag begegnen. Auf der anderen Seite ist es seit jeher eine höchst umstrittene Frage, wie Leben genau zu definieren ist, was Leben auszeichnet. Eine wesentliche Schwierigkeit dabei ist, notwendige und hinreichende Bedingungen zu finden, um Belebtes von Unbelebtem abzugrenzen. Dieses Unterkapitel hat weder den Anspruch, diese Debatte in ihrer Fülle zu diskutieren, noch möchten wir eine völlig neue Position hinzufügen (siehe zur Diskussion verschiedener Ansätze beispielsweise Mayr 2002, Kapitel 3, siehe auch J. M. Smith und Szathmáry 1999). Das Folgende ist vor allem eine abstrakte Reflexion über den Unterschied zwischen komplexen kausalen Strukturen, die gemeinhin als unbelebt verstanden werden, und solchen, die gemeinhin als belebt verstanden werden. Wir möchten dadurch den evolutionstheoretischen Ansatz noch weiter in den Zusammenhang der natürlichen Selektion stellen.

Einer der Gründe, weshalb die Definition von Leben eine offene

Debatte darstellt, besteht darin, dass die Entstehung von Leben bisher noch nicht vollständig erklärt bzw. nicht künstlich im Labor nachvollzogen werden konnte. Allerdings gibt es viele ausgesprochen interessante und auch vielversprechende Ansätze, dies eines Tages tun zu können. Darüber hinaus gibt es auch eine rein begriffliche Debatte, wie und ob Leben überhaupt nichtzirkulär definiert werden kann – und diese Debatte scheint unabhängig davon zu sein, ob wir die Entstehung von Leben im Labor nachvollziehen können oder nicht. Aus wissenschaftlicher Sicht wird allgemein angenommen, *dass* sich Leben aus Unbelebtem entwickelt hat und ein naturalistischer Ansatz zur Erklärung des Lebens möglich ist. Ohne über etwaige Details spekulieren zu wollen, können wir fragen, was für eine solche naturalistische Erklärung essenziell ist.

Ausgangspunkt unserer Überlegungen ist der nahezu universelle genetische Code, der nahe legt, dass es einen gemeinsamen Ursprung allen Lebens auf der Erde gibt. Hieraus folgt jedoch nicht, dass nur ein einziger Ursprung des Lebens möglich ist. Wir gehen davon aus, dass Leben auch ohne genau diesen genetischen Code möglich ist bzw. dass der genetische Code selbst ein Produkt der Evolution ist und nicht im Urorganismus vorlag. Der Grund für diese Annahme lässt sich vereinfacht darin sehen, dass der genetische Code relativ spezifisch ist und dies einen relativ komplizierten Mechanismus voraussetzt, der wahrscheinlich viele Evolutionsschritte benötigte (siehe J. M. Smith und Szathmáry 1999, Kapitel 1-5).

Darüber hinaus können beispielsweise Gene physikalisch durchaus anders als durch DNA realisiert sein – nämlich tatsächlich auch durch RNA. Eine uniforme Realisierung ist also nicht notwendig (siehe auch Rosenberg 1994, Kapitel 6). Für uns ist insofern wichtig, dass der bekannte genetische Code in seiner Besonderheit und bekannte Gene in ihrer physikalischen Realisierung nur dann konstitutiv für die Definition von Leben sein könnten, wenn sie genau in dieser Form notwendig wären. Dies ist jedoch auszuschließen, auch ohne darauf eingehen zu müssen, welche physikalischen Realisierungen möglich sind.

Wir möchten deshalb im Folgenden von konkreten physikalischen Details ein wenig Abstand nehmen und stellen als vorläufige Hypothese auf, dass sich Lebendiges im Wesentlichen durch *Vermehrung*, *Variation* und *Vererbung* konstituiert. Die Gründe dafür werden wir im weiteren Verlauf der Diskussion erläutern. An dieser

Stelle möchten wir diesen Schritt vor allem dadurch motivieren, dass wir einerseits einen Abstraktionsgrad erreichen, der verschiedene Vermehrungs- und Vererbungsmechanismen, mögliche andere genetische Codes oder andere physikalische Realisierungen von Genen einschließen kann. Andererseits schließen wir bereits alle uns bekannten und gemeinhin als unbelebt angesehenen Strukturen aus. Unsere Hypothese bringt es mit sich, dass ein klarer Bezug zur natürlichen Selektion vorliegt. Sobald Vermehrung (direkt oder indirekt) erfolgt, Variationen auftreten können und diese vererbt werden, kommt es zu natürlicher Selektion (abgesehen von den bereits erörterten Situationen, die wir im Kontext des Adaptationismus und des Neutralismus besprochen haben).

Dieser Ausgangspunkt wirft somit die Frage auf, ob es Leben geben kann, ohne dass dies mit natürlicher Selektion zusammenhängt – dahingehend, dass natürliche Selektion in gewisser Hinsicht ein Kriterium für Belebtes konstituiert. Um diese Frage zu beantworten, möchten wir auf den Begriff der Anpassungsfähigkeit eingehen. Der wesentliche Punkt unseres Verständnisses von natürlicher Selektion, die auf den drei Prämissen Vermehrung, Variation und Vererbung basiert, ist folgender: Sie führt zu Evolution, die, *qua relativer Fitnessverbesserung*, immer neue Anpassungen an sich ändernde Umweltbedingungen mit sich bringt. Nehmen wir demgegenüber einmal an, dass es Lebendiges ohne Anpassungsfähigkeit gäbe. Beispielsweise könnten wir uns Strukturen mit ganz bestimmten Eigenschaften vorstellen und, aus welchem nichtarbiträren Grund auch immer, diese Strukturen als lebendig bezeichnen. Die Frage ist jedoch, welche Überlebenschance ein solches Leben ohne Anpassungsfähigkeit hätte. Da wir davon ausgehen, dass sich die Umweltbedingungen stetig ändern, ist es praktisch ausgeschlossen, dass das wie auch immer geartete Leben auf Dauer bestehen kann, ohne sich durch eigene Veränderung an die neuen Umweltbedingungen anzupassen. Leben setzt demnach voraus, sich in einer stetig ändernden Umwelt stets neu anpassen zu können.

Rein theoretisch ist eine solche Anpassung *ohne* Vermehrung, Variation und Vererbung möglich – doch praktisch erscheint dies ebenfalls ausgeschlossen. Grund dafür ist, dass bei jedweder Entstehung von Leben im Universum aus Unbelebtem direkt eine Lebensform entstanden sein müsste, die anpassungsfähig ist, ohne diese Anpassungsfähigkeit durch Vermehrung, Variation und Vererbung zu erlangen.

Stimmen wir also darin überein, dass Leben ohne Anpassungsfähigkeit unwahrscheinlich ist und Anpassungsfähigkeit, die unter anderem zu uns bekanntem Leben führt, praktisch nicht ohne Vermehrung, Variation und Vererbung geschehen kann, scheint es plausibel, anzunehmen, dass natürliche Selektion konstitutiv für Leben ist, weil sich natürliche Selektion ergibt, sobald Vermehrung, Variation und Vererbung auftreten. In diesem Sinn besteht die Suche nach der Entstehung des Lebens darin, Bedingungen zu schaffen, bei denen es zur natürlichen Selektion von (um Dawkins Terminologie zu verwenden) Replikatoren kommt (Dawkins 1986/deutsch 1987, Kapitel 5; siehe auch Wilson 2007).

Natürliche Selektion ist dabei selbstverständlich nicht als Agentin zu verstehen, die entscheidet, auf wen sie Einfluss nimmt und auf wen nicht. Natürliche Selektion ist, in einem weiten Sinne, nichts anderes als das Resultat der kausalen Interaktionen zwischen Entitäten. Es ist somit nicht so, dass das »Neue« bei der Entstehung des Lebens etwa darin liegen würde, dass die physikalischen Gesetze andere wären oder neue Gesetze hinzutreten würden. Neu ist, dass sich die Relevanz von bestimmten Eigenschaften ändert. Natürliche Selektion führt in einer sich stetig ändernden Umwelt dazu, dass Replikationseigenschaften relevanter werden als andere. In diesem Kontext bekommt natürliche Selektion einen engeren Sinn – nämlich denjenigen, der Grund für eine an relativen Fitnessverbesserungen orientierte Evolution zu sein (wobei sich Fitness an dieser Stelle auf Replikatoren und Evolution auf Frequenzänderungen dieser bezieht). Diese Zusammenfassung versuchen wir nun dadurch zu erläutern, dass wir eine ganz abstrakte Geschichte der Entstehung des Lebens erzählen – so abstrakt, dass sie auf die uns noch unbekannte naturalistische Erklärung des Lebens zutrifft.

Stellen wir uns die Welt als die Verteilung mikrophysikalischer Objekte in der Raumzeit vor, die in bestimmter Weise miteinander verbunden sind und so jeweils lokale physikalische Strukturen bilden (siehe Kapitel 2.4). Nun können wir die Frage stellen, welche komplexeren physikalischen Strukturen zwischen mikrophysikalischen Objekten mit welchem Durchschnittswert zu einem gewissen Zeitpunkt vorkommen und bestehen können – Moleküle beispielsweise. Hintergrund dieser Überlegung ist, dass bloße Relationen zwischen mikrophysikalischen Objekten nichts Lebendiges darstellen – es sich also um etwas Komplexeres handeln muss. Wesentliche Faktoren für das Vorkommen und Bestehen von komplexeren Strukturen sind einerseits das Entstehen dieser Strukturen und andererseits die Stabilität bzw. Wahrscheinlichkeit, eine gewisse Zeit bestehen zu bleiben. Das Entstehen hängt, weiterhin abstrakt gesprochen, im Wesentlichen davon ab, ob genügend Komponenten vorhanden sind. Des Weiteren hängt es davon ab, wie wahrscheinlich das Entstehen der jeweiligen komplexeren Struktur ist – ob es beispielsweise von sehr spezifischen Umweltbedingungen abhängt oder ob die Entstehung relativ spontan verläuft, sofern die jeweiligen Komponenten nur vorhanden sind. Die Stabilität andererseits hängt wesentlich von der Stärke der Bindungen zwischen den Komponenten ab, wobei klar ist, dass diese Stabilität bei unterschiedlichen Umweltbedingungen variieren kann.

Ohne uns mit physikalischen und chemischen Details zu befassen, können wir nun abstrakt betrachten, wie eine komplexe physikalische Struktur beschaffen sein müsste, um öfter vorzukommen als eine andere, die aus ähnlichen Komponenten zusammengesetzt ist. Das Resultat ist ein Zusammenspiel aus Entstehungswahrscheinlichkeit und Stabilität – wobei beide Faktoren von der jeweiligen Umwelt abhängen, die sich ihrerseits verändert. Es liegt nun nahe, diesen Einfluss der Umwelt auf die entsprechende Entstehungswahrscheinlichkeit und Stabilität einer komplexen physikalischen Struktur selbst vom Vorhandensein der jeweiligen Struktur direkt oder indirekt abhängig zu machen. Allgemeiner möchten wir damit zum Ausdruck bringen, dass das Vorhandensein einer physikalischen Struktur der Entstehung gleicher physikalischer Strukturen förderlich bzw. hinderlich sein kann.

Ohne von natürlicher Selektion zu sprechen, kann die bisherige Entwicklung oder das etwaige Entstehen eines Fließgleichgewichts (steady state) aus den Gesetzen der Physik (bzw. Chemie) abgeleitet werden. Was fehlt einem solchen Szenario, dass wir von Leben sprechen können oder dass von natürlicher Selektion (im engeren Sinne) die Rede sein kann? Es ist einerseits das Auftreten von Veränderungen, die einen Einfluss auf das bisher Untersuchte haben, und andererseits das »Vererben« solcher Veränderungen.

Das Auftreten von Veränderungen ist leicht in das bisherige Bild zu integrieren. Die Bindungen zwischen den einzelnen Komponenten einer komplexen Struktur besitzen jeweils eine bestimmte Stärke, die unter unterschiedlichen Umweltbedingungen variieren kann. Es erscheint dabei durchaus plausibel anzunehmen, dass bestimmte Komponenten der komplexen Struktur zeitweise oder konstant ausgetauscht werden und dass sich somit die Struktur insgesamt ändern kann.

Die Verknüpfung von Vererbung und Veränderung beginnt dann, wenn eine solche Strukturveränderung einen Einfluss auf das Entstehen einer Kopie (oder zumindest Teilkopie) ausübt – in anderen Worten: Wenn eine Strukturveränderung zu unterschiedlichen Eigenschaften führt (in dem Sinn, dass dies der Entstehung und der Stabilität gleicher Strukturen förderlich ist). Da dies immer nur eine Frage der Zeit ist – aufgrund sich verändernder Umweltbedingungen und statistisch auftretender Strukturveränderungen –, stehen wir am Beginn der natürlichen Selektion als einem optimierenden Prozess. Unter »optimierend« verstehen wir, dass solche physikalischen Strukturen gegenüber anderen physikalischen Strukturen statistisch öfter vorkommen, sofern deren Entstehungswahrscheinlichkeit und deren Stabilität relativ hoch ist – was selbst aus deren eigener Struktur resultieren kann.

Gegen diesen reduktionistisch anmutenden Ansatz kann man einwenden, dass es einen wesentlichen Unterschied zwischen Selbstreplikation und Selbstreproduktion gibt, der hier nicht hinreichend berücksichtigt ist. Selbstreplikation kann es beispielsweise auch bei unbelebten Molekülen geben. Selbstreproduktion dagegen bezieht sich vereinfacht auf die Erhaltung der organismischen Identität unter ständigem Stoffwechsel. Dabei ist allerdings nicht klar, worauf sich der Ausdruck »Selbst« genau bezieht, weil sich jeder Organismus über die Zeit hinweg verändert. Solange dieses allgemein bekannte Problem besteht, so der Einwand, bleiben notwendigerweise auch alle Definitionsversuche von Leben zirkulär – eben weil sich Leben mehr durch Selbstreproduktion als durch Selbstreplikation definiert.

Wir gestehen zu, dass Selbstreproduktion charakteristischer für Leben erscheint als bloße Selbstreplikation. Wenn ein relativ einfaches Molekül die Eigenschaft besitzt, sich selbst zu replizieren, folgt daraus nicht unbedingt, dass dieses Molekül lebendig ist. Wie unsere Analyse gezeigt hat, ist Selbstreplikation in unserer Welt wahrscheinlich eine notwendige Bedingung für Leben, hinreichend, so wird oft behauptet, ist erst Selbstreproduktion. Die Frage ist dann allerdings, wie sich der Unterschied zwischen beiden genauer spezifizieren lässt. Unter den für Leben anscheinend konstitutiven Aspekten der Vermehrung, der Variation und der Vererbung läßt sich kein wesentlicher Unterschied feststellen. Sich selbst replizierende Strukturen besitzen gegenüber selbstreproduzierenden Strukturen lediglich weniger komplexe Mechanismen oder Möglichkeiten der Vermehrung, Variation und Vererbung. Wir sprechen uns daher dafür aus, den Unterschied zwischen Selbstreplikation und Selbstreproduktion im Wesentlichen als einen graduellen anzusehen. Die Fähigkeit sich selbst reproduzierender Organismen, beispielsweise einen komplizierten Metabolismus zu besitzen, über den einfache sich replizierende Moleküle nicht verfügen, ist, so scheint es, im Wesentlichen eine durch Vermehrung, Variation und Vererbung hervorgebrachte Anpassungsstragie. Leben erst mit Selbstreproduktion in Verbindung zu bringen erscheint uns somit arbiträr, weil alles Wesentliche bereits bei sich selbst replizierenden Strukturen vorliegt.

Wir möchten somit abschließend bemerken, dass diese Diskussion sich primär auf die Verbindung von Leben und das Prinzip der natürlichen Selektion bezieht. Etwas ist lebendig, sobald natürliche Selektion im Sinn einer relativen Fitnessverbesserung darauf wirken kann. Vor dem Hintergrund unserer Analyse sprechen wir uns dafür aus, die für Leben charakteristischen Eigenschaften vereinfacht in der Fähigkeit der Selbstreplikation zu sehen, *sofern* die Möglichkeit von Variation und Vererbung dieser Variation vorliegt, damit es zu einer an relativer Fitnessverbesserung orientierten Evolution kommen kann. Die wesentliche Rolle, die wir hierdurch dem Prinzip der natürlichen Selektion zugestehen, ist jedoch begrifflich von der Idee des gemeinsamen Ursprungs zu trennen. Auch wenn es gute Argumente dafür gibt, dass im Falle von Leben auf anderen Planeten das Prinzip der natürlichen Selektion ebenfalls wichtig ist (es kann auch sein, dass beispielsweise Gendrift eine bedeutendere Rolle spielt), sagt das nichts darüber aus, dass das Leben auf einem solchen Planeten auch einen gemeinsamen Ursprung besitzt (siehe beispielsweise Sober und Orzack 2003).

3.4 Biologische Funktionen und funktionale Erklärungen

In diesem letzten Unterkapitel befassen wir uns mit dem Begriff der »biologischen Funktion« und dem der »funktionalen Erklärungen«, womit wir kausale biologische Strukturen in den größeren Rahmen dieses Buchs stellen möchten. Der Begriff der biologischen Funktion hat sich in der an Darwin anschließenden Debatte gewandelt – weg vom teleologisch geprägten Begriff hin zur biologischen Funktion, die sich über kausale Dispositionen und Beiträge zur Fitness definieren lässt (siehe Arp 2007, Lewens 2007, Sachse 2007, S. 222-228, Weber 2005, Kapitel 2.4; siehe aber auch Ariew und Ernst 2009 gegen einen solchen Ansatz; zum Begriff der Teleologie in der Biologie siehe Toepfer 2005). Dieser Wandel reflektiert die Entwicklung der modernen Naturwissenschaften, nicht zuletzt durch den Einfluss der Evolutionsbiologie. Er läuft auf eine Naturalisierung des biologischen Funktionsbegriffs hinaus. Dabei gibt es zwei Hauptströmungen, die sich unter dem Ansatz der *ätiologischen Theorie* einerseits und dem der *kausal-dispositionalen Theorie* andererseits zusammenfassen lassen.

Der ätiologische Ansatz definiert biologische Funktionen unter Bezugnahme auf ihre evolutionäre Vorgeschichte (siehe Wright 1973 und P. McLaughlin 2005). Die Funktion des Herzens definiert sich beispielsweise dadurch, dass Herzen Organismen in der Vergangenheit einen Selektionsvorteil verschafft haben. Um den Vorteil dieses Ansatzes hervorzuheben, wenden wir uns der Frage zu, aufgrund welcher Kriterien wir eine Eigenschaft funktional definieren können. Gemäß der kausalen Theorie von Eigenschaften *besteht* eine Eigenschaft ganz allgemein darin, bestimmte Wirkungen zu produzieren (Kapitel 2.1). Für die Biologie benötigen wir jedoch einen engeren Funktionsbegriff als den *aller* Wirkungen einer Eigenschaft. Die Funktion einer Eigenschaft im Sinn der Biologie sind deren *charakteristische* biologische Wirkungen (und Ursachen).

Ein Herz besitzt jedoch viele verschiedene Wirkungen. Wir bezeichnen die Wirkung, Blut zu pumpen, als eine charakteristischere Wirkung gegenüber der Wirkung, Geräusche zu verursachen, rot zu erscheinen oder ein bestimmtes zusätzliches Gewicht für den Organismus zu bedeuten. Wie aber lässt sich die Wirkung, Blut zu pumpen, von den anderen möglichen Wirkungen des Herzens als *objektiv* charakteristisch oder zumindest charakteristischer herausgreifen? Der ätiologische Ansatz verweist auf die evolutionäre Vergangenheit: Sofern in der Vergangenheit Organismen mit Herzen vor allem deshalb überlebt haben, weil sie durch das Herz in der Lage waren, Blut zu pumpen – und nicht etwa, weil Herzen Geräusche verursachen, rot erscheinen oder ein zusätzliches Gewicht für den Organismus darstellen –, so lässt sich die »Herzfunktion« in erster Linie durch das Pumpen von Blut charakterisieren. Die Funktion, ein Herz zu sein, ist demnach durch selektive Vorteile in der Vergangenheit definiert, wodurch auch erklärt wird, weshalb es heute noch Organismen mit Herzen gibt. In diesem Sinn ist der Unterschied zu einer physikalischen Beschreibung evident; Letztere orientiert sich nicht an selektiven Vorteilen oder Ähnlichem.

Der offensichtliche Nachteil des ätiologischen Ansatzes betrifft das jeweilige erste Auftreten einer Eigenschaft in der Evolutionsgeschichte, weil in einem solchen Falle diese Eigenschaft noch keine Vergangenheit besitzt, auf der die funktionale Definition basieren könnte. In gleicher Weise stellt eine Funktionsänderung ein Problem für den ätiologischen Ansatz dar. Stellen wir uns so etwas wie das erste Auftreten eines Herzens vor. Gemäß dem ätiologischen Ansatz ist es nicht möglich, dieses »erste« Herz als funktionale Eigenschaft zu definieren – weil es noch keine Vergangenheit dieses Herzens gibt, in der es durch Pumpen von Blut beispielsweise einen Fitnessbeitrag geleistet hat. Im Zuge des medizinischen Fortschritts stellt die Wirkung des Herzens, Geräusche zu verursachen, einen wichtigen Beitrag zur Krankheitsdiagnose von Patienten dar. Gemäß dem ätiologischen Ansatz ist es aber nicht möglich, die Wirkung, Geräusche zu machen, in den Funktionsbegriff des Herzens einzubeziehen, weil, wie gesagt, dies in der Vergangenheit nicht der Fall war.

Vor diesem Hintergrund können wir zusammenfassen, dass jeder Ansatz, den biologischen Funktionsbegriff zu definieren, umso problematischer erscheint, je *statischer* dieser aufgefasst wird. Den biologischen Funktionsbegriff mit Hilfe eines klaren Kriteriums zu definieren verleiht dem ätiologischen Ansatz einerseits Attraktivität. Es entspricht andererseits aber nicht dem Geiste der Evolutionsbiologie, biologische Funktionen derart zu definieren, dass diese sich nicht ändern können. Wie wir bei unserer Betrachtung der Begriffe der Fitness (3.1) und der Umwelt (3.2) gesehen haben, hängt der Fitnesswert von der relevanten Umwelt ab. Da sich die Umweltbedingungen stetig ändern, ist es ausgeschlossen, dass beispielsweise das gleiche Organ stets die gleiche funktionale Eigenschaft hat. Ein klassisches Beispiel ist die Funktion des Blinddarms, welcher der ätiologische Ansatz nicht gerecht werden kann, weil sich die Blinddarmfunktion im Laufe der Evolution stark verändert hat. Es liegt somit nahe, einen Ansatz zu vertreten, der Funktions*änderungen* besser berücksichtigen kann.

Der kausal-dispositionale Ansatz definiert eine biologische Funktion als kausale Disposition, Wirkungen hervorzubringen, die im Zusammenhang mit der Fitness stehen (siehe insbesondere Cummins 1975, Bigelow und Pargetter 1987 sowie Weber 2005, Kapitel 2.4). Betrachten wir beispielsweise eine Pflanze mit einem Gen, das (gegeben bestimmte Umweltbedingungen) zur Produktion von roten Blütenblättern führt. Dem kausal-dispositionalen Ansatz zufolge ist das Gen im Falle der Produktion der roten Blütenblätter die Funktion oder funktionale Eigenschaft, diese zu produzieren (oder dazu beizutragen) und dadurch einen Beitrag zur Fitness der Pflanze zu leisten.

Dieser Ansatz hat keine Schwierigkeiten, neu auftretende Eigenschaften oder Veränderungen der Funktion einzubeziehen. Mit dem ersten Auftreten einer Genmutation, die einen positiven Einfluss auf die Fitness des Organismus hat, kann dieser Mutant entsprechend seinem Fitnessbeitrag als funktional betrachtet werden. Es ist nicht nötig, dass dieser Mutant oder Mutanten des gleichen Typs einen Fitnessbeitrag in der Vergangenheit geleistet haben. Ebenso ist es möglich, Funktionsveränderungen gerecht zu werden. Dass beispielsweise die Funktion des Blinddarms für uns eine untergeordnete Rolle spielt, lässt sich nun dadurch zum Ausdruck bringen, dass die möglichen Manifestationen der Eigenschaften des Blinddarms nur noch selten zur Fitness von Menschen beitragen.

Der offensichtliche Vorteil dieses Ansatzes – einen flexiblen, kontextabhängigen Funktionsbegriff auszudrücken – stellt jedoch ein Problem für eine realistische Position dar. Die Funktion des Herzens ist es vor allem, Blut zu pumpen, weil dies einen wesentlichen Fitnessbeitrag für den Organismus mit sich bringt. Unter bestimmten Umständen, im Krankenhaus beispielsweise, ist auch die Wirkung, Geräusche zu verursachen, fitnessrelevant. Es kann somit nicht mehr von *der* Funktion des Herzens gesprochen werden, weil die Funktion vom Kontext abhängt. Deshalb stellt sich die Frage, wie genau das Herz oder das Gen für rote Blütenfarbe reale biologische Eigenschaften sein können, die es in der Welt gibt – angesichts der Tatsache, dass sich deren Funktion stetig ändert (ändern kann).

Der wesentliche Punkt hierbei ist, dass beispielsweise die Genvorkommnisse eines bestimmten Typs nicht zu jeder Zeit den gleichen Fitnessbeitrag leisten. Was rechtfertigt es dann, von Vorkommnissen *eines* Typs zu sprechen? Die Frage zielt auf das Verständnis einer *biologischen Disposition* ab, deren Manifestation von der Umwelt abhängt – und diese Manifestation und somit der Fitnessbeitrag können sich zwischen verschiedenen Individuen stark unterscheiden. Was ist beispielsweise die Funktion eines Gens für die Blütenfarbe in Europa und in der Sahara, wenn die Umweltbedingungen derart sind, dass rote Blütenblätter nur in Pflanzen in Europa hervorgebracht werden, nicht aber in der Sahara? Ein ähnliches Beispiel ist die Frage nach der Funktion dieses Gens im winterlichen Europa, wo es ebenfalls zu keiner Manifestation der Blütenfarbe kommt. Ist das Gen auch im Falle einer nichtmanifestierten Disposition eine reale, biologische funktionale Eigenschaft?

Gegen eine solche Annahme spricht, dass vor allem im Falle einer Manifestation ein Beitrag zur Fitness des Organismus erfolgt. Andererseits müssen wir auch bedenken, dass die permanente Manifestation von roten Blütenblättern unabhängig von Umweltbedingungen den Fitnessbeitrag verringern würde. Somit können wir im Falle des Gens für rote Blütenblätter schließen, dass die Möglichkeit einer Nichtmanifestation von roten Blütenblättern im Winter durchaus einen Beitrag zur Fitness darstellt und dies auch in der funktionalen Definition des Gens berücksichtigt werden kann. Rote Blütenblätter im Winter zu produzieren kostet relativ viel Energie, ohne einen Nutzen zu bringen. Diese Energie nur dann einzusetzen, wenn sie der Fitness der Pflanze am förderlichsten ist, erhöht die Funktionalität des Gens mehr als es sie verringert. Um den zu Beginn als Problem, nun aber sich als Vorteil herausstellenden Punkt zu verdeutlichen, lohnt sich der Vergleich mit physikalischen Eigenschaften.

Ontologisch gesehen bringen die kausalen Dispositionen der fundamentalen Physik zu jeder Zeit Wirkungen hervor (siehe Kapitel 2.1 und 2.5). Dies ist bei biologischen kausalen Dispositionen nicht der Fall. Sie sind ontologisch immer vorhanden, sofern die physikalischen Strukturen, mit denen sie identisch sind, vorhanden sind – aber sie sind nicht immer manifestiert. Genauer gesagt produzieren die betreffenden physikalischen Strukturen ständig bestimmte Wirkungen (weil kausale Dispositionen der fundamentalen Physik zu jeder Zeit Wirkungen hervorbringen), aber dies sind nicht immer die Wirkungen, aufgrund derer die Strukturen eine biologische Funktion haben. Diese Tatsache ist jedoch weder verwunderlich, noch widerspricht sie dem, was wir in diesem Kapitel bisher erörtert haben; der Fitnessbeitrag einer physikalischen Struktur, die eine biologische Eigenschaft ist, ist kontextabhängig. Aus Sicht des Fitnessbeitrags ist es darüber hinaus ein klarer Vorteil, dass Organismen die Manifestation vieler ihrer biologischen kausal-dispositionalen Eigenschaften direkt oder indirekt regulieren können.

Es stellt somit keinen Einwand gegen unsere Theorie kausal-dispositionaler Eigenschaften dar, dass die Manifestation roter Blütenblätter im Frühling *charakteristischer* für das jeweilige Gen ist als die Nichtmanifestation roter Blütenblätter im Winter. Biologische Eigenschaften zeichnen sich durch ihren jeweiligen Fitnessbeitrag aus, der entsprechend der vorhandenen relevanten Umwelt *variieren* kann. Es ist somit ein Charakteristikum kausaler biologischer Strukturen, dass sich ihre Funktionalität verändern kann, und es ist ein Vorteil des kausal-dispositionalen Ansatzes, in der Definition biologischer Funktionen sich stetig ändernde Umweltbedingungen berücksichtigen zu können. Genvorkommnisse für rote Blütenfarbe sind Vorkommnisse des gleichen Typs, nicht weil sie alle zu jeder Zeit immer die gleiche Funktion besitzen und den gleichen Fitnessbeitrag leisten, sondern weil sie unter ähnlichen Umweltbedingungen hinreichend ähnliche Fitnessbeiträge erbringen. Die Genvorkommnisse für rote Blütenfarbe im Winter in Europa, im Sommer in Europa und in der Sahara sind Vorkommnisse des gleichen Typs – weil sie, wenn sich ihre Umweltbedingungen nur gleichen würden, einen hinreichend ähnlichen Fitnessbeitrag leisten würden. Das genügt, um sie unter einem Typ zusammenzufassen.

Welcher unter den unzähligen möglichen Fitnessbeiträgen einer biologischen Eigenschaft nun der wesentliche bzw. charakteristische ist, stellt somit ein lediglich epistemisches Problem dar – und eines, das auf den ätiologischen Ansatz in gleicher Weise zutrifft. Epistemisch nehmen wir durchaus regelmäßig Bezug auf die Vergangenheit, wie es im ätiologischen Ansatz üblich ist. Das ändert jedoch nichts an der Tatsache, dass ontologisch feststeht, was die Funktion einer biologischen Eigenschaft in ihrer jeweilig relevanten Umwelt gemäß dem kausal-dispositionalen Ansatz ist.

4. Fallstudie: klassische und molekulare Genetik

4.0 Einführung und Überblick

Wie wir im vorherigen Kapitel (3.3) gesehen haben, ist Leben an Anpassungsfähigkeit gebunden. Diese wird durch natürliche Selektion erreicht, sobald Eigenschaften und auftretende Eigenschaftsunterschiede von Generation zu Generation weitergegeben werden. Diese Weitergabe von Erbgut ist das Gebiet der Genetik. Wie aber hat die Genetik dazu beigetragen, die Evolutionsbiologie besser zu verstehen und die Tragweite der Evolution durch natürliche Selektion zu erfassen? Auf eine solch allgemein gestellte Frage gibt es natürlich viele verschiedene und berechtigte Antworten. Nehmen wir eine kleine historische Anekdote als Ausgangspunkt, um in dieses Kapitel einzuführen und es in den größeren Rahmen dieses Buchs zu stellen:

Zwei Wochen vor seinem Tod schrieb Charles Darwin einen kurzen Artikel über eine winzige Muschel. Sie klebte am Bein eines Käfers aus einem Teich in den englischen Midlands. Es war Darwins letzte Veröffentlichung. Der Mann, der ihm den Käfer geschickt hatte, war ein junger Schuhmacher und Amateur-Naturforscher namens Walter Drawbridge Crick. Der Schuhmacher heiratete später und hatte einen Sohn namens Harry. Dessen Sohn wiederum hieß Francis. Und dieser Francis Crick machte 1953 zusammen mit dem jungen Amerikaner James Watson eine Entdeckung, die zur triumphalen Bestätigung nahezu aller Erkenntnisse führte, die Darwin über die Evolution gewonnen hatte. (Ridley 2009)

In der Tat bedeutet die Entdeckung der DNA und die darauf einsetzende Forschung, die in der Etablierung der molekularen Genetik mündet, eine enorme Untermauerung der Evolutionstheorie. Wir können uns dazu das Beispiel der Finken der Galápagosinseln des vorherigen Kapitels in Erinnerung rufen und noch einmal darauf hinweisen, dass durch DNA-Analyse die Abstammung aller auf den verschiedenen Galápagosinseln vorhandenen Finkenarten von einem gemeinsamen Urahn nachgewiesen wurde, was somit Darwins Vermutung bestätigt (Sato et al. 2001). Wir möchten allerdings auch nicht vergessen, dass die genetische Forschung bereits vor 1953 zu einer ganzen Reihe von Bestätigungen der Evolutionstheorie führte bzw. diese die verschiedenen Disziplinen der Biologie nach und nach durchdrungen und damit auch verbunden hat. Zwischen Darwins letzter Veröffentlichung und der Entdeckung der molekularen Struktur der DNA liegt die so genannte große Synthese von Genetik und Evolutionstheorie.

Das Ziel dieses Kapitels ist es, die wesentlichen Punkte dieser großen Synthese und der Beziehung zwischen klassischer und molekularer Genetik zu diskutieren. Mit dieser Fallstudie möchten wir den wissenschaftlichen Beitrag von abstrakten Theorien erörtern, zu denen auch die Evolutionsbiologie gehört, die beispielsweise mit dem Prinzip der natürlichen Selektion derart abstrakt ist, dass dieses auf physikalisch und biologisch sehr unterschiedliche Organismen zutrifft und dennoch einen Erklärungsbeitrag leistet. Diese Erörterung bereitet dabei unsere allgemeinere Diskussion des nächsten Kapitels vor. Dabei stellen wir im ersten Unterkapitel (4.1), ausgehend von der klassischen Genetik, die sich im Anschluss an die Wiederentdeckung von Mendels Versuchen zu Beginn des 20. Jahrhunderts zu einer neuen Forschungsdisziplin innerhalb der Biologie etablierte, einen Bezug zum vorherigen Kapitel her, um dabei die große Synthese anhand einiger wesentlicher Punkte nachzuvollziehen. Daran anschließend wenden wir uns der molekularen Genetik zu, bei der detaillierte Kausalerklärungen im Vordergrund stehen (4.2). Vor dem Hintergrund der Diskussion dieser beiden genetischen Theorien stellt sich die Frage, wie beide Theorien in Verbindung zueinander stehen, wobei wesentliche, im vorherigen Kapitel diskutierte Themen und Positionen erneut zur Sprache kommen (4.3). In diesem Zusammenhang legen wir die Argumente sowohl für einen ontologischen Reduktionismus als auch den Grundstein für eine Theorienreduktion dar, die wir dann im folgenden Kapitel (5) allgemein erörtern werden. Anders ausgedrückt möchten wir anhand dieser Fallstudie unsere philosophische Diskussion einer konservativen Theorienreduktion durch einen klaren Bezug zur biologischen Forschung vorbereiten.

4.1 Der funktionale Genbegriff in der klassischen Genetik

Der Beginn der Genetik wird mit Gregor Mendel (1822-1884) in Verbindung gebracht (Mendel 1865). Die Ergebnisse seiner Züchtungsversuche an Erbsen (*Pisum sativum*) wurden zu Beginn des

20. Jahrhunderts in naturwissenschaftlichen Kreisen wiederentdeckt und bestätigt, woraus sich dann die Genetik als eigenständige Forschungsdisziplin relativ schnell entwickelte. Dabei hat sich im Laufe der Zeit und aufgrund anhaltender Forschung in den ersten Jahrzehnten des 20. Jahrhunderts vor allem die Methode, das technische Vokabular und der Gesetzescharakter gewandelt (es ist beispielsweise allgemein bekannt, dass die mendelschen Gesetze nicht allgemein gültig sind). Wir stellen jedoch im Folgenden heraus, dass die klassische Genetik einen Kern besitzt, der bis heute relevant ist. Unser Ziel ist es, diesen Kern im Vokabular der klassischen Genetik begrifflich zu rekonstruieren, um ihn dann im Anschluss an das folgende Unterkapitel mit der molekularen Genetik zu vergleichen und damit wesentliche Grundsteine für die Theorienreduktion zu legen, die wir im nächsten Kapitel diskutieren.

Dabei steht spezifisch für unseren Ansatz die funktionale Definition von Genen im Vordergrund – dass Gene vereinfacht als kausal-dispositionale Eigenschaften dadurch definiert werden, dass sie einen phänotypischen Unterschied mit sich bringen können (siehe dazu auch Sterelny und Griffiths 1999, S. 87-93, Waters 1994 und 2007 sowie Weber 2005, Kapitel 7). Das folgende Schema bietet einen Überblick über das gesamte Kapitel:

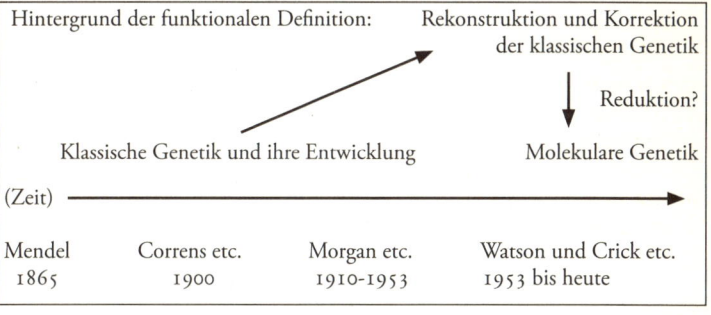

Abb. 5: Zum Verhältnis von klassischer und molekularer Genetik

Trotz der Verwendung von zunehmend unterschiedlichen Methoden in der Genetik, vor allem aus den Bereichen der Chemie und der Physik, und der Einführung und Veränderung von technischem Vokabular hat sich in der genetischen Forschung die implizite be-

griffliche Unterscheidung Mendels zwischen Genotyp und Phänotyp bis heute erhalten. Der Genotyp eines Organismus sind seine
Gene und somit dasjenige, was einerseits seine Vererbungsdisposi-
tion darstellt, die an die nächste Generation weitergegeben werden
kann, und andererseits die Disposition, bestimmte Phänotypen zu
entwickeln. Der Phänotyp ist – vereinfacht gesagt – das, was man
beobachten kann, die Manifestation bestimmter kausal-dispositionaler Eigenschaften des Genotyps. Der Begriff des Phänotyps wird
heutzutage jedoch nicht mehr nur dafür verwendet, auf das unmittelbar Beobachtbare hinzudeuten. Ein Phänotyp ist beispielsweise
auch klassisch die durch die Gene verursachte und regulierte Produktion von Proteinen, die dann unter anderem zu den mit dem
bloßen Auge beobachtbaren Wirkungen führen (Kitcher 1984).
Dabei hat sich im Laufe der genetischen Forschung gezeigt, dass
ein Gen einen kausalen Einfluss auf mehr als einen Phänotyp haben
kann und ein Phänotyp durch mehr als ein Gen beeinflusst sein
kann. Die Tatsache, dass die Zusammenhänge zwischen Genotyp
und Phänotyp sehr komplex sein können, ändert aber weder etwas
an der Genotyp-Phänotyp-Unterscheidung noch daran, dass Gene
im Sinn der kausal-dispositionalen Theorie von Eigenschaften als
Dispositionen aufgefasst werden können (siehe auch allgemein zum
Genbegriff in der Evolutionstheorie und Entwicklungsbiologie
Beurton, Falk und Rheinberger 2000, und zum Ansatz, Gene als
»Unterschiedsmacher« aufzufassen, Waters 1994 und 2007).

Der Übergang von der klassischen zur molekularen Genetik ist
fließend, weil sich beide Theorien auf die gleichen Entitäten beziehen können. Dabei kann die molekulare Genetik den Prozess vom
Genotyp zum Phänotyp detailliert kausal erklären, wohingegen die
klassische Genetik dazu oftmals nicht in der Lage ist bzw., vorsich-
tiger ausgedrückt, diesen auf einem anderen Abstraktionsniveau
erklärt. Die klassische Genetik setzt lediglich voraus, *dass* vererbbare Gene ursächlich für die beobachtbaren phänotypischen Eigenschaften von Organismen sind. Wie genau die zugrunde liegenden
Mechanismen aussehen – und wie die physikalische Basis für Gene
beschaffen ist –, fällt höchstens indirekt in ihren Bereich.

So ein indirekter Bezug ergibt sich jedoch bereits vor der molekularen Genetik aus der Synthese mit der Chromosomentheorie
von H. T. Boveri (1862-1915) und W. S. Sutton (1877-1916), die nahe
legt, dass Gene auf Chromosomen, anschaulich ausgedrückt, wie

Perlen auf einer Kette angeordnet sind. Seit jenen Tagen ist es ein wesentliches Ziel der genetischen Forschung, Genkarten zu erstellen (siehe auch Weber 1998). Wir sollten hierbei aber immer im Auge behalten, dass nur *aufgrund* von beobachtbaren phänotypischen Eigenschaften und statistischer Korrelationen darauf geschlossen wurde, dass es Gene gibt und wie diese in Relation zueinander auf den Chromosomen angeordnet sind. Die physikalische Basis von Genen und die molekularen Mechanismen sind hingegen Gegenstand der molekularen Genetik, die erst mit der Entdeckung der DNA im Jahre 1953 beginnt.

Vor dem Hintergrund dieses kurzen einführenden Überblicks möchten wir nun mit einer genaueren Analyse und philosophischen Reflexion über die klassische Genetik fortfahren. Gene sind mit etwas Physikalischem ontologisch identisch. Genauer gesagt ist jedes Genvorkommnis, ein so genanntes Allel, auch »Zustandsform des Gens« genannt, identisch mit einer physikalischen Struktur. Für die klassische Genetik ist vor allem relevant, *dass* Gene vorliegen und *was* diese Gene bewirken (Waters 2007). Unabhängig davon, dass es eine physikalische Basis eines jeden Gens gibt und wie diese Basis aussieht, können beispielsweise Typen von Genen im Vokabular der klassischen Genetik funktional definiert werden, womit die klassische Genetik klar an unsere vorherige Betrachtung von biologischen Funktionen im Kontext der Evolutionstheorie anschließt (3.4). In gleicher Weise, um stets den größeren Rahmen unserer Untersuchung im Auge zu behalten, kann natürliche Selektion unabhängig davon vorliegen, wie die Bedingungen für Vermehrung, Variation und Vererbung physikalisch realisiert sind (3.3).

Wie bereits mehrfach erwähnt, werden Gene in der Regel in Hinblick auf ihre phänotypischen Wirkungen charakterisiert. Lapidar sagt man, dass es Gene *für* die Augenfarbe, für die Schnabelgröße usw. gibt. Unterscheiden sich Gene in ihren Wirkungen – beispielsweise Galápagosfinken bezüglich ihrer Schnabelgrößen oder Menschen bezüglich ihrer Augenfarbe –, dann liegen unterschiedliche Allelformen der Gene vor. Allele des gleichen Typs bringen unter gleichen Umweltbedingungen gleiche Wirkungen hervor. Es ist jedoch nicht so, dass *jeder* beobachtbare Unterschied zwischen Individuen einen entsprechenden Genunterschied impliziert. Genetisch ähnliche oder gleiche Individuen können aufgrund unterschiedlicher Umwelten unterschiedliche beobachtbare

Eigenschaften entwickeln. Auch ist es möglich, dass genetisch unterschiedliche Individuen aufgrund unterschiedlicher Umwelten ähnliche oder gleiche beobachtbare Eigenschaften entwickeln. Wir möchten uns an dieser Stelle somit nicht auf einen genetischen Determinismus festlegen (siehe für eine gute Diskussion Rosenberg 2006, Kapitel 8). Uns kommt es hier allein darauf an, den Gentyp als einen relativ allgemeinen Begriff einzuführen, weil dieser in der Regel eine (nicht unbedingt sehr spezifizierte) Wirkung von Gen-Vorkommnissen (Allelen) zum Ausdruck bringt.

Das generelle Argument für eine solche funktionale Definition basiert auf dem Bezug zu wissenschaftlichen Erklärungen, die zum Ziel haben, wesentliche kausale Zusammenhänge hervorzuheben. Vor diesem Hintergrund verstehen wir ein Genvorkommnis, wie jedes andere biologische Eigenschaftsvorkommnis auch, als eine kausal-dispositionale Eigenschaft, deren jeweilige Manifestation von Standardbedingungen in der Umwelt abhängt (3.2). Die funktionale Definition von Genen, formuliert im Vokabular der klassischen Genetik unter Berücksichtigung der Tatsache, dass der Begriff der biologischen Funktion im evolutionstheoretischen Kontext verstanden wird, bringt dabei zum Ausdruck, welchen Fitnessbeitrag die jeweilige Manifestation (der kausal-dispositionalen Eigenschaft des jeweiligen Genvorkommnisses) für den Organismus bzw. die Population mit sich bringt. In anderen Worten bedeutet dies, dass sich Genvorkommnisse, die unter den Begriff F der klassischen Genetik fallen, in der relevanten Umwelt W durch ihre phänotypischen Wirkungen F_E charakterisieren. In diesem Sinn ist jeder Genbegriff implizit oder explizit durch den jeweils direkt oder indirekt hervorgebrachten Fitnessbeitrag definiert.

Sofern man die mal konkreteren, mal abstrakteren funktionalen Erklärungen, die sich aus dem Zusammenspiel von klassischer Genetik und Evolutionstheorie ergeben, auf begründet verallgemeinerungsfähige, das heißt gesetzmäßige funktionale Definitionen stützt, kann man diesem Ansatz eine wissenschaftliche Qualität zusprechen. Diese besteht vor allem darin, die kausalen Verbindungen zwischen Genen und Phänotypen aufzuzeigen und in den größeren Kontext der anderen Eigenschaften des Organismus und seiner relevanten Umwelt zu stellen und dabei stets den Rahmen der Evolutionstheorie im Auge zu behalten.

Funktionale Definition eines Gentyps der klassischen Genetik, die Ursache-Wirkungs-Beziehungen herausstellt:

(Gen-Typ) $F \longrightarrow F_E$ (Phänotypische Wirkung des Gens/Fitnessbeitrag)

Abb. 6: Funktionale Definition eines Gentyps der klassischen Genetik

Abschließend möchten wir nun auf drei zusammenhängende Punkte eingehen:

(1) Wir möchten im Auge behalten, dass die funktionalen Erklärungen der klassischen Genetik oftmals keine detaillierten kausalen Erklärungen sind. Dasselbe gilt für die ultimen Erklärungen der Evolutionstheorie. Im Vokabular der klassischen Genetik lässt sich das Auftreten einer phänotypischen Wirkung zwar mit Verweis auf ein vorhandenes Gen kausal erklären, ohne dabei jedoch einen genaueren Mechanismus darzulegen, wie das Gen zum Hervorbringen der phänotypischen Wirkung führt. Dies wird erst durch die molekulare Genetik erreicht.

(2) Diese Abstraktion von kausalen Details führt dazu, dass es *allgemeinere* funktionale Definitionen gibt als in der molekularen Genetik. Wie wir an späterer Stelle (vor allem in Kapitel 4.3) ausführlich erläutern werden, können beispielsweise molekular unterschiedliche Gene unter ein und denselben Begriff der klassischen Genetik fallen. In einem solchen Fall sprechen wir von multipler Realisation bzw. multipler Referenz. Die konkrete Untersuchung von multipler Realisation im Bereich der Genetik kann dabei als repräsentativ für die multiple Realisierung von Eigenschaften betrachtet werden, von denen die Evolutionsbiologie ganz allgemein handelt.

(3) An diese Abstraktion anschließend, in der wir den wesentlichen Kern der klassischen Genetik verorten, möchten wir nun kurz darauf eingehen, dass sich bestimmte Verallgemeinerungen der mendelschen Genetik als falsch herausgestellt haben (zur Falsifikation der mendelschen Gesetze siehe beispielsweise Sarkar 1998, Kapitel 5). Einerseits können wir sagen, dass viele Verallgemeinerungen seit der Wiederentdeckung der mendelschen Vererbungsgesetze modifiziert wurden. So gesehen gibt es seit den 1930er Jahren eine in sich kohärente genetische Theorie mit relativ klar beschriebenen Grenzen der Gültigkeit. Andererseits bleiben diese Grenzen,

das heißt, die Bedingungen, in denen die Verallgemeinerungen der klassischen Genetik Gültigkeit besitzen, ohne molekulare Kenntnisse der zugrunde liegenden Mechanismen unverstanden. Aus diesem Grund werden wir uns im folgenden Unterkapitel ausführlicher mit der molekularen Genetik auseinandersetzen, wobei wir bereits jetzt festhalten können, dass der erste und dritte hier erwähnte Punkt einen reduktionistischen Ansatz nahe legen, wohingegen der zweite einem solchen im Wege steht. All dies werden wir im dritten Unterkapitel (4.3) wieder aufgreifen, wenn wir die beiden genetischen Theorien eingehend miteinander vergleichen.

4.2 Kausale Erklärungen in der molekularen Genetik

Worum es sich bei der molekularen Genetik genau handelt, ist ebenso schwierig zu definieren wie bei der klassischen, hinzu kommt eine noch geringere historische Distanz. Vor diesem Hintergrund ist es sinnvoll, zunächst die Unterscheidung zwischen einer weiten und einer engen Definition der Molekular*biologie* von Olby (1990) aufzugreifen. Im engeren Sinn können wir die Molekularbiologie als molekulare *Genetik* verstehen, der es um die Erforschung des genetischen Informationsflusses und der damit zusammenhängenden molekularen Details geht, das heißt um die molekularen Mechanismen sowohl bei der Vererbung als auch beim Hervorbringen phänotypischer Wirkungen, die genetisch gesteuert sind. Demgegenüber umfasst die weite Definition der Molekularbiologie ganz allgemein die Zusammensetzung und Funktion biologischer Makromoleküle (entweder Organelle, Membrane und Proteine oder Nukleinsäuren und ihre jeweiligen Komponenten). Man kann die molekulare Genetik als eine von vielen Spezialdisziplinen der Biologie ansehen und die Molekularbiologie als ein »die ganze Biologie durchziehendes experimentelles und theoretisches Paradigma«, das sich durch seinen anhaltenden Erfolg auszeichnet (Rheinberger 2004, S. 642).

Im Jahre 1953 haben James D. Watson (*1928) und Francis H. C. Crick (1916-2004) die Struktur der DNA (Desoxyribonukleinsäure, auf Deutsch oftmals als DNS abgekürzt) entdeckt, welche die molekulare Basis unserer Gene darstellt (Watson und Crick 1953a, 1953b und 1954). Dies stellt den Beginn der molekularen Genetik dar, die weitaus mehr als nur das Studium der molekularen Struktur der Gene ist. Das bekannte Operonmodell (Jacob und Monod 1961), das allosterische Modell der Proteininteraktion (Changeux 1964) und der genetische Code (siehe dazu Nirenberg und Matthaei 1961 und Nirenberg und Leder 1964) sind, um nur einige zu nennen, ebenfalls große Errungenschaften der molekularen Genetik (bzw. der Molekularbiologie).

Wir beschränken uns in diesem Buch auf die Diskussion der DNA und des genetischen Codes. Wir sehen das größte philosophische Problem für die Möglichkeit einer Reduktion biologischer Theorien im Zusammenhang mit der DNA und dem genetischen Code situiert und somit stets im Bereich der Debatte klassische vs. molekulare Genetik verortet (für einen reduktionistischen Ansatz, der die Entwicklungsbiologie betrifft, siehe Rosenberg 2006). Der Grund für diese Einschätzung ergibt sich aus unserer späteren Diskussion der multiplen Realisierung (Kapitel 4.3), deren extremste und somit für einen reduktionistischen Ansatz am meisten herausfordernde Fälle im Bereich der DNA, des genetischen Codes und der Proteinsynthese zu finden sind.

Skizzieren wir deshalb kurz den kausalen Mechanismus, der von DNA-Sequenzen zur Proteinsynthese führt. DNA-Sequenzen besitzen die Disposition, dass von der Abfolge ihrer Basen ausgehend RNA-Moleküle transkribiert werden können. RNA (auf Deutsch manchmal auch als RNS abgekürzt) ist eine Ribonukleinsäure, die strukturell einer Polynukleotidkette der DNA sehr ähnlich ist. Der molekulare Mechanismus der Transkription selbst wird hauptsächlich durch eine spezielle Art Protein, die so genannte RNA-Polymerase, durchgeführt, die das RNA-Molekül synthetisiert, das heißt, herstellt. Jede übertragene Kette von RNA ergänzt sich zu einer »Negativkopie« der jeweiligen DNA. Hieran anschließend können wir (ebenfalls ohne auf molekulare Details eingehen zu müssen) die so genannte Translation darstellen. Wie der Ausdruck Translation nahe legt, findet eine Art Übersetzung statt, die im Wesentlichen die Synthese einer Kette von Aminosäuren ausgehend von der zuvor wie beschrieben transkribierten RNA darstellt. Die aus der DNA entstandene RNA enthält somit die genetische Information für den Aufbau eines Proteins, weil deren Primärstruktur eine Kette von Aminosäuren darstellt. Folgendes Schaubild fasst das Wesentliche übersichtlich zusammen:

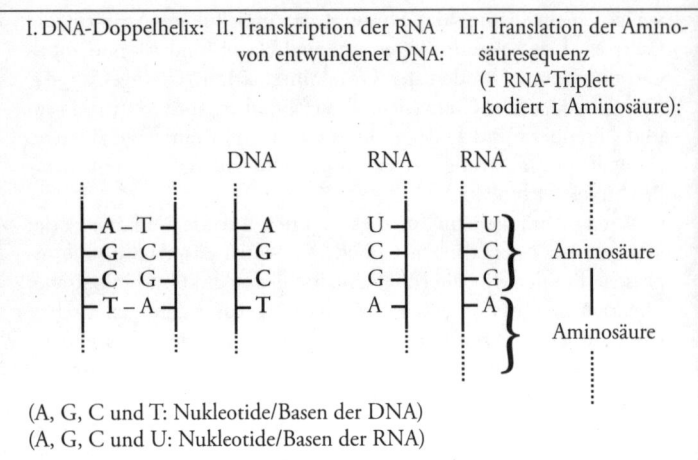

I. DNA-Doppelhelix: II. Transkription der RNA III. Translation der Amino-
von entwundener DNA: säuresequenz
(1 RNA-Triplett
kodiert 1 Aminosäure):

(A, G, C und T: Nukleotide/Basen der DNA)
(A, G, C und U: Nukleotide/Basen der RNA)

Abb. 7: Transkription und Translation

Kommen wir nun auf Proteine zu sprechen. Jeder Typ eines Proteins ist funktional definiert und unterscheidet sich im Wesentlichen in seinen Wirkungen auf den Zustand der Zelle und somit
insgesamt auf die beobachtbaren Eigenschaften des jeweiligen Organismus. Diese Wirkungen sind vereinfacht gesagt genau jene, die
in der klassischen Genetik (unter dem Begriff der phänotypischen
Wirkungen) die Gene funktional definieren. Vor diesem Hintergrund können wir nun im Folgenden genauer auf die im vorherigen
Unterkapitel funktional definierten Gene der klassischen Genetik
eingehen. Das Ziel ist dabei, eine systematische Annäherung von
klassischer und molekularer Genetik zu erreichen. Die leitende Idee
ist, dass der funktional definierte Begriff des Gens der klassischen
Genetik im Vokabular der molekularen Genetik zutreffend als
DNA ausgedrückt werden kann. Unter dem molekularen Begriff
der DNA verstehen wir hier die funktionale Beschreibung von DNA
bzw. von bestimmten DNA-Sequenzen – das heißt die Beschreibung ihrer kausal-dispositionalen Eigenschaften im *relevanten*
molekularen Kontext der Zelle. Der molekular relevante Kontext
hängt davon ab, welche kausale Disposition genau betrachtet wird.
Für die Duplikation von DNA ist beispielsweise das Vorhandensein
von DNA-Polymerasen und entsprechenden Aminosäuren für die

Synthese der DNA relevant. Im Hinblick auf die charakteristischen phänotypischen Eigenschaften bestimmter DNA-Sequenzen – beispielsweise das Hervorbringen von bestimmten Proteinen – ist das Vorhandensein von speziellen Enzymen, RNA-Nukleotiden, Aminosäuren, etc. wesentlich.

Rufen wir uns die funktionale Definition eines Gens im Vokabular der klassischen Genetik in Erinnerung und vergleichen wir diese mit der vorherigen Betrachtung aus Sicht der molekularen Genetik, so ist es offensichtlich, dass sich beide Beschreibungen in unterschiedlicher Weise auf die gleichen Entitäten beziehen; das genaue Argument für die Identität von Eigenschaftsvorkommnissen der klassischen und der molekularen Genetik folgt an späterer Stelle. Die Identität sei an dieser Stelle einmal angenommen, weil aufgrund unserer bisherigen Erörterungen bereits offensichtlich und in der Literatur allgemein anerkannt (siehe beispielsweise Brigandt und Love 2008, Kitcher 1984 und 1999 oder Rosenberg 1994, Kapitel 3). Was die klassische Genetik funktional definiert, ist molekular realisiert und folglich, wie erörtert, auch im Vokabular der molekularen Genetik beschreibbar. Somit können die durch die klassische Genetik beschriebenen Gene aus Sicht der molekularen Genetik in ihrer Funktion genauer kausal-mechanisch erklärt werden.

Während die funktionalen Definitionen und Gesetze der klassischen Genetik Standardbedingungen voraussetzen, die sich oft nicht in deren eigenem Vokabular spezifizieren lassen, ist die Spezifikation der Standardbedingungen in Begriffen der molekularen Genetik generell möglich (oder zumindest detaillierter): Die in der klassischen Genetik vorkommenden Ausnahmen können häufig molekularbiologisch erklärt werden. Die Wirksamkeit der DNA bzw. der Gene beruht auf mehr oder weniger lokalen Bedingungen, wobei die molekulare Genetik, teilweise unter Hinzunahme chemischer oder physikalischer Gesetze, diese Bedingungen vollständig erklären kann.

Gehen wir an dieser Stelle ein wenig genauer auf den Begriff der relativen Vollständigkeit der molekularen Genetik ein (siehe auch Sachse 2007, Kapitel 4.4). Deren Erfolg bestätigt einen kausalen, nomologischen und explanatorischen Vollständigkeitsanspruch für diese Theorie in Bezug auf die klassische Genetik. Um nicht zu Missverständnissen zu verleiten, seien zwei Punkte hervorgehoben:

1. Die molekulare Genetik nimmt wie erwähnt häufig auf Begriffe und Erklärungen der Chemie und der Physik Bezug. Gegenüber diesen fundamentaleren Theorien ist die molekulare Genetik nicht vollständig. In diesem Sinn handelt es sich lediglich um eine *relative* Vollständigkeit im Vergleich zur klassischen Genetik.

2. Diese relative Vollständigkeit der molekularen Genetik besteht ungeachtet dessen, dass aus epistemologischen Gründen ein Bezug auf Begriffe der klassischen Genetik in der Praxis vorkommen kann und das Vokabular somit nicht immer strikt voneinander getrennt ist.

Ausführlicher lässt sich der Vollständigkeitsanspruch der molekularen Genetik gegenüber der klassischen Genetik auch wie folgt präzisieren: Die molekulare Genetik ist kausal vollständig, was bedeutet, dass jedes mögliche Eigenschaftsvorkommnis p_2 der molekularen Genetik, sofern p_2 eine Ursache hat, eine komplette molekulare Ursache hat, sagen wir p_1. Diese Vollständigkeit wird dabei genauer als *relative* Vollständigkeit bezeichnet, um die Möglichkeit einzuschließen, dass p_2 beispielsweise eine rein physikalische Ursache besitzt. Alles, worauf es hier ankommt, ist jedoch, dass p_2 keine Ursache der klassischen Genetik besitzen kann, ohne dass es auch eine molekulare Ursache gibt. Diese Vollständigkeit wird von der Forschung regelmäßig bestätigt. Es ist niemals der Fall, dass beispielsweise eine molekulare Veränderung, die zu p_2 führt, durch etwas verursacht wird, das durch die klassische, nicht jedoch durch die molekulare Genetik beschrieben werden kann. Molekularbiologen suchen letzten Endes immer nach Ursachen *innerhalb der molekularen Genetik* und nicht in der Theorie der klassischen Genetik, weil die molekulare Genetik detailliertere Kausalerklärungen angeben kann. Erklärungen der molekularen Genetik sind genuine mechanistische Erklärungen, während die klassische Genetik nur die Wirksamkeit der Gene postuliert, ohne darzulegen, wie die Kausalzusammenhänge ablaufen, die zu den phänotypischen Wirkungen führen.

Vor dem Hintergrund dieser kausalen Vollständigkeit besteht in gleicher Weise eine nomologische und explanatorische Vollständigkeit der molekularen Genetik. Insofern es eine Erklärung von p_2 gibt, gibt es eine relativ vollständige Erklärung von p_2 in Begriffen der molekularen Genetik:

$$P_1 \longrightarrow P_2$$

(vollständige Ursache, Gesetze und kausale Erklärung)

Abb. 8: Explanatorische Vollständigkeit der molekularen Genetik

Kombinieren wir nun diese Vollständigkeit der molekularen Genetik mit der Identität von Eigenschaftsvorkommnissen. Wie wir in Kapitel 2.6 begründet haben, ist jedes kausal wirksame Eigenschaftsvorkommnis einer Einzelwissenschaft mit einer lokalen physikalischen Struktur identisch. Andernfalls müsste man einen Epiphänomenalismus annehmen oder stände im Widerspruch zur Supervenienz bzw. zur Vollständigkeit der Physik. Somit nehmen wir an, dass die durch die klassische Genetik beschriebenen funktionalen Eigenschaftsvorkommnisse mit physikalischen bzw. molekularen Strukturen identisch sind (siehe dazu auch Rosenberg 1978, Kitcher 1984, Sachse 2007, Kapitel 4.4). »Gen für große Schnäbel« wäre ein vereinfachtes Beispiel einer funktionalen Beschreibung der klassischen Genetik, die sich auf Finken der Galápagosinseln beziehen könnte.

Vor diesem Hintergrund ergibt sich nun aus der relativen Vollständigkeit der molekularen Genetik, dass jede solcher durch die klassische Genetik beschriebenen Strukturen ebenfalls im Vokabular der molekularen Genetik beschrieben werden kann. Die klassische Genetik bezieht sich auf kausal wirksame Strukturen, die sie funktional beschreiben kann, und diese Strukturen können ebenfalls und in einer vollständigeren Weise durch die molekulare Genetik beschrieben werden.

Während Eigenschaftsvorkommnisse aus Sicht der klassischen Genetik rein funktional definiert werden, zielt die Beschreibung der molekularen Genetik oftmals auf die molekulare *Zusammensetzung* der jeweiligen Strukturen ab. So wird ein von der klassischen Genetik funktional definiertes Gen aus der molekularen Perspektive vor allem in seiner molekularen Zusammensetzung beschrieben. Letztere ist jedoch auch eine kausale Beschreibung: Sie gibt an, welche Wirkungen die Bestandteile der betreffenden Struktur im Einzelnen aufgrund der Weise, wie sie angeordnet sind, haben.

Auf dieser Grundlage möchten wir nun dazu übergehen, beide Theorien im Hinblick auf die Möglichkeit der Reduktion zu betrachten. Im vorherigen Unterkapitel hatten wir gesehen, dass die klassische Genetik funktionale Erklärungen liefert, die beispielsweise darauf abzielen, den kausalen Zusammenhang zwischen Genotyp und Phänotyp herauszustellen. Wir hatten dabei jedoch darauf hingewiesen, dass die funktionalen Erklärungen selten ins Detail gehen. In diesem Unterkapitel haben wir gesehen, dass die molekulare Genetik in der Lage ist, beispielsweise die Produktion von Proteinen kausal-mechanisch detailliert zu erklären – also charakteristische phänotypische Wirkungen von Genen, wie sie im Vokabular der klassischen Genetik definiert sind. Dabei stellt sich die molekulare Genetik als relativ vollständig dar, das heißt, sie besitzt wissenschaftliche Qualitäten, welche die klassische Genetik in dieser Form nicht besitzt. Dies motiviert einen reduktionistischen Ansatz, den wir im Folgenden vorstellen möchten.

4.3 Vergleich der Begriffe und Erklärungen beider Theorien

In diesem Unterkapitel untersuchen wir, wie sowohl von Seiten der molekularen als auch von Seiten der klassischen Genetik Begriffe konstruiert werden können, die nomologisch koextensional sind, so dass die notwendige und hinreichende Bedingung für die Möglichkeit einer Reduktion der klassischen auf die molekulare Genetik erfüllt ist. Vor dem Hintergrund dieser Analyse werden wir dann im folgenden Kapitel auf die Durchführbarkeit einer Theorienreduktion eingehen. Die wesentliche Frage, der wir in diesem Unterkapitel nachgehen, ist somit, wie abstrakt Begriffe der molekularen Genetik bzw. wie präzise Begriffe der klassischen Genetik im jeweiligen Vokabular formuliert werden können. Basierend auf einem kausalen Argument möchten wir zeigen, wie theoretisch eine nomologische Koextensionalität zwischen konstruierten detaillierten Begriffen (Subtypen) der klassischen und konstruierten abstrakten Begriffen der molekularen Genetik erreicht werden kann. Dadurch gelangen wir zu einem neuen Ausgangspunkt – dem einer systematischen Verbindung von klassischer und molekularer Genetik.

Die Koextensionalität der Begriffe der beiden Theorien ist notwendig und hinreichend dafür, die Gesetze der klassischen Genetik aus den Gesetzen der molekularen Genetik abzuleiten (siehe beispielsweise Sachse 2007, Kapitel 7). Als einfachen Fall eines Gesetzes der klassischen Genetik können wir die charakteristischen kausalen Kräfte von Genvorkommnissen betrachten. »F« ist wie gewohnt eine funktionale Definition eines Gens, dessen Vorkommnisse mit bestimmten molekularen Strukturen identisch sind. Diese besitzen charakteristischerweise als Ganze die Kraft, bestimmte Wirkungen zu verursachen, die ebenfalls funktional definiert sind (»F_E«). Wir können uns ein Gen eines Bakteriums vorstellen, dessen charakteristische Wirkung im Zusammenhang mit einer Eigenschaft der Zellwand steht – beispielsweise mit der Festigkeit der Zellwand. Im Folgenden beziehen wir uns mit dem Begriff der Zellwandkomponente ein wenig allgemeiner auf solche Eigenschaften wie die der Festigkeit, ohne uns auf ein Gen für genau diese Eigenschaft festlegen zu wollen. Der Grund dafür ist, dass es in der noch folgenden Erörterung von genetischer Forschung ebenfalls weniger um konkrete Gene als um allgemeine Zusammenhänge zwischen Genen, ihrer molekularen Zusammensetzung und ihren phänotypischen Wirkungen geht.

Die funktionalen Definitionen von Genen sind generell im Kontext der Evolutionstheorie zu verstehen. Bezüglich unseres Beispiels verursacht das Gen die Produktion einer bestimmten Komponente der Zellwand, die ihrerseits für die Fitness des Bakteriums relevant ist. Die in »F« beschriebene Kausalrelation zwischen Genvorkommnis und phänotypischer Wirkung, auf die »F« referiert, und Eigenschaftsvorkommnissen, auf die »F_E« referiert, entspricht einem Gesetz: »Wenn F, dann F_E«. Dabei handelt es sich um ein Ceteris-paribus-Gesetz, wobei man die Ceteris-paribus-Bedingungen nicht vollständig im Vokabular der klassischen Genetik beschreiben kann. Das heißt, unter welchen Bedingungen (intrazellulär und bezüglich der Umwelt) und wie genau das Gen zur Produktion der Zellwandkomponente führt, kann nicht vollständig im Vokabular der klassischen Genetik formuliert werden.

Jede wahre Beschreibung einer Kausalrelation zwischen zwei Eigenschaftsvorkommnissen mittels eines Gesetzes der klassischen Genetik impliziert, dass es auch Gesetze der molekularen Genetik gibt, die diese Kausalrelation beschreiben (andernfalls stünde das entsprechende Gesetz der klassischen Genetik im Widerspruch zur relativen Vollständigkeit der molekularen Genetik). Deshalb liegt jeder Kausalrelation, die durch ein Gesetz der Art »Wenn F, dann

F_E« der klassischen Genetik ausgedrückt wird, ebenfalls eine komplexe Kausalrelation zugrunde, die durch die molekulare Genetik beschreibbar ist. Der durch die klassische Genetik beschriebenen Kausalkette von Gen zu Zellwandkomponente liegt somit ein molekularer Mechanismus zwischen DNA und der Produktion von Proteinen zugrunde, den die molekulare Genetik zum Ausdruck bringt. Kommen wir nun auf molekulare Unterschiede der Gene (beispielsweise für Zellwandkomponenten) zu sprechen. Die paradigmatischen Beispiele für molekulare Unterschiede von Genvorkommnissen eines Gentyps der klassischen Genetik basieren auf der Redundanz des genetischen Codes. Dies bedeutet, dass *verschiedene* DNA-Sequenzen zur Produktion von Proteinen des *gleichen* Typs führen können. Es liegen molekular unterschiedliche Genvorkommnisse vor.

Die Eigenschaftsvorkommnisse, die durch »F« beschrieben werden, unterscheiden sich molekular und werden infolgedessen durch unterschiedliche Begriffe beschrieben (»P_1«, »P_2«, »P_3«). Dies ist der Fall der multiplen Referenz (Realisation) – dass also »F« (»Gen für Zellwandkomponente F_E«) mit keinem Begriff der molekularen Genetik koextensional ist. Gleichermaßen bezieht sich »F_E« (die jeweilige Zellwandkomponente) auf Eigenschaftsvorkommnisse, die unter Umständen ebenfalls molekular unterschiedlich beschrieben werden (»P_{E1}«, »P_{E2}«, »P_{E3}«). Das klassische Beispiel für molekulare Unterschiede von Vorkommnissen eines Typs phänotypischer Wirkungen sind physikalisch verschiedene Proteine, die aus der Perspektive der klassischen Genetik unter die gleiche funktionale Klassifizierung (Typ) fallen. Im Rahmen unseres bisherigen Beispiels wäre dies der Fall, wenn bei drei Bakterien die betrachtete Zellwandkomponente jeweils aus molekular unterschiedlichen Proteinen besteht, ohne dass die klassische Genetik diese Unterschiede berücksichtigt. Somit gibt es in der molekularen Genetik verschiedene Gesetze der Art »Wenn P_1, dann P_{E1}«, »Wenn P_2, dann P_{E2}«, und »Wenn P_3, dann P_{E3}«, welche die Kausalrelationen zwischen Eigenschaftsvorkommnissen detailliert aufklären, die das Gesetz der klassischen Genetik »Wenn F, dann F_E« homogen beschreibt (zur multiplen Realisation und vereinheitlichenden Erklärungen der klassischen Genetik siehe Kitcher 1984 und 1999).

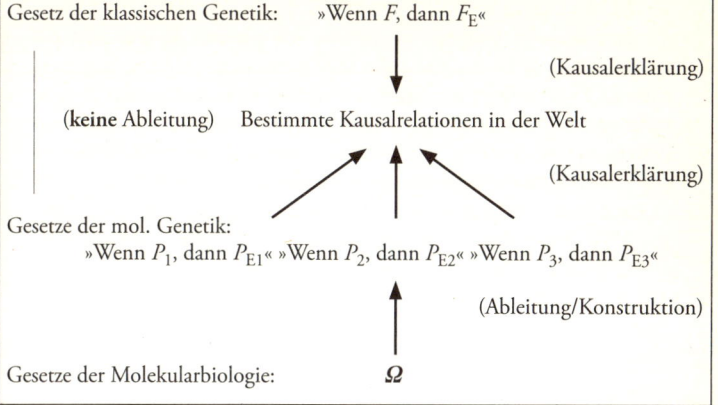

Abb. 9:
Keine Ableitung der Gesetze und Erklärungen der klassischen Genetik

Wenn mindestens ein das Gesetz »Wenn F, dann F_E« konstituierender Begriff (wie in diesem Falle »F« und »F_E«) nicht mit einem Begriff der molekularen Genetik koextensional ist, kann das Gesetz der klassischen Genetik nicht aus der molekularen Genetik abgeleitet werden. Die auf einem Gesetz basierende funktionale Erklärung der klassischen Genetik, beispielsweise das Vorhandensein einer Zellwandkomponente durch die kausale Kraft eines Gens zu erklären, kann nicht aus der molekularen Genetik abgeleitet werden, wenn die molekularen Erklärungen des jeweiligen kausalen Mechanismus unterschiedlich ausfallen. Daraus ergibt sich das bereits in Kapitel 1.3 ausführlich erläuterte Problem, den wissenschaftlichen Erkenntniswert eines solchen Gesetzes der klassischen Genetik zu sichern. Die molekulare Referenz ist hierbei nicht einheitlich, weil weder die Eigenschaftsvorkommnisse, die unter »F« fallen, noch die Eigenschaftsvorkommnisse, die unter »F_E« fallen, eine molekularbiologisch erfassbare Ähnlichkeit aufweisen, die genau diese von allen anderen Eigenschaftsvorkommnissen molekular abgrenzt. Das heißt, es lässt sich weder eine Beschreibung »P« noch eine Beschreibung »P_E« in der molekularen Genetik konstruieren, die ausschließlich die Eigenschaftsvorkommnisse, die unter »F« und »F_E« fallen, erfasst. Daraus folgt die bisher nicht beantwortete Frage, wie die klassische Genetik einheitliche abstrakte Kausalerklärungen bieten kann, ohne in Widerspruch mit der relativen Vollständigkeit der molekularen Genetik zu geraten. Es scheint, als besäßen die Genvorkommnisse für die Zellwandkomponente eine einheitliche kausale Kraft, die es aus Sicht der kausal vollständigeren Theorie – der molekularen Genetik – nicht gibt. Koextensionalität, so lässt sich schließen, erweist sich als unumgänglicher erster Schritt, um den Erkenntniswert der klassischen Genetik zu sichern.

Betrachten wir nun kurz, weshalb Koextensionalität auch hinreichend ist, um besagtes Ziel zu erreichen. Lassen wir an dieser Stelle die Möglichkeit der multiplen Referenz für einen Augenblick außer Acht und nehmen wir an, dass es in der klassischen Genetik Gesetze gibt, deren Begriffe koextensional mit Begriffen der molekularen Genetik sind. So sei sowohl »F« (das Gen für die Zellwandkomponente beispielsweise) mit »P« (einer bestimmten DNA-Sequenz), also auch »F_E« (Zellwandkomponente) mit »P_E« (Protein) koextensional, wobei sich die Kausalerklärung der klassischen Genetik auf das Gesetz »Wenn F, dann F_E« stützt. Aus der Koextensionalität von »F« und »P« bzw. »F_E« und »P_E« und der Wahrheit der molekularen Erklärung bzw. des Gesetzes »Wenn P, dann P_E« lässt sich die Wahrheit des Gesetzes »Wenn F, dann F_E« der klassischen Genetik ableiten.

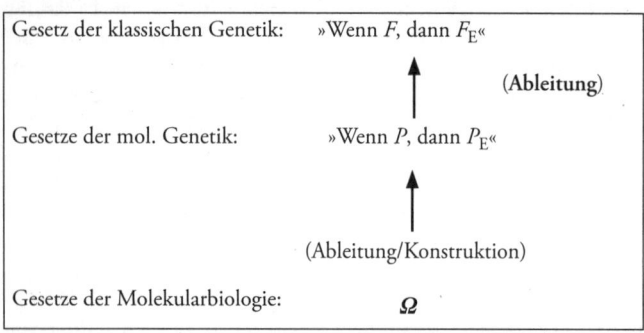

Abb. 10: Ableitung von Gesetzen der klassischen Genetik

Die Koextensionalität ist dabei sowohl Prüfstein wie auch Garant für den Erkenntniswert der Gesetze und Erklärungen der klassischen Genetik. Dies bedeutet, dass homogene reduktive molekulare Erklärungen vorliegen, wodurch der Erkenntniswert der allgemeinen Kausalerklärungen der klassischen Genetik als begründet angesehen werden kann. Wie genau das Gen zur Produktion der Zellwandkomponente führt, kann durch die molekulare Genetik erklärt werden. Hierbei erweist sich der Erkenntniswert der klassischen Genetik als kohärent mit der relativen Vollständigkeit der molekularen Genetik und der Identität der Vorkommnisse, weil das molekulare Gesetz »Wenn P, dann P_E«, eingebettet in die Molekularbiologie, eine homogene reduktive Erklärung des Gesetzes »Wenn F, dann F_E« der klassischen Genetik ermöglicht.

Um Koextensionalität zu erreichen, gehen wir nun folgendermaßen vor: Wir beginnen mit der molekularen Genetik bzw. der Konstruktion molekularer Begriffe, um daran anschließend präzisere Begriffe der klassischen Genetik einzuführen. Jeder funktional definierte Begriff der klassischen Genetik (»F«, beispielsweise »Gen für Zellwandkomponente F_E«) bezieht sich auf Eigenschaftsvorkommnisse in der Welt, die mit jeweils einer molekularen kausalen Struktur identisch sind. Aufgrund der relativen Vollständigkeit der molekularen Genetik sind diese Eigenschaftsvorkommnisse im Vokabular der molekularen Genetik beschreibbar und reduktiv erklärbar. Die molekulare Genetik kann somit in jedem Einzelfall kausal-mechanisch erklären, unter welchen Bedingungen und auf welche Weise das betrachtete Genvorkommnis beispielsweise zur Produktion der Zellwandkomponente führt.

Im Falle multipler Referenz ist es nicht möglich, eine zu »F« koextensionale molekulare Beschreibung »P« einzuführen, die alle und nur die Eigenschaftsvorkommnisse erfasst, die unter »F« fallen, und die für eine kohärente reduktive Erklärung hinreicht. Daher liegen relevante molekulare Unterschiede zwischen den Eigenschaftsvorkommnissen vor, die lediglich durch »F« bzw. »F_E« einheitlich beschrieben werden. Anders gesagt: In der Molekularbiologie kann kein »P« bzw. »P_E« gebildet werden, durch das aus »Wenn P, dann P_E« das Gesetz »Wenn F, dann F_E« abgeleitet und erklärt werden könnte. Das Gesetz »Wenn F, dann F_E« erfasst Kausalrelationen in der Welt, für die es kein entsprechendes molekulares Gesetz »Wenn P, dann P_E« gibt. Dies ist demnach der Fall, bei dem für die durch »Wenn F, dann F_E« beschriebenen Kausalrelationen unterschiedliche molekulare Beschreibungen und Gesetze wie »Wenn P_1, dann P_{E1}«, »Wenn P_2, dann P_{E2}« oder »Wenn P_3, dann P_{E3}« verwendet werden *müssen*, um im Einzelfall eine kohärente reduktive Erklärung zu erreichen.

Im Kontext der funktionalen Definition »*F*« ist dies so zu verstehen, dass die durch »*F*$_E$« zum Ausdruck gebrachten charakteristischen Effekte der betreffenden Eigenschaftsvorkommnisse sich sowohl molekular unterscheiden als auch auf molekular unterschiedliche Weise hervorgebracht werden. Die Kausalerklärung »Wenn *F*, dann *F*$_E$« der klassischen Genetik bezieht sich auf molekular unterschiedliche Kausalrelationen. So ist es zwar möglich, eine dieser Kausalrelationen durch »Wenn *P*$_1$, dann *P*$_{E1}$« reduktiv zu erklären, doch bezüglich anderer durch »Wenn *F*, dann *F*$_E$« erfasster Kausalrelationen ist eine andere reduktive Erklärung der Art »Wenn *P*$_2$, dann *P*$_{E2}$« oder »Wenn *P*$_3$, dann *P*$_{E3}$« usw. erforderlich. Betrachten wir nun die Konsequenzen, welche die molekular unterschiedlichen Kausalrelationen mit sich bringen.

Nehmen wir der Einfachheit halber an, dass es jeweils nur zwei relevant unterschiedliche molekulare Konfigurationen gibt, auf welche sich »*F*« bzw. »*F*$_E$« beziehen. Somit liegen einer reduktiven Erklärung entweder »Wenn *P*$_1$, dann *P*$_{E1}$« oder »Wenn *P*$_2$, dann *P*$_{E2}$« als Gesetze zu Grunde. Es gibt dann zwei unterschiedliche DNA-Sequenzen, auf die sich der Gen-Typ »*F*« der klassischen Genetik bezieht, und folglich gibt es zwei unterschiedliche Mechanismen, die zur Produktion der Proteine führen, die schließlich in den durch »*F*$_E$« zum Ausdruck gebrachten phänotypischen Effekt münden. Diese zwei Weisen kann man sich als zwei unterschiedliche Kausalrelationen zwischen der betreffenden DNA-Sequenz und der Proteinsynthese in den entsprechenden Bakterien vorstellen.

Dies ist der Fall der multiplen Referenz, von dem in der philosophischen Debatte stets behauptet wird, dass die molekular unterschiedlichen Mechanismen sich allein auf das molekularbiologische Niveau beschränken. Bezogen auf unser Beispiel wird in der Regel angenommen, dass die unterschiedlichen Weisen, die zur Produktion hinreichend ähnlicher phänotypischer Effekte führen (so dass diese unter den gemeinsam Begriff »*F*$_E$« fallen), keinerlei Implikationen für den Organismus haben. Die molekularen Unterschiede zwischen den Genvorkommnissen des »Gens für die Zellwandkomponente *F*$_E$« spielen demnach keine Rolle bezüglich der Fitness der jeweiligen Bakterien. Im Folgenden stellen wir jedoch ein Argument vor, das zeigt, dass solche unterschiedlichen Weisen und molekular unterschiedlichen Effekte den Organismus

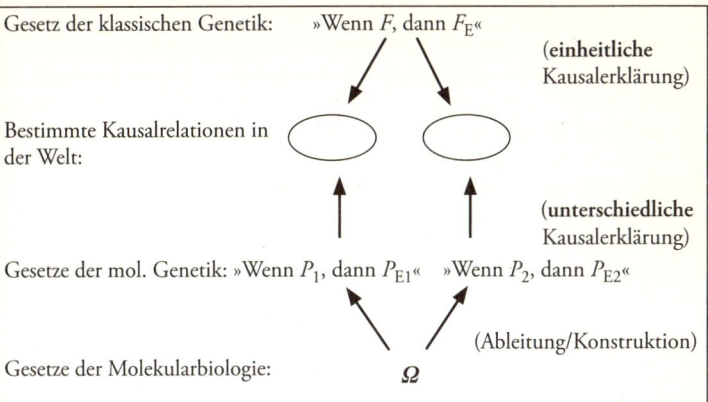

Abb. 11: Kausalerklärungen auf verschiedenen Ebenen

sehr wohl betreffen bzw. dass diese nicht auf das molekulare Niveau beschränkt bleiben.

Die charakteristischen Effekte der betreffenden Eigenschaftsvorkommnisse auf molekular unterschiedliche Weisen hervorzubringen, bedeutet präziser ausgedrückt, dass das Gesetz »Wenn F, dann F_E« der klassischen Genetik eine Kausalrelation zum Ausdruck bringt, in die unterschiedliche molekularbiologische Eigenschaften involviert sind. Diese seien wie bisher mit »P_1« und »P_2« bzw. »P_{E1}« und »P_{E2}« beschrieben. Diese unterschiedlichen molekularen Eigenschaften sind unterschiedliche kausale Kräfte. Wir haben in Kapitel 2.1 ausführlich für die kausale Theorie von Eigenschaften im Unterschied zur Theorie von Eigenschaften als reiner Qualitäten argumentiert: Insofern Eigenschaften bestimmte Qualitäten sind, sind sie Kräfte, bestimmte Wirkungen hervorzubringen. Folglich liegen gemäß der kausalen Theorie von Eigenschaften dann und nur dann zwei verschiedene Eigenschaften vor, wenn diese sich in den Wirkungen, die sie hervorbringen können, unterscheiden. Es bestehen somit unterschiedliche Kausalrelationen zwischen den durch »P_{E1}« und »P_{E2}« beschriebenen Eigenschaften und ihrer Umwelt. Aufgrund dessen ergeben sich drei unterschiedliche Fälle, von denen wir an dieser Stelle den wichtigsten Fall besprechen (die allgemeine Diskussion aller drei Fälle erfolgt in Kapitel 5.2).

Es lassen sich empirisch Situationen aufzeigen, in denen sich die durch »Wenn P_1, dann P_{E1}« zum Ausdruck gebrachten Kausalrelationen derart von denen durch »Wenn P_2, dann P_{E2}« zum Ausdruck gebrachten unterscheiden, dass dieser Unterschied nicht auf das molekularbiologische Niveau beschränkt bleibt. Diese Situationen sind so, dass Wirkungen der Art »P_{E1}« bzw. »P_{E2}« zwar immer hervorgebracht werden, es jedoch beispielsweise Zeitunterschiede zwischen beiden gibt, die relevant für die Fitness sind, das heißt, einen unterschiedlichen Fitnessbeitrag mit sich bringen. Solche Situationen lassen sich sehr gut im Bereich der molekularbiologischen Forschung nachweisen. Dort führen die hier durch »P_1« beschriebenen DNA-Sequenzen langsamer und mit weniger Präzision zur Proteinsynthese, als es bei den hier durch »P_2« beschriebenen der Fall ist. Molekulare Unterschiede zwischen Vorkommnissen des »Gens für die Zellwandkomponente F_E« können zu Fitnessunterschieden führen, weil das Wachstum und somit die erneute Teilung des Bakteriums davon abhängt, wie schnell und mit welchem Ressourcenaufwand die jeweiligen Proteine produziert werden. Ein Bakterium, das seine Zellwandkomponenten schneller und effizienter produziert, kann schneller wachsen und sich somit früher vermehren, wodurch der Zusammenhang zwischen der Art und Weise der Proteinproduktion und der Fitness des Bakteriums offensichtlich wird. Molekulare Unterschiede können somit funktionale, fitnessrelevante Unterschiede mit sich bringen.

Der Standardversion des genetischen Codes zufolge gibt es einundsechzig so genannte Sense-Codons, die für eine Aminosäure kodieren, und drei so genannte Stop-Codons, die jeweils die Translation der mRNA beenden. Die Forschung hat jedoch gezeigt, dass unterschiedliche Arten einen unterschiedlichen Codongebrauch besitzen. Darüber hinaus »bevorzugen« selbst einzelne Gene bestimmte Codons. Man spricht dabei von »codon bias« – Präferenzen bezüglich bestimmter Codons. In einzelligen Organismen besteht eine starke Verbindung zwischen Proteinexpressivität und dem Grad an Codonpräferenzen (siehe zum Beispiel Andersson und Kurland 1990, die wesentliche vorangegangene Forschungen, die hauptsächlich Ende der 1970er Jahre begonnen haben, zusammenfassen). Im Fall von *E. coli* und *Saccharomyces cerevisiae* beispielsweise kann man nachweisen, dass die Redundanz des genetischen Codes keine vollständige ist, sondern von Organismen sowohl zur Genexpression genutzt werden kann, als auch um das Translationssystem zu modulieren. Diese Nutzung bzw. die Codonpräferenzen stehen im Zusammenhang mit selektivem Druck, wobei es möglich ist, dass jedes Codon, das unter bestimmten molekularen Bedingungen ein bevorzugtes darstellt, dies in einem anderen Kontext oder in einem anderen Gen nicht ist (Andersson und Kurland 1990). Es gibt so genannte seltene Codons, die unter bestimmten Bedingungen dazu führen, dass die Genregulation relativ niedrig ist. Sollte dies für den Organismus von Vorteil sein, liegt eine dementsprechende Codonpräferenz vor. Sollte jedoch eine erhöhte Genexpression selektive Vorteile bringen, dann würde ein durch Mutation bedingter Austausch (der dazu führt, dass das seltene Codon durch ein geläufigeres Codon ausgetauscht wird) aufgrund des selektiven Drucks mit größerer Wahrscheinlichkeit erhalten bleiben.

An diese vereinfachte Darstellung lässt sich anschließen, dass die Codonpräferenzen aus den selektiven Kräften resultieren, denen die zufälligen Mutationen gegenüberstehen. Dies kann man auch als so genannte Balance verstehen, so dass die Präferenzen, die zu einer effizienteren Translation der Gene führen, bei häufiger verwendeten Genen generell stärker ausfallen – ganz einfach, weil der selektive Druck höher ist, wie es die so genannte Selektion-Mutation-Theorie ausdrückt (Bulmer 1991). Dabei bedeutet Effizienz der Translation vor allem Geschwindigkeit und Genauigkeit, so dass die Effizienz klar mit einem Fitnessbeitrag im Zusammenhang steht. Dies hatten wir bisher anhand des »Gens für die Zellwandkomponente F_E« veranschaulicht.

Codonpräferenzen werden seit Ende der 1970er Jahre immer intensiver untersucht, was sich in unzähligen Publikationen niederschlägt, von denen wir am Ende unserer Diskussion einige angeben. Die Forschung dreht sich im Wesentlichen darum, ob und welche Codonpräferenzen in welchen Organismen vorliegen und unter welchen Bedingungen sich diese Präferenzen verändern. Dabei lässt sich feststellen, dass in allen bisher untersuchten Organismen Codonpräferenzen vorliegen, auch wenn diese unterschiedlich ausfallen können. Das bedeutet jedoch nicht, dass *jeder* molekulare Unterschied *immer* einen funktionalen Unterschied impliziert. Es kann molekulare Unterschiede zwischen Vorkommnissen des Gens für die Zellwandkomponente F_E geben, die unter bestimmten Umweltbedingungen keinen Fitnessunterschied mit sich bringen. Der

Grund ist, dass wir unter funktionalen Unterschieden Fitnessunterschiede verstehen, es jedoch bisher nicht gezeigt werden konnte, dass *alle* Codonpräferenzen aufgrund von Selektionsdruck etabliert wurden. Es liegen beispielsweise Codonpräferenzen vor, die vor allem aus molekularen Mechanismen und dem einfachen Zusammenspiel bestimmter Moleküle resultieren. Es kann in Extremfällen sogar sein, dass Codonpräferenzen vorliegen, die zu geringerer Fitness führen. Daraus folgt jedoch nicht, dass es molekulare Unterschiede gibt, die *niemals* einen funktionalen Unterschied mit sich bringen, sondern nur, dass unter bestimmten Bedingungen die resultierenden Unterschiede keine für die Selektion relevante Rolle spielen. Für jeden relevanten molekularen Unterschied ist es aber nur eine Frage der Umwelt, dass dieser zu funktionalen Unterschieden führt (siehe auch Dennett 2008, Rosenberg 1994, S. 32, und Sachse 2007, Kapitel 7.3).

Zu diesem Thema gibt es eine Debatte innerhalb der molekularen Genetik, die unter dem Begriff »Neutralismus« geführt wird (siehe Crow 2007, Kimura 1968 und Nei 2005; siehe auch unsere Einführung in diese Debatte in Kapitel 3.2). Es stimmt, dass unter bestimmten Bedingungen molekulare Unterschiede selektionsneutral sind und dass so genannte selektionsneutrale Mutationen einen nicht unwesentlichen Beitrag zur Evolution leisten. Hilfreich bei der Diskussion dieser Frage ist Marshall Abrams Ansatz, der sowohl Selektion als auch Gendrift als Aspekte einer Wahrscheinlichkeitsverteilung über zukünftige Genotypfrequenzen auffasst. Dabei ist Selektion der Aspekt dieser Verteilung, der durch Fitnessunterschiede kontrolliert wird, und Gendrift derjenige Aspekt, der durch die Populationsgröße kontrolliert wird (M. Abrams 2007). In der Neutralismusdebatte geht es darum, ob und unter welchen Bedingungen Gendrift eine entscheidende Bedeutung für die Evolution hat. Gendrift spielt, so hatten wir bereits gesehen (3.2), eine Rolle in der Evolution. Allerdings, und das möchten wir im Folgenden noch deutlicher herausstellen, kommt es dabei auf die Bedingungen an – und die Forschung hat gezeigt, dass unter veränderten Bedingungen die zuvor selektionsneutralen zu selektionssensitiven Unterschieden werden können.

Unsere Diskussion basiert vor allem auf Forschungen an so genannten Modellorganismen wie *E. coli Drosophila*, aber auch auf Forschungen an Viren (siehe, chronologisch geordnet, einige Forschungsergebnisse, die im Detail den skizzierten Zusammenhang – dass molekulare Unterschiede in der DNA unter bestimmten Bedingungen unterschiedliche Funktionalität implizieren – bestätigen bzw. molekulare Bedingungen, Zusammenhänge und weitere Erklärungen darlegen: Hartl et al. 1994, Comeron und Kreitman 1998, Akashi 1999, Llopart und Aguadé 1999, Begun 2001, Morton 2001, Musto et al. 2001, Kern et al. 2002, Lynn et al. 2002, Piga700neau und Eyre-Walker 2003, Plotkin und Dushoff 2003, Qin et al. 2004, dos Reis et al. 2004, Rispe et al. 2004, Bartolomé et al. 2005, Sharp et al. 2005, Burns et al. 2006, Cutter et al. 2006, Gilchrist 2007, Glémin 2007, Heger und Ponting 2007, Kimchi-Sarfaty et al. 2007, Morton und Wright 2007, Singh et al. 2007, Stoletzki und Eyre-Walker 2007, Haddrill et al. 2008, Mukhopadhyay et al. 2008, dos Reis und Wernisch 2009 und Gerland und Hwa 2009).

Über diese intensive Forschung an einfachen und gut erforschten Modellorganismen hinaus finden sich in den letzten Jahren auch Publikationen zu analogen Forschungen an Säugetier- und Menschengenen (siehe dazu beispielsweise Louie et al. 2003, Comeron 2004 und 2006, Qu et al. 2006, Yang und Nielsen 2008, Moses und Durbin 2009). Es liegt somit nahe, dass die bisherige Analyse allgemeingültig ist – dass also molekulare Unterschiede, abhängig von den Umweltbedingungen, zu Fitnessunterschieden führen. Wir haben dabei bisher nicht explizit den Fall behandelt, dass ein Aminosäureaustausch im Protein (durch eine »non-silent Mutation« beispielsweise) einen Fitnessunterschied mit sich bringt – dass also bestimmte Proteine im Vokabular der klassischen einheitlich durch »F_E«, im Vokabular der molekularen Genetik jedoch heterogen durch »P_{E1}« bzw. »P_{E2}« beschrieben werden. Der Grund für ·diese Vernachlässigung ist, dass in einem solchen Fall der multiplen Referenz noch eindeutiger gezeigt werden kann – das heißt, es unter sehr viel geläufigeren Bedingungen dazu kommt –, dass diese molekularen Unterschiede einen Fitnessunterschied mit sich bringen (siehe zu solchen Fitnessunterschieden bei *Drosophila* beispielsweise Loewe et al. 2006 und zu Fitnessunterschieden bei Menschen beispielsweise Yampolsky et al. 2005). Fassen wir das Gesagte in folgendem Schaubild zusammen:

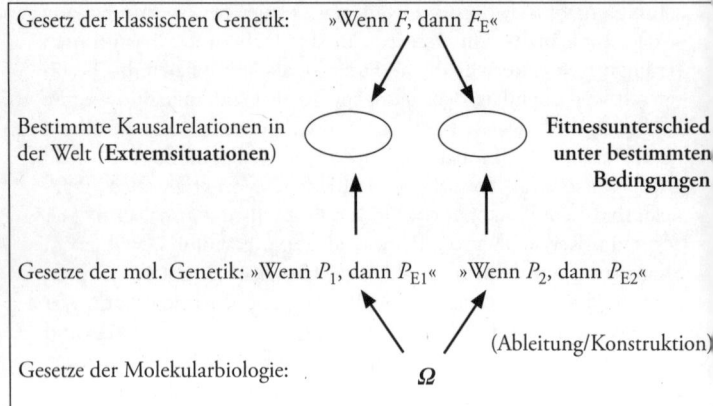

Abb. 12: Molekulare Unterschiede führen zu Fitnessunterschieden.

Sobald Fitnessunterschiede resultieren, ist es im Vokabular der klassischen Genetik möglich, die molekular unterschiedlichen Eigenschaftsvorkommnisse ebenfalls zu unterscheiden. Es können somit die unterschiedlichen Weisen berücksichtigt werden, wie Kausalrelationen hervorgebracht werden. So kann beispielsweise der Zeitfaktor in die funktionale Beschreibung Eingang finden, so dass zwischen »schnellen« und »langsamen« Genen unterschieden werden kann. Eine solche präzisere Berücksichtigung beobachtbarer unterschiedlicher Wahrscheinlichkeiten oder Weisen des Kausalzusammenhangs ermöglicht es, im Vokabular der klassischen Genetik funktional definierte Begriffe zu bilden, die koextensional mit den Begriffen der molekularen Genetik sind. Man kann demnach Begriffe in die klassische Genetik einführen, die mit »P_1« und »P_2« koextensional sind und somit der molekularen Unterscheidung Rechnung tragen. Dies sind so genannte Subtypen, beispielsweise »F_1« und »F_2« – »Gen für eine schnelle Produktion von F_E« und »Gen für eine langsame Produktion von F_E«.

Diese Möglichkeit lässt sich auch auf die Beschreibung »F_E« anwenden, sofern entsprechende molekulare Unterschiede vorliegen. Um die weitere Untersuchung jedoch nicht unnötig kompliziert zu gestalten, lassen wir außer Acht, dass phänotypische Wirkungen, die unter den Begriff »F_E« der klassischen Genetik fallen, molekulare Unterschiede aufweisen. Folgende Skizze fasst die Konstruktion von Subtypen zusammen:

Abstrakter Begriff der klassischen Genetik:		»F«
Subtypen: (formuliert im Vokabular der klassischen Genetik aufgrund von Fitnessunterschieden, die aus den molekularen Unterschieden unter bestimmten Bedingungen resultieren)	»F_1« ↕	»F_2« ↕
Begriffe der molekularen Genetik:	»P_1«	»P_2«

Abb. 13: Die Konstruktion von Subtypen

Da, wie wir zuvor argumentiert haben, es nur auf die Bedingungen ankommt, unter denen die molekularen Unterschiede einen Fitnessunterschied mit sich bringen, können wir im Folgenden von einer nomologischen Koextensionalität zwischen Subtyp und molekularem Typ ausgehen. Für jeden relevanten molekularen Unterschied ist es nur eine Frage der Umweltbedingungen, dass sich damit verbundene Fitnessunterschiede manifestieren, die im Vokabular der klassischen Genetik berücksichtigt werden können. Dabei ist wichtig zu erwähnen, dass diese Berücksichtigung nicht gleichbedeutend damit ist, Ceteris-paribus-Bedingungen im Vokabular der klassischen Genetik zu präzisieren. Es reicht für unser Argument hin, dass relevante molekulare Unterschiede unterschiedliche fitnessrelevante Dispositionen mit sich bringen und es dabei genügt, aus Sicht der klassischen Genetik festzustellen, *dass* es statistisch beschreibbare Fitnessunterschiede gibt (wie beispielsweise Zeitunterschiede in der Produktion bestimmter Zellwandkomponenten). In diesem Sinn können wir Subtypen »F_1« und »F_2« im Vokabular der klassischen Genetik einführen, die nomologisch koextensional mit den Begriffen »P_1« und »P_2« der molekularen Genetik sind. Für Eigenschaftsvorkommnisse, die unter den Begriff »F_E« fallen, seien, wie gesagt, im Folgenden keine relevanten molekularen Unterschiede angenommen. Somit ist der Begriff »F_E« mit »P_E« koextensional. Vor diesem Hintergrund ist es im Vokabular der klassischen

Genetik nun möglich, detailliertere Gesetze zu formulieren, die, im Anschluss an unser Beispiel, die Form »Wenn F_1, dann, nach der Zeit t_1, F_E« bzw. »Wenn F_2, dann, nach der Zeit t_2, F_E« haben.

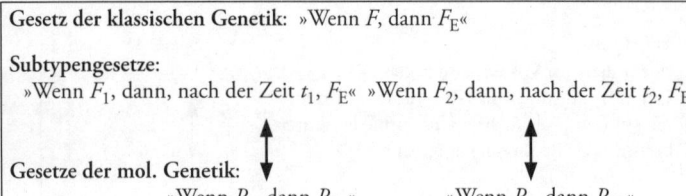

Gesetz der klassischen Genetik: »Wenn F, dann F_E«

Subtypengesetze:
»Wenn F_1, dann, nach der Zeit t_1, F_E« »Wenn F_2, dann, nach der Zeit t_2, F_E«

Gesetze der mol. Genetik:
»Wenn P_1, dann P_{E1}«   »Wenn P_2, dann P_{E2}«

Abb. 14: Die Konstruktion von Subtypengesetzen

Präzisieren wir nun die beschriebenen Argumentationsschritte. Unter der Konstruktion von Subtypen im Vokabular der klassischen Genetik verstehen wir funktional definierte Begriffe, die *nomologisch* koextensional mit Begriffen der molekularen Genetik sind. Eine solche nomologische Koextensionalität ergibt sich allgemein aus den geschilderten Situationen, in denen es für *jeden* möglichen relevanten molekularen Unterschied Situationen gibt, in denen dieser Unterschied nicht auf das molekulare Niveau beschränkt bleibt. In anderen Worten: Aus jeder möglichen molekularen Weise, wie eine Kausalrelation (die durch ein Gesetz der klassischen Genetik beschrieben wird) hervorgebracht wird, ergeben sich kausale Unterschiede, welche die klassischen Genetik in ihrem funktional definierten Vokabular berücksichtigen kann, weil diese unterschiedlichen Weisen zu unterschiedlichen Fitnessbeiträgen führen können. Aufgrund der prinzipiellen Möglichkeit, solche Situationen in der Welt vorzufinden oder herbeizuführen, lassen sich Subtypen im Vokabular der klassischen Genetik derart bilden, dass diese nomologisch koextensional mit Begriffen der molekularen Genetik sind.

Auf dieser nomologischen Koextensionalität aufbauend können wir nun den wissenschaftlichen Erkenntniswert der präziseren Gesetze der klassischen Genetik wie folgt beschreiben. Die vermittels Subtypen konstruierten Gesetze der klassischen Genetik lassen sich aus der molekularen Genetik ableiten. Unter der zuvor begründeten Annahme, dass »F_1« mit »P_1«, »F_2« mit »P_2«, »F_E« mit »P_E« koextensional sind, können Gesetze der Art »Wenn F_1, dann, …,

F_E« aus »Wenn P_1, dann P_E« bzw. »Wenn F_2, dann, ..., F_E« aus »Wenn P_2, dann P_E« abgeleitet werden. Somit ergeben sich nun homogene reduktive Erklärungen seitens der molekularen Genetik für die Kausalrelationen, welche die genannten Subtypengesetze ausdrücken. Ein eigener Erkenntniswert dieser Gesetze ist kohärent mit der relativen Vollständigkeit der molekularen Genetik und der Identität der Vorkommnisse. Dennoch möchten wir an dieser Stelle nur vorsichtig vom möglichen wissenschaftlichen Wert der Subtypengesetze sprechen, weil diese feingliedrig konstruierten Gesetze wahrscheinlich kaum Eingang in die wissenschaftliche Praxis finden werden (wir werden im nächsten Kapitel auf diesen Punkt zurückkommen).

Hier kommt es allein darauf an, dass die Subtypen der klassischen Genetik systematisch mit der molekularen Genetik verbunden sind. Wir sind uns dabei sehr wohl bewusst, dass eine nomologische Koextensionalität der Subtypen die Elimination der konstruierten Subtypengesetze der klassischen Genetik ermöglicht. Es ist insofern nach wie vor offen, wie auf der Grundlage unserer Analyse ein Modell der Theorienreduktion etabliert werden kann, das keine Elimination der klassischen Genetik mit sich bringt und insofern einen konstruktiven Beitrag zur Debatte leistet (zur Debatte siehe beispielsweise Goosens 1978, Hull 1972, 1974, 1979, Kimbrough 1979, Kitcher 1984 und 1999, Rosenberg 1978, 1985, 1994, 2001, 2006 und 2007, Ruse 1971 und 1974, Schaffner 1967, 1969a, 1969b, 1974 und 1993, Sarkar 1998, Sober 1999, Vance 1996, Waters 1990, 1994 und 2000 und Weber 1996 und 2005). Diesen Punkt greifen wir im nächsten Kapitel wieder auf. Dort stellen wir auch das Verhältnis zwischen Subtypengesetzen (»Wenn F_1, dann, ..., F_E«) und abstrakten Gesetzen (»Wenn F, dann F_E«) klar, das wir in den Schaubildern bewusst offen gelassen haben. Die große Frage ist somit, wie man für die wissenschaftliche Qualität der klassischen Genetik argumentieren kann, ohne in Konflikt mit der ontologischen Reduktion und der Vollständigkeit der molekularen Genetik zu geraten – also inwiefern multiple Referenz Reduktion einerseits nicht verhindert, andererseits aber ein Argument dafür darstellt, den wissenschaftlichen Kern abstrakter Theorien wie der klassischen Genetik und der Evolutionsbiologie zu bewahren.

5. Funktionale Reduktion ohne Elimination:
Vielfalt in Einheit

5.0 Einführung und Überblick

Sind wir wirklich nichts anderes als eine bestimmte physikalische Struktur, oder, wie sich gelegentlich vernehmen lässt, eine Anordnung von Molekülen? Ja, weil wir gute Gründe dafür haben anzunehmen, dass die fundamentalen physikalischen Theorien in Hinblick auf die Einzelwissenschaften vollständig sind. Wir können insofern nicht davon ausgehen, dass es nichtphysikalische Kräfte in der Welt gibt – wie es beispielsweise von Henri Bergson oder Hans Driesch zu Beginn des 20. Jahrhunderts unter dem Konzept des »Elan vital« oder der »Entelechie« behauptet wurde (siehe zum Beispiel Driesch 1919). Vor dem Hintergrund der Vollständigkeit der Physik lässt sich ein kausales Argument entwickeln, gemäß dem alles kausal Wirksame in der Welt etwas Physikalisches ist.

Im Anschluss daran macht sich oft eine Art Ernüchterung breit, die weniger aus der Antwort als vielmehr aus der Art der einleitenden Frage resultiert. Diese suggeriert, dass wir etwas verlieren, wenn wir mit etwas Physikalischem identisch sind. Es scheint dann, als ob es die Anerkennung der Identität einzelwissenschaftlicher mit physikalischen Eigenschaften um jeden Preis zu vermeiden gilt, weil physikalischen Strukturen etwas Lebloses und Unpersönliches anhaftet. Demgegenüber definieren sich biologische Eigenschaften beispielsweise durch die spezifischen Merkmale des Lebendigen, und unsere Persönlichkeit ist untrennbar mit unseren mentalen Eigenschaften verbunden.

Was aber geht verloren, wenn wir mit etwas Physikalischem identisch sind? Nichts, weil Identität bzw. ontologische Reduktion konservativ ist. Wie wir bereits zu Beginn von Kapitel 2.6 erwähnt haben, ist Identität eine symmetrische Beziehung: Wenn alle biologischen und mentalen Eigenschaften mit Konfigurationen physikalischer Eigenschaften identisch sind, dann sind einige Konfigurationen von physikalischen Eigenschaften schlicht und einfach biologische oder mentale Eigenschaften. Es ist eine fehlgeleitete Ansicht, die Identität mit etwas Physikalischem einem Verlust gleichzusetzen. Die Eigenschaften, von denen die Einzelwissenschaften handeln, sind mit physikalischen Eigenschaften identisch und existieren deshalb genauso, wie physikalische Eigenschaften existieren. Hieraus ergibt sich lediglich, dass jede Eigenschaft im Sinn eines Eigenschaftsvorkommnisses, auf das sich eine einzelwissenschaftliche Beschreibung bezieht, ebenfalls eine physikalische Beschreibung zulässt. Genauso können wir umgekehrt sagen, dass es komplexe physikalische Strukturen in der Welt gibt, auf die ebenfalls Beschreibungen der Einzelwissenschaften zutreffen. Es gibt somit oft verschiedene Möglichkeiten, die gleiche Eigenschaft zu beschreiben. Die Art und Weise, wie wir uns und die Welt dabei vermittels der Einzelwissenschaften sehen und erklären, bleibt etwas Besonderes und Faszinierendes. Auch wenn gemäß dem ontologischen Reduktionismus alles in der Welt etwas Physikalisches ist, steht dies der Existenz von Leben und Geist nicht im Weg. Ontologische Reduktion impliziert lediglich, dass es ebenfalls eine physikalische Beschreibung der Eigenschaften gibt, von denen die Einzelwissenschaften handeln.

Einer analogen Konnotation der Reduktion begegnen wir im Theorienkontext. Auch hier wird Reduktion oftmals als Elimination verstanden – als ob das vorrangige Ziel der Theorienreduktion die Ersetzung der Einzelwissenschaften durch physikalische Theorien wäre. Dem ist jedoch nicht so. Das primäre Ziel der Theorienreduktion ist es, ein besseres Verständnis des Zusammenhangs zwischen einzelwissenschaftlichen und physikalischen Begriffen, Gesetzen und Erklärungen zu erreichen und ein kohärentes System der Wissenschaften zu etablieren. Sofern eine Theorie nicht falsch ist, kommt es bei ihrer faktischen Reduktion lediglich zu begründeten Veränderungen, nicht jedoch zu ihrer Elimination (siehe Kistler 2009, Kapitel 1, allgemein dazu, dass eine Theorie im Zuge der Reduktion auf eine andere Theorie in ihrem eigenen Vokabular korrigiert wird, ohne eliminiert zu werden). In diesem Sinn ist es das Ziel dieses Buchs, einen Reduktionismus auszuarbeiten, der den besonderen Erkenntniswert der Einzelwissenschaften sichert.

Aus der Perspektive der Einzelwissenschaften erscheinen wir und die Welt als etwas Besonderes, haben etwas Faszinierendes. Diese Faszination sollte sich unserer Meinung nach nicht zum Preis der Unwissenschaftlichkeit ergeben. Aus diesem Grund verfolgen wir eine reduktionistische Strategie, weil diese es ermöglicht, den faszinierenden Erkenntniswert der Einzelwissenschaften im Einklang mit der Vollständigkeit der Physik zu begründen. Die einzelwissenschaftliche Perspektive verliert in unserem reduktionistischen Programm nichts, weil die Besonderheit, mit der sie uns und die Welt darstellt und erklärt, bestehen bleibt und sogar begründet wird. Alles in der Welt ist etwas Physikalisches und vollständig physikalisch beschreibbar. Um die Welt faszinierend anders zu beschreiben, brauchen wir dem nicht zu widersprechen.

In diesem Kapitel behandeln wir den Unterschied und den Zusammenhang zwischen physikalischen und einzelwissenschaftlichen Erklärungen. Wir stellen zunächst das allgemeine Modell der funktionalen und der reduktiven Erklärung vor, das sich an die Theorie kausal-funktionaler Eigenschaften anschließt und die Untersuchungen der letzten beiden Kapitel weiterführt und verallgemeinert (5.1). Dann arbeiten wir im Detail eine Strategie aus, die einen konstruktiven Ausweg aus dem Dilemma darstellt, das wir im ersten Kapitel vorgestellt haben: Durch funktionale Subtypen erreichen wir funktionale Begriffe der Einzelwissenschaften, die koextensional mit physikalischen Begriffen sind und dadurch eine konservative Reduktion der einzelwissenschaftlichen Theorien auf physikalische Theorien ermöglichen (5.2). Diesen Schritt haben wir am Ende des vorigen Kapitels bereits in den Kontext aktueller biologischer Forschung gestellt und somit anhand eines Fallbeispiels vorbereitet. Schließlich zeigen wir, wie auf dieser Grundlage die Einzelwissenschaften zwar mit der Physik reduktiv verbunden sind, andererseits aber gerade dadurch einen Beitrag zur wissenschaftlichen Beschreibung und Erklärung der Welt leisten, den die Physik nicht erbringen kann (5.3). In diesem Sinn lösen wir das Problem, mit dem das vorige Kapitel endete: wie die klassische Genetik auf die molekulare Genetik konservativ reduziert werden kann.

5.1 Funktionale und reduktive Erklärungen

Theorienreduktion zielt auf Erklärungen ab. Wir möchten durch ein reduktionistisches Pogramm verstehen, wie auf physikalischer Grundlage alle uns bekannten Phänomene in die Welt »hineinkommen«. Ausgangspunkt ist, dass alles, was im Gegenstandsbereich der Einzelwissenschaften existiert, lokale kausale Strukturen

(Modi) sind. Im Zusammenhang mit dieser Position ergibt sich, wie wir in den Kapiteln 1.2 und 2.5 argumentiert haben, dass Typen von Eigenschaften – einschließlich Typen von Konfigurationen von Eigenschaften – als Begriffe aufzufassen sind. Diese Begriffe bringen, eingebettet in ihre jeweilige Theorie, hervorstechende Ähnlichkeiten zwischen den jeweiligen Vorkommnissen (Modi) in der Welt zum Ausdruck. Diese in der Welt vorliegenden Ähnlichkeiten konstituieren natürliche Arten. Allgemein haben funktionale Beschreibungen der Einzelwissenschaften bestimmte Kausalrelationen zwischen Modi zum Gegenstand (genauer gesagt, zwischen Objekten oder Ereignissen, insofern diese bestimmte Eigenschaften haben, das heißt, in bestimmten Weisen – Modi – existieren). So bezieht sich beispielsweise die funktionale Beschreibung eines bestimmten Gentyps auf die Ähnlichkeit einiger Genvorkommnisse, die darin besteht, bestimmte phänotypische Wirkungen hervorzubringen. Aufgrund ihrer Ähnlichkeit im Hervorbringen bestimmter Wirkungen konstituieren diese Genvorkommnisse, so nehmen wir an, eine natürliche Art.

Vor diesem Hintergrund können wir eine perfekte von einer nichtperfekten Ähnlichkeit zwischen Eigenschaftsvorkommnissen (Modi) unterscheiden. Dies ist eine ontologische Unterscheidung. Modi sind in perfekter Weise ähnlich, sofern sie qualitativ gänzlich ununterscheidbar sind. In diesem Sinn sind lediglich die fundamentalen physikalischen Modi in perfekter Weise ähnlich, weil ausschließlich diese qualitativ gänzlich ununterscheidbar sind. Ein gutes Beispiel hierfür ist die Elementarladung; die Vorkommnisse negativer Elementarladung zum Beispiel sind alle exakt gleich. Eine solche perfekte Ähnlichkeit ist ausreichend, um von einer natürlichen Art zu sprechen.

Betrachten wir nun Konfigurationen fundamentaler physikalischer Modi, die ebenfalls durch Begriffe der Einzelwissenschaften beschrieben werden können. Hierzu können wir uns wiederum Genvorkommnissen zuwenden. Dabei können wir die rein theoretische Möglichkeit einer perfekten physikalischen Ähnlichkeit außer Acht lassen, da Eigenschaftsvorkommnisse der Einzelwissenschaften de facto immer physikalische Unterschiede aufweisen. Natürliche Arten, die sich durch Modi in der Welt konstituieren, die *perfekt* ähnlich (qualitativ identisch) sind, gibt es demnach nur im Bereich fundamentaler physikalischer Modi. Es geht daher im

Folgenden um die genauere Beschreibung von *nichtperfekten* Ähnlichkeiten und ihren Zusammenhang mit natürlichen Arten.

Beginnen wir mit Fällen, in denen Konfigurationen fundamentaler physikalischer Eigenschaften nichtperfekte Ähnlichkeiten sowohl aus Sicht der Einzelwissenschaften als auch aus Sicht der Physik aufweisen. Die Einzelwissenschaften betrachten diese als Eigenschaftsvorkommnisse in der Welt (f_1, f_2, f_3 usw.), die eine Beschreibung durch einen Begriff »F« zulassen, der hervorhebt, was diese Eigenschaftsvorkommnisse gemeinsam haben und was sie mithin von allen anderen Eigenschaftsvorkommnissen abhebt. Eine nichtperfekte Ähnlichkeit zwischen diesen Eigenschaftsvorkommnissen liegt nun genau dann auch auf Seiten der Physik vor, wenn diese einen Begriff »P« bilden kann, der sich auf alle und nur die durch »F« beschriebenen Eigenschaftsvorkommnisse bezieht und der in physikalischen Gesetzen auftreten kann. Stellen wir uns hierzu Genvorkommnisse (eines Gentyps) vor, die sich lediglich hinsichtlich einer einzigen fundamentalen physikalischen Eigenschaft unterscheiden.

Mit diesem Kriterium können wir auch Fälle betrachten, in denen Eigenschaftsvorkommnisse allein aus Sicht einer Einzelwissenschaft signifikante Ähnlichkeiten aufweisen. Diese Vorkommnisse können demnach durch einen Begriff »F« beschrieben werden, wohingegen die Beschreibung der physikalischen Ähnlichkeiten durch einen Begriff »P« auch auf Vorkommnisse zutrifft, die nicht unter »F« fallen. Hierzu können wir uns beispielsweise Genvorkommnisse vorstellen, die einerseits genügend biologische Ähnlichkeiten aufweisen, um unter einen Gentyp »F« zu fallen, sich andererseits aber physikalisch derart unterscheiden, dass die verbleibenden physikalischen Ähnlichkeiten auch auf Modi in der Welt zutreffen, die nicht unter »F« fallen und die eventuell noch nicht einmal etwas Biologisches darstellen. Somit steht fest, dass die Physik die nichtperfekten Ähnlichkeiten zwischen f_1, f_2, f_3 usw. nicht derart homogen zum Ausdruck bringt, dass sie sich damit ausschließlich auf diejenigen Modi bezieht, die unter »F« fallen. Dies ist somit die Situation der multiplen Referenz, aufgrund derer es allgemein keine physikalischen Begriffe gibt, die koextensional mit den Begriffen der Einzelwissenschaften sind. Wir können uns dazu unser Beispiel des »Gens für die Zellwandkomponente F_E« in Erinnerung rufen. Da »F« *kausale* Ähnlichkeiten zwischen f_1, f_2, f_3 usw. zum Ausdruck bringt, können wir vor dem Hintergrund des ontologischen Reduktionismus und der Vollständigkeit der Physik schließen, dass der Physik die konzeptuelle Möglichkeit bestimmter *Abstraktionen* fehlt, welche die Einzelwissenschaften besitzen. Es ist dabei ausgeschlossen, dass sich die Einzelwissenschaften auf nichtphysikalische kausale Kräfte beziehen oder dass die physikalische Beschreibung oder Erklärung eines einzelnen Eigenschaftsvorkommnisses (zum Beispiel f_1) unvollständig ist.

Gehen wir weiterhin davon aus, dass funktional definierte Begriffe der Einzelwissenschaften ebenfalls natürliche Arten beschreiben, so stellen sich folgende Fragen: Wie passt das dazu, dass die Physik jedes einzelne Vorkommnis eines Mitglieds einer solchen Art vollständig beschreiben kann, ohne über den betreffenden Artbegriff zu verfügen? Welchen Erklärungsbeitrag kann die Physik hinsichtlich des Vorhandenseins natürlicher Arten wie beispielsweise Genen, Bäumen oder Säugetieren in der Welt leisten? Diese Erörterung ist durch die im zweiten Kapitel begründete Identität der Vorkommnisse und das Vollständigkeitsprinzip der Physik motiviert. Anders ausgedrückt steht es außer Frage, *dass* sich die Physik auf die von den Einzelwissenschaften betrachteten natürlichen Arten beziehen kann, weil jedes von ihnen beschriebene Vorkommnis mit einem von der Physik vollständig beschreibbaren Vorkommnis identisch ist. Die Geschichte der Wissenschaften hat gezeigt, dass durch einen solchen Schritt vielerlei neue Erkenntnisse gewonnen wurden – wie beispielsweise die im vorherigen Kapitel betrachteten genetischen Zusammenhänge, die durch die Molekularbiologie und schließlich durch die Chemie und die Physik besser verstanden wurden. Versuchen wir nun die Art und Weise, wie genau die Physik einen erklärenden Beitrag für andere Wissenschaften leistet, auf eine generelle Formel zu bringen. Diese unter dem Begriff der funktionalen Reduktion bekannte Strategie lässt sich in drei aufeinander aufbauende Schritte gliedern.

1. Schritt: Funktionale Definition

Betrachten wir eine natürliche Art einer beliebigen Einzelwissenschaft, deren Vorkommnisse durch einen Begriff »F« beschrieben werden. Der Begriff »Gen für Zellwandkomponente F_E« sowie auch andere solche Begriffe wie zum Beispiel »Gen für Haut- und

Haarfarbe« beziehen sich beispielsweise auf Genvorkommnisse, die eine natürliche Art bilden. Alle diese Begriffe können funktional definiert werden. Das heißt, sie geben die charakteristischen Wirkungen an, welche die Modi (Vorkommnisse der betreffenden natürlichen Art), auf die sich der Begriff »*F*« bezieht, unter Standardbedingungen in der Welt besitzen. Das Argument für eine solche funktionale Definition einzelwissenschaftlicher Begriffe beruht auf den begründeten Annahmen, dass die Einzelwissenschaften einen Erklärungsbeitrag leisten und dass Erklärungen dessen, wieso bestimmte Phänomene in der Welt existieren, Kausalgesetze involvieren. Kurz: Der Grund dafür, dass wir die Eigenschaften – und also die natürlichen Arten –, von denen die Einzelwissenschaften handeln, anerkennen, ist, dass deren Vorkommnisse bestimmte signifikante Wirkungen hervorbringen.

Dementsprechend scheint sich in der seit den 1950er Jahren andauernden Debatte über Erklärungen der Bezug auf Kausalgesetze durchzusetzen. Der Grund hierfür ist, dass sowohl das deduktiv-nomologische Erklärungsmodell (siehe Hempel und Oppenheim 1948) und das statistische Relevanz-Modell (siehe Salmon 1971) als auch das Modell der wissenschaftlichen Erklärung durch Vereinheitlichung (siehe Friedman 1974 und Kitcher 1989) für viele Fälle als unzureichend erachtet werden (siehe Woodward 2003). Das Modell der kausalen Erklärung ermöglicht es, die Probleme der anderen Modelle genau dadurch zu lösen, dass es kausale Faktoren als dasjenige annimmt, das die Entwicklung der Welt in der Zeit bestimmt und auf diese Weise das Auftreten bestimmter Eigenschaftsvorkommnisse erklärt, wohingegen eine solche Erklärung durch reine Korrelationen oder statistische Relevanz nicht erreicht werden kann (siehe beispielsweise Cartwright 1983, Kapitel 1, und Salmon 1998, Kapitel 4 und 7). Insofern haben wir ein gutes Argument dafür anzunehmen, dass ein Begriff, eingebettet in eine Theorie, dadurch zu Erklärungen beiträgt, dass er zum Ausdruck bringt, was die Modi, auf die er sich bezieht, bewirken.

Damit treten die Begriffe der Einzelwissenschaften als *funktional* definiert in Kausalgesetzen auf, die auch einen vereinheitlichenden Charakter haben können. Hierdurch tragen wir ebenfalls dem Ansatz der Erklärung durch Vereinheitlichung Rechnung, der mit dem Modell der kausalen Erklärung kompatibel ist. Anders ausgedrückt: Die Beschreibung einer natürlichen Art ist eine funktionale, die, eingebettet in die jeweilige Einzelwissenschaft mit ihren Gesetzen, eine Kausalerklärung von Vorkommnissen dieser natürlichen Art ermöglicht, die durchaus abstrakt und somit vereinheitlichend sein kann. Sofern sich zum Beispiel eine funktionale Erklärung der Biologie auf Kausalrelationen in der Welt bezieht, die physikalisch unterschiedlich beschrieben und erklärt werden (multiple Referenz), handelt es sich bei dieser biologischen Erklärung um eine Kausalerklärung mit vereinheitlichendem Charakter.

Dieser erste Schritt, bestehend in der funktionalen Definition von Begriffen, damit diese zu (vereinheitlichenden) Kausalerklärungen beitragen können, ist kein rein konzeptueller Schritt im Rahmen der jeweiligen Einzelwissenschaft. Die Kausalerklärungen und Vorhersagen können empirisch überprüft werden – und dabei spricht der Erklärungserfolg vieler einzelwissenschaftlicher Theorien für ein realistisches Verständnis von beispielsweise Genen, Zellen oder Organismen. Des Weiteren ist dieser Schritt im folgenden Sinn theorieneutral: Unabhängig von einer metaphysischen Position kann man aus der Praxis der Einzelwissenschaften aufnehmen, dass diese die Modi, die sie behandeln, kausal-funktional definieren, indem sie deren charakteristische Wirkungen unter bestimmten Standardbedingungen angeben. Halten wir fest, dass sich die Einzelwissenschaften durch funktional definierte Begriffe, eingebettet in die jeweilige Theorie, auf Vorkommnisse von Eigenschaften beziehen, die natürliche Arten bilden.

2. Schritt: Ontologischer Reduktionismus

Aufgrund der Identität der Vorkommnisse gibt es zu jeder Beschreibung durch die Einzelwissenschaften auch eine physikalische Beschreibung. Jedes Genvorkommnis, das zu einer bestimmten phänotypischen Wirkung führt, ist mit einer komplexen physikalischen Struktur identisch und somit physikalisch beschreibbar. Die Beschreibung der Einzelwissenschaften ist funktional und damit kausal in dem Sinn, dass sie sich auf die Wirkungen bezieht, welche die betreffenden komplexen, lokalen physikalischen Strukturen *als Ganze* unter Standardbedingungen haben. Demgegenüber zielt die physikalische Beschreibung auf die *Zusammensetzung* der betreffenden lokalen Strukturen ab. So wird ein von der Biologie funktional beschriebenes Gen aus physikalischer Perspektive vor allem in seiner molekularen Zusammensetzung betrachtet. Dies ist insofern auch eine kausale Beschreibung, als die physikalischen Eigenschaften ebenfalls kausale sind. Aber die physikalische Beschreibung bezieht sich auf die Wirkungen, welche die einzelnen Komponenten einer solchen Struktur in ihren Beziehungen untereinander haben (durch die spezifische Weise, wie sie angeordnet sind), und nimmt nicht die Wirkungen der betreffenden Struktur als ganzer in einer bestimmten Umwelt ins Blickfeld.

3. Schritt: Reduktive Erklärung

Aufbauend auf den ersten beiden Schritten sei nun dargelegt, welchen Erklärungsbeitrag die Physik im Gegensatz zu den Einzelwissenschaften leisten kann und weshalb wir von Reduktion sprechen können. Gegeben das Vollständigkeitsprinzip der Physik, ist es generell unstrittig, dass eine physikalische Erklärung eines bestimmten Eigenschaftsvorkommnisses weitaus detaillierter ist als jede Erklärung seitens der Einzelwissenschaften. Dieser Punkt lässt sich anhand des Konzepts der kausalen reduktiven Erklärung präzisieren, das den Unterschied zwischen Einzelwissenschaften und Physik verdeutlicht.

Eigenschaftsvorkommnisse werden genau dann durch einen funktional definierten Begriff einer Einzelwissenschaft beschrieben, wenn sie Wirkungen haben, die in einer gegebenen Umwelt so relevant sind, dass man Begriffe bildet, um diese Wirkungen zu erfassen. Diese Kausalrelationen werden aber nicht durch die jeweilige Einzelwissenschaft vollständig erklärt. Dies hatten wir bereits bei der Diskussion der klassischen Genetik erläutert: Diese kann die Art und Weise, wie Genvorkommnisse die phänotypischen Wirkungen hervorbringen, nicht erklären (4.3). Eine vollständige Erklärung kann letzten Endes erst die Physik leisten, weil sie die kausalen Mechanismen am genauesten darlegen kann. Allgemein können wir sagen, dass die Physik erklären kann, wie die Bestandteile der jeweiligen Struktur durch Art und Weise, wie sie angeordnet sind, dann als ganze jene Wirkungen hervorbringen, welche die jeweilige Eigenschaft im Vokabular der Einzelwissenschaft charakterisieren. So geht man in der klassischen Genetik beispielsweise von der kausalen Kraft der Gene aus, bestimmte phänotypische Wirkungen hervorzubringen, ohne dass diese Kraft selbst im Vokabular der klassischen Genetik erklärt werden kann. Die molekulare Genetik bzw. letzten Endes die Physik kann hingegen eine solche Erklärung leisten, indem sie sich auf die molekulare Zusammensetzung der entsprechenden Strukturen bezieht.

In diesem Sinn spricht man, wenn es sich um eine kausale Erklärung im Vokabular einer fundamentaleren Theorie handelt, von reduktiver Erklärung. Beispielsweise ist eine Erklärung von genetischen Zusammenhängen im Vokabular der Chemie oder der statistischen oder der klassischen Mechanik ebenfalls eine reduktive Erklärung. Da somit die Physik alles erklären kann, was die Einzelwissenschaften zu erklären versuchen, und darüber hinaus ebenfalls Zusammenhänge in der Welt erklären kann, welche die Einzelwissenschaften nicht erklären, sprechen wir von Reduktion im folgenden Sinn: Alle in der Welt vorliegenden Kausalrelationen sind physikalische Kausalrelationen, welche die Physik am genauesten erklären kann.

Zusammenfassend charakterisieren wir die Erklärungen der Einzelwissenschaften als relativ abstrakte Kausalerklärungen, die allgemeine Voraussagen ermöglichen, von den genauen kausalen Mechanismen aber absehen. Letztere werden, wie gesagt, durch zunehmende Nähe zu physikalischen Details zum Ausdruck gebracht (siehe hierzu auch Machamer, Darden und Craver 2000 sowie Craver 2001 und 2007). So können die abstrakten, funktionalen Erklärungen der Einzelwissenschaften durch detaillierte kausale Erklärungen der Physik ergänzt werden, was das Ziel reduktiver Erklärungen ist. Angesichts der multiplen Realisierbarkeit bzw. der multiplen Referenz ist es mit der bisher in der Literatur entwickelten Methode funktionaler Reduktion (insbesondere Kim 1998, Kapitel 4, und 2005, Kapitel 4) jedoch nur möglich, jedes einzelne Vorkommnis, das unter einen Begriff einer Einzelwissenschaft fällt, reduktiv zu erklären, nicht jedoch, die Theorien und Gesetze der Einzelwissenschaften auf Theorien und Gesetze der Physik zu reduzieren. Dies hatten wir im Zusammenhang mit der klassischen Genetik diskutiert, deren Gesetze und Erklärungen nicht aus der molekularen Genetik abgeleitet werden können, obwohl es möglich ist, jede einzelne Kausalrelation zwischen Genvorkommnis und phänotypischer Wirkung molekular (bzw. physikalisch) zu erklären.

Die Einzelwissenschaften können hingegen physikalisch *unter-*

schiedliche Modi *homogen* beschreiben und in diesem Sinn vereinheitlichende Erklärungen geben. Diese Möglichkeit ergibt sich aus der multiplen Referenz: Kausale Strukturen, die einheitlich durch einen funktionalen Begriff »*F*« einer Einzelwissenschaft beschrieben werden, können physikalisch unterschiedlich zusammengesetzt sein. Dies heißt in anderen Worten, dass es physikalisch unterschiedliche Weisen gibt, jene Wirkungen hervorzubringen, die der funktionale Begriff »*F*« als charakteristisch heraushebt. Daraus folgt, dass unterschiedliche physikalische Beschreibungen vorliegen und somit auch unterschiedliche physikalische, reduktive Erklärungen. So ist es beispielsweise der klassischen Genetik möglich, funktionale Gemeinsamkeiten von physikalisch unterschiedlichen DNA-Sequenzen deutlich zu machen und dadurch vereinheitlichende, homogene Kausalerklärungen zu liefern. Auf diese Weise können viele beobachtbare phänotypische Eigenschaften von Organismen durch Bezug auf die kausalen Kräfte von Genen erklärt werden. Wie bereits mehrfach erwähnt wurde, ist es die kausale Kraft, einen bestimmten Phänotyp zu verursachen, die ein Gen charakterisiert – ohne dass die Weise, wie die Kausalrelation zwischen Gen und Phänotyp aussieht, in ihren physikalischen Details in Betracht gezogen wird.

Da sich die von den Einzelwissenschaften betrachteten Eigenschaften durch ihre charakteristischen Wirkungen definieren, handelt es sich bei den abstrakten, vereinheitlichenden Erklärungen ebenfalls um *Kausal*erklärungen. In solchen Fällen wird somit sowohl dem Modell der Kausalerklärung als auch dem Modell der Erklärung durch Vereinheitlichung Rechnung getragen – etwas, das wir als eine hervorzuhebende Stärke der Einzelwissenschaften ansehen.

Die Physik, deren Erklärungskraft wir bisher vor allem durch ihre Vollständigkeit gegenüber den Einzelwissenschaften charakterisiert haben, hat ebenfalls einen vereinheitlichenden Charakter. Dieser besteht in ihren universellen Theorien, die auf alles in der Welt zutreffen. Auch wenn physikalisch unterschiedliche Modi betrachtet werden, zieht die Physik zu deren Erklärung letztlich die gleichen fundamentalen und universellen Gesetze heran. Ein solcher Grad von Vereinheitlichung wird von den einzelwissenschaftlichen Gesetzen nicht erreicht, weil selbst die sehr abstrakten Gesetze der Einzelwissenschaften keine universellen Gesetze sind. Der Vorteil solcher abstrakter Kausalerklärungen besteht im Falle multipler

Referenz darin, wesentliche kausale Gemeinsamkeiten physikalisch unterschiedlicher Modi für vereinheitlichende Kausalerklärungen zu nutzen. Demgegenüber liegt der vereinheitlichende Charakter der Physik nicht im Bereich abstrakter Begriffe, sondern darin, dass ihre Gesetze universell anwendbar sind.

Vor diesem Hintergrund zeigen wir in den folgenden Unterkapiteln, wie das Dilemma von Epiphänomenalismus und Eliminativismus, das mit multipler Realisierbarkeit bzw. multipler Referenz verbunden ist, durch die folgende reduktionistische Strategie überwunden werden kann: Wir führen präzise definierte, funktionale Begriffe (Subtypen) der Einzelwissenschaften ein, die so feingliedrig sind, dass sie koextensional mit physikalischen Begriffen sind. Diesen ersten Schritt hatten wir bereits im Kontext der klassischen und molekularen Genetik erörtert bzw. vor unserer allgemeinen Diskussion in diesem Kapitel durch aktuelle genetische Forschung motiviert (4.3). Durch diese theoretisch mögliche nomologische Koextensionalität erfüllen wir die notwendigen und hinreichenden Bedingungen für eine Reduktion. Die Subtypen reichen als eine Art Brückenprinzip dafür aus, den Erkenntniswert der uns bekannten abstrakten funktionalen Begriffe, Theorien und Gesetze der Einzelwissenschaften zu begründen. Dadurch können wir erklären, dass es auch *nicht*perfekte Ähnlichkeiten zwischen Eigenschaftsvorkommnissen gibt, die natürliche Arten wie Gene, Bäume oder Menschen können. Hierdurch wird das genannte Dilemma insofern vermieden, als den einzelwissenschaftlichen Kausalerklärungen keine Elimination droht, weil sie sich auf in der Welt vorliegende Kausalrelationen beziehen, welche die Physik nicht homogen beschreiben kann. Physikalische Beschreibungen und Erklärungen bleiben vollständig und universell, doch liegen in bestimmten Fällen gezielte vereinheitlichende Beschreibungen und Erklärungen im nichtuniversellen Vokabular der Einzelwissenschaften vor.

5.2 Funktionale Subtypen und die Brücke zwischen den Wissenschaften

In diesem Unterkapitel weisen wir zunächst darauf hin, dass Koextensionalität zwischen einzelwissenschaftlichen und physikalischen Begriffen notwendig und hinreichend für Theorienreduktion ist.

Im Anschluss daran diskutieren wir sowohl von Seiten der Physik als auch von Seiten der Einzelwissenschaften, wie abstrakt physikalische Begriffe bzw. wie präzise Begriffe der Einzelwissenschaften im jeweiligen Vokabular formuliert werden können. Vor dem Hintergrund der kausalen Theorie von Eigenschaften zeigen wir daraufhin, wie man eine nomologische Koextensionalität zwischen feingliedrigen funktionalen Begriffen (Subtypen) der Einzelwissenschaften und Begriffen der Physik erreichen kann. Dadurch gelangen wir zu einer systematischen, reduktiven, aber konservativen statt eliminativistischen Verbindung von Einzelwissenschaften und Physik.

Nur auf der Basis von Koextensionalität zwischen Begriffen verschiedener Theorien ist es möglich, Gesetze einer Theorie aus Gesetzen einer anderen abzuleiten (siehe insbesondere Endicott 1998 und Fazekas 2009). Im Unterschied zur klassischen Konzeption der Reduktion von Theorien von Ernest Nagel (1961, Kapitel 11) nimmt die Konzeption der funktionalen Reduktion von Jaegwon Kim (1998, 2005) nicht explizit auf Brückenprinzipien Bezug. Wie inzwischen in der Literatur hervorgehoben wurde (siehe neben Endicott 1998, Abschnitt 8, und Fazekas 2009 auch Hüttemann 2004, Kapitel 4.3, und Marras 2005, S. 344-347), benötigt die funktionale Reduktion ebenfalls Brückenprinzipien, um beide Vokabulare zu verbinden. Denn jede reduktive Erklärung, auch wenn sie nur auf bestimmte Gruppen bezogen oder gar nur eine Erklärung von Einzelfällen ist, beruht auf Konditionalaussagen der Art »Wenn eine Struktur unter den physikalischen Begriff ›P‹ kommt, dann kommt sie auch unter den einzelwissenschaftlichen Begriff ›F‹«. Im Falle von multipler Realisierbarkeit bzw. multipler Referenz gilt die umgekehrte Konditionalaussage nicht. Nichtsdestoweniger müssen wir, um von der reduktiven Erklärung von Einzelfällen oder Gruppen zu einer Theorienreduktion zu gelangen, solche einseitigen Konditionalaussagen zu Bikonditionalen ausweiten können. Denn die Gesetze einer Einzelwissenschaft können nur dann abgeleitet werden, sofern jeder in den Gesetzen verwendete Begriff koextensional mit einem physikalischen Begriff ist.

Als einfache Fälle von Gesetzen einer Einzelwissenschaft können Aussagen über die charakteristischen kausalen Kräfte von Eigenschaften betrachtet werden. »F« ist wie gewohnt eine funktionale Definition eines Eigenschaftstyps einer Einzelwissenschaft, dessen Vorkommnisse bestimmte Wirkungen verursachen, die ebenfalls funktional definiert sind (»F_E«). Die Kausalrelation zwischen Eigenschaftsvorkommnissen, auf die »F« referiert, und Eigenschaftsvorkommnissen, auf die »F_E« referiert, entspricht einem Ceterisparibus-Gesetz: »Wenn F, dann F_E«.

Nehmen wir an, dass jedem Vorkommnis einer Kausalrelation, die unter ein Gesetz der Art »Wenn F, dann F_E« fällt, ebenfalls eine physikalische Kausalrelation zugrunde liegt. Des Weiteren sei angenommen, dass die Eigenschaftsvorkommnisse, die durch »F« beschrieben werden, sich physikalisch unterscheiden und somit durch unterschiedliche physikalische Begriffe beschrieben werden (»P_1« »P_2«, »P_3«). Dies ist der Fall der multiplen Referenz. Es gibt dann keinen physikalischen Begriff, der mit »F« koextensional ist. Gleichermaßen bezieht sich »F_E« auf Eigenschaftsvorkommnisse, die physikalisch unterschiedlich beschrieben werden (»P_{E1}«, »P_{E2}«, »P_{E3}«). Somit liegen in der physikalischen Theorie verschiedene Gesetze der Art »Wenn P_1, dann P_{E1}«, »Wenn P_2, dann P_{E2}«, und »Wenn P_3, dann P_{E3}« vor, die Kausalrelationen zwischen Eigenschaftsvorkommnissen ausdrücken, die das Gesetz »Wenn F, dann F_E« homogen beschreibt (siehe hierzu Putnam 1967/1975 und Fodor 1974/deutsch 1992).

Gehen wir weiterhin davon aus, dass sich ein funktional definierter Begriff der Einzelwissenschaften (»F«) auf Eigenschaftsvorkommnisse in der Welt bezieht, so impliziert der ontologische Reduktionismus die Identität dieser Eigenschaftsvorkommnisse mit jeweils einer lokalen physikalischen Struktur. Aufgrund der physikalischen Vollständigkeit ist diese Struktur vollständig im physikalischen Vokabular beschreibbar. Das bedeutet (im Anschluss an das vorangegangene Unterkapitel), dass jedes durch einen funktionalen Begriff einer Einzelwissenschaft beschriebene Eigenschaftsvorkommnis reduktiv erklärt werden kann. Da Koextensionalität erst noch erreicht werden muss, gehen wir davon aus, dass eine vollständige physikalische Beschreibung der betreffenden Eigenschaftsvorkommnisse im physikalischen Vokabular unterschiedlich ausfällt.

Betrachten wir nun zwei verschiedene Fälle, wobei ersterer von »minimalen« physikalischen Unterschieden zwischen Vorkommnissen von Genen eines Typs (alle durch »F« beschrieben) ausgeht. Beispielsweise könnten einige Genvorkommnisse ein zusätzliches Elektron aufweisen. Zuerst mag man vermuten, dass es sich hierbei um einen Fall der multiplen Referenz handelt, weil den jeweiligen Genvorkommnissen unterschiedliche physikalische Strukturen zugrunde liegen und sie somit auch kausale Unterschiede aufweisen. Es ist aber auch möglich, dass die jeweiligen reduktiven Erklärungen der Genvorkommnisse bzw. des Kausalgesetzes »Wenn F, dann F_E« sich nicht unterscheiden, weil jene physikalischen Unterschiede in den reduktiven Erklärungen keine Rolle spielen. In anderen Worten: Die physikalischen Beschreibungen der Genvorkommnisse, die zu einer vollständigen reduktiven Erklärung notwendig und hinreichend sind, können sich trotzdem gleichen.

In einem solchen Fall liegt somit keine multiple Referenz vor, weil es *innerhalb* der physikalischen Theorien möglich ist, von Details zu abstrahieren, um eine Koextensionalität zwischen »F« und einer homogenen physikalischen Beschreibung zu erreichen. Mit den begrifflichen Mitteln der fundamentalen physikalischen Theorien kann man eine homogene physikalische Beschreibung »P« konstruieren, die qua dem Gesetz »Wenn P, dann P_E« ausreicht, um eine reduktive Erklärung von »Wenn F, dann F_E« zu leisten. Wenn im Folgenden von konstruierten physikalischen Begriffen die Rede sein wird, dann ist damit eine solche Abstraktion gemeint, die nichtsdestoweniger dadurch bestimmt ist, dass alle *relevanten* kausalen Kräfte benannt werden, wodurch eine homogene reduktive Erklärung möglich wird.

Betrachten wir nun den zweiten Fall, bei dem die Konstruktion einer solchen zu »F« koextensionalen physikalischen Beschreibung »P« nicht möglich ist, da es sich um relevante physikalische Unterschiede zwischen den Eigenschaftsvorkommnissen handelt, die lediglich durch »F« bzw. »F_E« einheitlich beschrieben werden können. Das Gesetz »Wenn F, dann F_E« bezieht sich auf Kausalrelationen in der Welt, auf die das Gesetz »Wenn P, dann P_E« nicht in allen Fällen zutrifft, weil sich der Begriff »P« bzw. »P_E« nicht auf alle durch »F« bzw. »F_E« beschriebenen Eigenschaftsvorkommnisse bezieht. Dies ist demnach der Fall, bei dem für die durch »Wenn F, dann F_E« beschriebenen Kausalrelationen unterschiedliche physikalische Beschreibungen und Gesetze wie »Wenn P_1, dann P_{E1}«, »Wenn P_2, dann P_{E2}« oder »Wenn P_3, dann P_{E3}« verwendet werden *müssen*, um im Einzelfall eine kohärente reduktive Erklärung zu ermöglichen.

Im Kontext der funktionalen Definition »F« ist dies so zu ver-

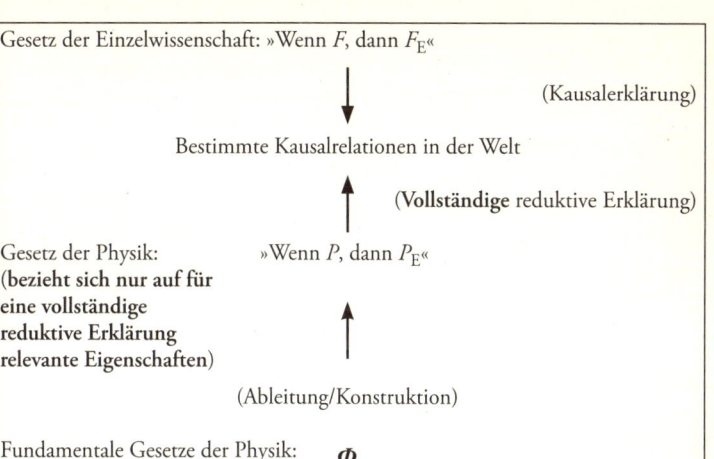

Abb. 15: Konstruktion von physikalischen Begriffen für vollständige reduktive Erklärung

stehen, dass die durch »F_E« zum Ausdruck gebrachten charakteristischen Effekte sich sowohl physikalisch unterscheiden als auch auf physikalisch unterschiedliche Weise hervorgebracht werden. Dies bedeutet, dass die Kausalerklärung mittels »Wenn F, dann F_E« der Einzelwissenschaft sich auf physikalisch unterschiedliche Kausalrelationen bezieht. Nehmen wir der Einfachheit halber an, dass es jeweils zwei unterschiedliche physikalische Konfigurationen gibt, auf die sich »F« bzw. »F_E« beziehen. Somit liegen einer reduktiven Erklärung entweder »Wenn P_1, dann P_{E1}« oder »Wenn P_2, dann P_{E2}« als physikalische Gesetze zu Grunde. So kann es beispielsweise zwei unterschiedliche Typen von DNA-Sequenzen geben, auf die sich der Gentyp »F« bezieht, und folglich gibt es zwei physikalisch unterschiedliche kausale Zusammenhänge, die zur Produktion physikalisch unterschiedlicher Proteine führen, die schließlich beide unter Standardbedingungen in den durch »F_E« zum Ausdruck gebrachten phänotypischen Effekt münden. Diese zwei unterschiedlichen Weisen kann man sich, wie bereits im vorigen Kapitel erörtert, als zwei unterschiedliche Typen von Kausalrelationen zwischen der betreffenden DNA-Sequenz und der Proteinsynthese in den entsprechenden Zellen vorstellen.

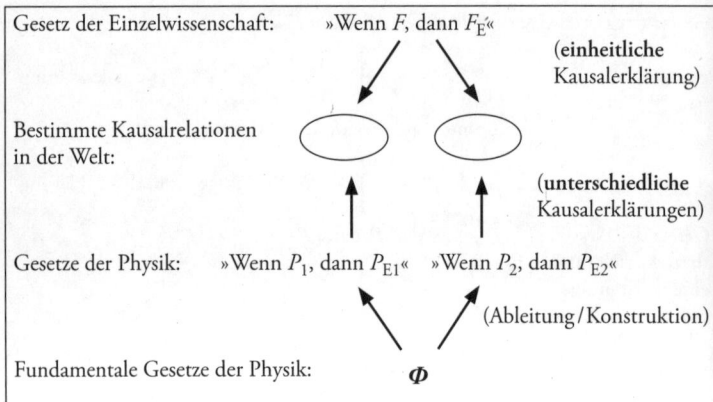

Abb. 16: Unterschiedliche Kausalrelationen

Die charakteristischen Effekte der betreffenden Eigenschaftsvorkommnisse auf physikalisch unterschiedliche Weise hervorzubringen, bedeutet präziser gefasst, dass das Gesetz »Wenn F, dann F_E«
einen Typ von Kausalrelation zum Ausdruck bringt, in den physikalische Eigenschaften unterschiedlicher Typen involviert sind.
Diese seien wie gewohnt durch »P_1« und »P_2« bzw. »P_{E1}« und »P_{E2}«
beschrieben. Vor dem Hintergrund der kausalen Theorie von Eigenschaften liegen nur dann zwei qualitativ unterschiedliche physikalische Eigenschaftstypen vor, wenn sich die entsprechenden
Vorkommnisse in den Wirkungen unterscheiden, die sie hervorbringen können. Es bestehen somit unterschiedliche Arten von
Kausalrelationen zwischen den durch »P_1« und »P_2« beschriebenen
Eigenschaften und deren physikalischer Umwelt. Infolgedessen ergeben sich drei unterschiedliche Fälle, die wir an dieser Stelle klar
voneinander trennen möchten.

Erstens besteht die Möglichkeit, dass in bestimmen Situationen
(nennen wir diese *Extremsituationen am Rande der Standardbedingungen*) infolge der physikalischen Unterschiede die *Wahrschein lich-
keiten* verschieden sind, ob die Kausalrelation verhindert wird. So
kann man sich vorstellen, dass bestimmte physikalische Einflüsse
mit einer relativ hohen Wahrscheinlichkeit verhindern, dass Strukturen, die unter »P_{E1}« fallen, auf Strukturen, die unter »P_1« fallen,
folgen – und somit in diesem Fall das Gesetz »Wenn F, dann F_E« der

Einzelwissenschaften nicht zutrifft. Andererseits verhindern die gleichen physikalischen Einflüsse nur mit einer relativ geringen Wahrscheinlichkeit, dass Strukturen, die unter »P_{E2}« fallen, auf Strukturen, die unter »P_2« fallen, folgen – und somit trifft das Gesetz »Wenn F, dann F_E« fast immer zu. Die physikalischen Unterschiede werden insofern unter bestimmten Bedingungen statistisch relevant. Vereinfacht lassen sich zur Illustration solcher Situationen physikalische Einflüsse angeben, aufgrund derer es bei der durch »P_1« beschriebenen DNA-Sequenzen nicht (oder seltener) zur RNA-Transkription (und anschließenden Proteinsynthese) kommt, wohingegen dies bei den durch »P_2« beschriebenen DNA-Sequenzen (öfter) der Fall ist.

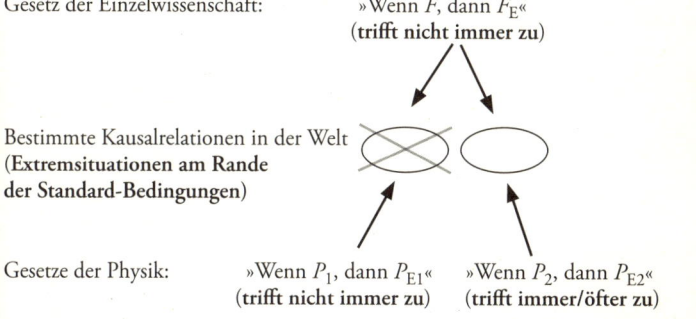

Abb. 17: Kausalrelationen in Extremsituationen am Rande von Standardbedingungen

Kommen wir nun auf den zweiten Fall zu sprechen, bei dem wir genauer die zwei möglichen physikalischen *Weisen* oder Mechanismen unterscheiden, die durch »Wenn F, dann F_E« zum Ausdruck gebrachte Kausalrelation hervorzubringen. Es lassen sich Situationen (*Extremfälle innerhalb der Standardbedingungen*) vorstellen, die derart sind, dass die Wirkungen der Art »P_{E1}« bzw. »P_{E2}« zwar (im Unterschied zum ersten Fall) immer hervorgebracht werden, es jedoch beispielsweise zwischen den durch »Wenn P_1, dann P_{E1}« und den durch »Wenn P_2, dann P_{E2}« beschriebenen Fällen Zeitunterschiede in der Produktion der charakteristischen Wirkungen gibt. Solche Situationen lassen sich, wie schon im vorherigen Kapitel (4.3) ausführlich beschrieben, im Bereich der Genetik sehr gut empirisch belegen.

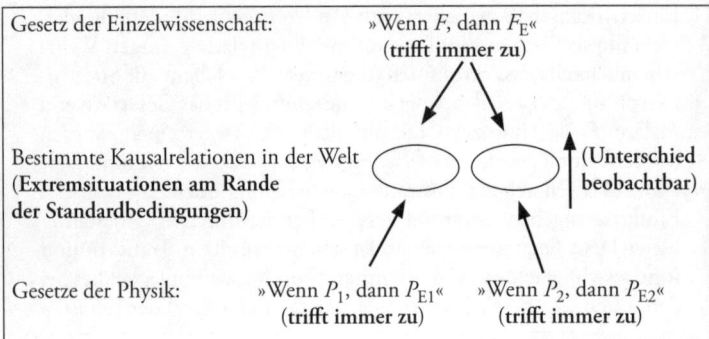

Abb. 18: Kausalrelationen in Extremsituationen innerhalb der Standardbedingungen

Bevor wir uns dem dritten und letzten Fall zuwenden, möchten wir auf die physikalischen Unterschiede der phänotypischen Wirkungen eingehen, von denen wir bisher ausgegangen waren. An erster Stelle können wir festhalten, dass unsere Betrachtung der ersten beiden Fälle davon unabhängig ist, ob die phänotypischen Wirkungen physikalisch unterschiedlich sind. In *Extremsituationen am Rande der Standardbedingungen* (Fall 1) treten unterschiedliche Wahrscheinlichkeiten für das Hervorbringen der phänotypischen Wirkungen auf, auch wenn es sich um das Hervorbringen von physikalisch gleichen phänotypischen Wirkungen handelt.

Liegen jedoch physikalische Unterschiede (»P_{E1}« und »P_{E2}«) bei den phänotypischen Wirkungen (»F_E«) vor, so lassen sich für diese ebenfalls *Extremsituationen am Rande der Standardbedingungen* betrachten. In diesen Situationen zeigen die physikalischen Unterschiede ihrerseits unterschiedliche Wahrscheinlichkeiten für das Hervorbringen der charakteristischen Wirkungen auf. Da die phänotypischen Wirkungen, die unter den Begriff »F_E« fallen, selbst funktional definiert sind, können wir analog zu unseren bisherigen Untersuchungen das Gesetz »Wenn F_E, dann F_{EE}« betrachten. Gehen wir davon aus, dass die Eigenschaftsvorkommnisse, die unter »F_{EE}« fallen, selbst physikalisch unterschiedlich sind, liegen entsprechend die physikalischen Gesetze »Wenn P_{E1}, dann P_{EE1}« und »Wenn P_{E2}, dann P_{EE2}« vor. In diesem Fall kann es Situationen geben, in denen die Wahrscheinlichkeit relativ hoch ist, dass die durch »Wenn P_{E1}, dann P_{EE1}« beschriebene Kausalrelation verhindert oder unterbrochen wird. Demgegenüber ist unter gleichen Bedingungen die Wahrscheinlichkeit relativ gering, dass die durch »Wenn P_{E2}, dann P_{EE2}« beschriebene Kausalrelation verhindert oder unterbrochen wird.

So kann man sich vorstellen, dass bestimmte physikalische Einflüsse mit einer bestimmten Wahrscheinlichkeit verhindern, dass Strukturen, die unter »P_{EE1}« fallen, auf Strukturen, die unter »P_{E1}« fallen, folgen – und somit in diesem Fall das Gesetz »Wenn F_E, dann F_{EE}« der Einzelwissenschaften nicht zutrifft. Andererseits verhindern die gleichen physikalischen Einflüsse nur mit einer relativ geringen Wahrscheinlichkeit, dass Strukturen, welche unter »P_{EE2}« fallen, auf Strukturen, die unter »P_{E2}« fallen, folgen. In diesem zweiten Fall würde das Gesetz »Wenn F_E, dann F_{EE}« zutreffen. Die physikalischen Unterschiede werden insofern unter bestimmten Bedingungen statistisch relevant. In anderen Worten: Man kann physikalische Einflüsse angeben, durch welche die durch »P_{E1}« beschriebenen Proteine andere Wechselwirkungen aufweisen, so dass es nicht zu den Wirkungen kommt, die durch »F_{EE}« beschrieben werden. Demgegenüber ist dies bei Proteinen, die durch »P_{E1}« beschrieben sind, nicht der Fall. Physikalisch unterschiedliche Proteine können beispielsweise eine unterschiedliche dreidimensionale Struktur aufweisen und aufgrund dessen beispielsweise zu unterschiedlichen Wahrscheinlichkeiten führen, Zellmembrane zu passieren, so dass es zu entsprechend unterschiedlichen Wahrscheinlichkeiten kommt, die charakteristischen Wirkungen hervorzubringen. Des Weiteren besitzen physikalisch unterschiedliche Proteine unterschiedliche Denaturierungsgrade (eine unterschiedliche Resistenz gegen Säuren, Salze oder organische Lösungsmittel). Es lassen sich Situationen empirisch belegen, in denen physikalisch unterschiedliche Proteine entsprechend unterschiedliche Wahrscheinlichkeiten mit sich bringen, die charakteristischen Wirkungen hervorzubringen (siehe die Diskussion in Kapitel 4.3).

Liegen physikalische Unterschiede (»P_{E1}« und »P_{E2}«) bei den phänotypischen Wirkungen (»F_E«) vor, so lassen sich für diese physikalischen Unterschiede ebenfalls Situationen gemäß den *Extremfällen innerhalb der Standardbedingungen* betrachten. In diesen Situationen führen die physikalischen Unterschiede der phänotypischen Wirkungen dazu, dass es zu unterschiedlichen Arten und

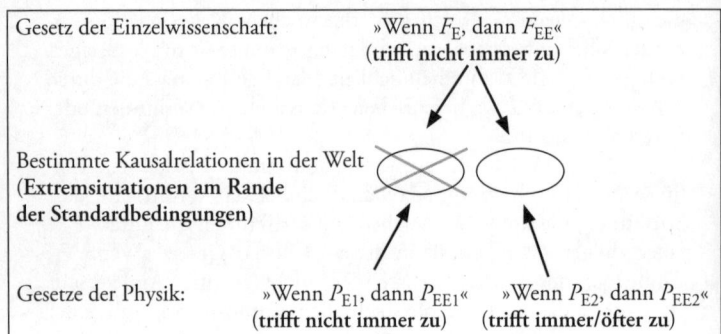

Abb. 19: Weitere Extremsituationen am Rande der Standardbedingungen

Weisen des Hervorbringens der Wirkungen kommt. Die phänoty-pischen Wirkungen, die unter den Begriff »F_E« fallen, sind selbst funktional definiert und erscheinen analog zu unseren bisherigen Untersuchungen im Gesetz »Wenn F_E, dann F_{EE}«. Da wir an die-ser Stelle davon ausgehen, dass die Eigenschaftsvorkommnisse, die unter »F_{EE}« fallen, selbst physikalisch unterschiedlich sind, liegen entsprechend die physikalischen Gesetze »Wenn P_{E1}, dann P_{EE1}« und »Wenn P_{E2}, dann P_{EE2}« vor. In diesem Fall kann es also *Ex-tremfälle innerhalb der Standardbedingungen* geben, in denen sich die durch »Wenn P_{E1}, dann P_{EE1}« zum Ausdruck gebrachten Kau-salrelationen derart von denen durch »Wenn P_{E2}, dann P_{EE2}« zum Ausdruck gebrachten unterscheiden, dass dieser Unterschied nicht ausschließlich auf den physikalischen Bereich beschränkt bleibt. Diese Situationen sind derart, dass Strukturen der Art »P_{EE1}« bzw. »P_{EE2}« zwar immer hervorgebracht werden, es jedoch beispielsweise die genannten Zeitunterschiede gibt. Solche Situationen lassen sich im Bereich der genetischen Forschung empirisch belegen, da diese immer besser imstande ist, Funktionsunterschiede von physikalisch ähnlichen Proteinen hervorzuheben (siehe auch die Diskussion in 4.3).

Vor diesem Hintergrund können wir uns nun dem dritten und letzten Fall zuwenden, in dem die durch »P_1« und »P_2« be-schriebenen physikalischen Unterschiede keine Auswirkungen im Hinblick auf das Hervorbringen der Wirkungen haben, die unter »F_E« fallen. Es bestehen keine beobachtbaren Unterschiede, weil

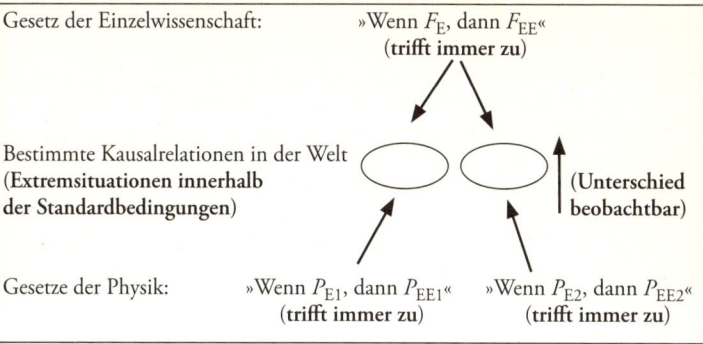

Abb. 20: Weitere Extremsituationen innerhalb der Standardbedingungen

normale Standardbedingungen vorhanden sind. Diese sind physikalische Umweltbedingungen, welche die Kausalrelation, die »Wenn F, dann F_E« zum Ausdruck bringt, in keiner für die Einzelwissenschaften erkennbaren Weise beeinflussen.

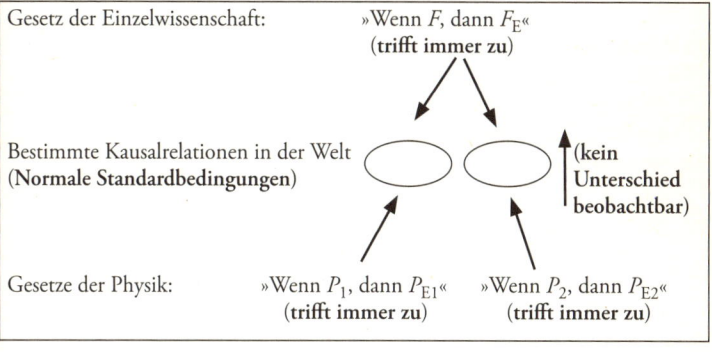

Abb. 21: Kausalrelationen unter normalen Standardbedingungen

Solche Standardbedingungen lagen in den beiden bisherigen Fällen nicht vor, so dass die physikalisch unterschiedlichen Eigenschaftsvorkommnisse, die durch »P_1« bzw. »P_2« beschrieben werden, in Bezug auf das Hervorbringen von Eigenschaftsvorkommnissen unterschieden werden konnten, die durch »P_{E1}« bzw. »P_{E2}« zum Ausdruck gebracht wurden. Auch wenn die Standardbedingungen für Kausalrelationen niemals vollständig im Vokabular der Einzelwissenschaften ausgedrückt werden können, stellt sich die Frage, ob nicht auch die Einzelwissenschaften in Situationen wie des ersten und zweiten Falles (deren Übergang fließend ist) zwischen den Strukturen »P_1« und »P_2« unterscheiden können.

Vereinfacht lässt sich sagen, dass das Gesetz »Wenn F, dann F_E« zum Ausdruck bringt, *dass* eine Kausalrelation vorliegt – ohne dabei den Mechanismus dieser Kausalrelation im Einzelnen zu erklären. Nichtsdestoweniger sind in den ersten beiden Fällen die Einzelwissenschaften in der Lage, die physikalisch unterschiedlichen Strukturen ebenfalls zu unterscheiden. Ausgehend vom ersten Fall können die Einzelwissenschaften beispielsweise die Unterschiede in den Wahrscheinlichkeiten berücksichtigen, mit der Strukturen, die unter »F_E« fallen, auf Strukturen, die unter »F« fallen, folgen. Ausgehend von Situationen wie im zweiten Fall beschrieben können die Einzelwissenschaften die unterschiedlichen Weisen (Mechanismen) berücksichtigen, wie die Wirkungen hervorgebracht werden, auf die sie sich konzentrieren. So können beispielsweise systematische Unterschiede in der Zeit, in der diese Wirkungen hervorgebracht werden, in die funktionalen Beschreibungen der Einzelwissenschaften Eingang finden.

Eine präzise Berücksichtigung beobachtbarer unterschiedlicher Wahrscheinlichkeiten oder Weisen des Hervorbringens der betreffenden Wirkungen führt insofern dazu, dass man funktional definierte Begriffe einführen kann, die koextensional mit den physikalischen Begriffen sind. Man kann demnach einzelwissenschaftliche Begriffe konstruieren, die mit »P_1« und »P_2« koextensional sind und die somit die physikalischen Unterschiede berücksichtigen (siehe zur Möglichkeit, präzisere funktionale Begriffe der Einzelwissenschaften einzuführen, auch Bechtel und Mundale 1999, S. 201-204, die allerdings die abstrakten funktionalen Begriffe zugunsten präziserer funktionaler Begriffe eliminieren). Dies sind die so genannten Subtypen »F_1« und »F_2«.

Diese Möglichkeit lässt sich ebenfalls auf die Beschreibung »F_E« anwenden, sofern entsprechende physikalische Unterschiede vorliegen. Um die weitere Untersuchung im Kontext von Gesetzen in einer übersichtlichen Form fortzuführen, gehen wir im Folgenden jedoch davon aus, dass lediglich im Falle von »F« eine multiple Referenz vorliegt, wohingegen dies bei »F_E« nicht der Fall ist. Gemäß

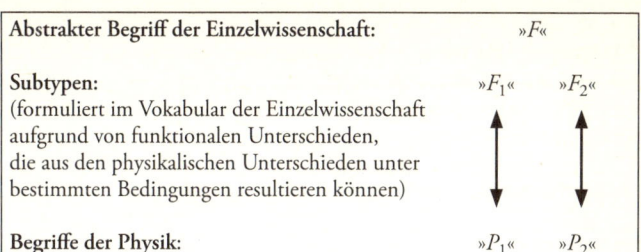

Abstrakter Begriff der Einzelwissenschaft:	»F«	
Subtypen:	»F_1«	»F_2«
(formuliert im Vokabular der Einzelwissenschaft aufgrund von funktionalen Unterschieden, die aus den physikalischen Unterschieden unter bestimmten Bedingungen resultieren können)		
Begriffe der Physik:	»P_1«	»P_2«

Abb. 22: Die Konstruktion von Subtypen

unserem Argument haben wir somit die funktionalen Subtypen »F_1« und »F_2« im Vokabular der Einzelwissenschaften gebildet, so dass diese koextensional mit den physikalischen Typen »P_1« und »P_2« sind. Für Eigenschaftsvorkommnisse, die unter den Begriff »F_E« fallen, seien im Folgenden keine relevanten physikalischen Unterschiede angenommen. Somit ist der Begriff »F_E« mit »P_E« koextensional. Vor diesem Hintergrund ist es im Vokabular der Einzelwissenschaften möglich, präzisere Gesetze zu formulieren, die im ersten Fall die Form »Wenn F_1, dann, mit der Wahrscheinlichkeit c_1, F_E« bzw. »Wenn F_2, dann, mit der Wahrscheinlichkeit c_2, F_E« haben. Analog dazu ergeben sich aus den Situationen des zweiten Falls die Subtypen »F_1« und »F_2«, die beispielsweise den Zeitparameter berücksichtigen, so wie wir dies bereits im vorherigen Kapitel erörtert hatten (4.3). Dadurch können wir Gesetze der Art »Wenn F_1, dann, nach der Zeit t_1, F_E« bzw. »Wenn F_2, dann, nach der Zeit t_2, F_E« formulieren.

Unter Subtypen verstehen wir funktional definierte Begriffe der Einzelwissenschaften, die *nomologisch* koextensional mit physikalischen Begriffen sind. Eine solche nomologische Koextensionalität ergibt sich in den ersten beiden Fällen deshalb, weil es dort für *jeden* möglichen relevanten physikalischen Unterschied Situationen gibt, in denen diese Unterschiede nicht ausschließlich auf den physikalischen Bereich beschränkt bleiben. Aus jeder möglichen physikalischen Weise, wie eine Kausalrelation (die durch ein Gesetz der Einzelwissenschaften beschrieben wird) hervorgebracht wird, ergeben sich kausale Unterschiede in der betreffenden Kausalrelation, welche die Einzelwissenschaften in ihrem funktional definierten

Vokabular berücksichtigen können. Daraus folgt die prinzipielle Möglichkeit, für jeden funktionalen Typ Subtypen im Vokabular der betreffenden Einzelwissenschaften derart zu konstruieren, dass diese Subtypen nomologisch koextensional mit physikalischen Typen sind.

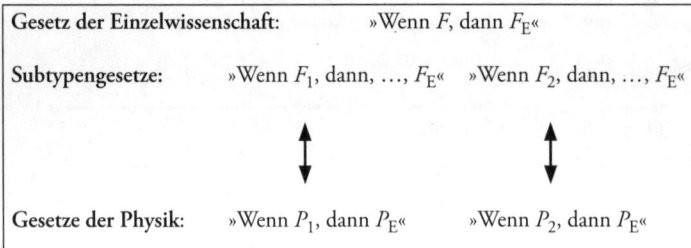

Abb. 23: Die Konstruktion von Subtypengesetzen

Auf diese nomologische Koextensionalität aufbauend können wir nun den wissenschaftlichen Erkenntniswert der Subtypengesetze wie folgt beschreiben: Diese Gesetze lassen sich aus der Physik ableiten. Unter der zuvor begründeten Annahme, dass »F_1« mit »P_1«, »F_2« mit »P_2« und »F_E« mit »P_E« koextensional sind, können die Gesetze der Art »Wenn F_1, dann, …, F_E« aus »Wenn P_1, dann P_E« bzw. »Wenn F_2, dann, …, F_E« aus »Wenn P_2, dann P_E« abgeleitet werden. Somit ergeben sich nun homogene reduktive Erklärungen seitens der Physik für die Kausalrelationen, welche die genannten Subtypengesetze ausdrücken. Ein hiervon ausgehender Erkenntniswert ist kohärent mit der Vollständigkeit der Physik und der Identität der Vorkommnisse.

5.3 Konservative Theorienreduktion und der Erkenntniswert der Einzelwissenschaften

Subtypengesetze lassen sich, gegeben die Koextension der Subtypen mit physikalischen Typen, aus der Physik ableiten. Die Frage ist daher, inwiefern sich die Subtypengesetze und die abstrakten Gesetze einer Einzelwissenschaft einerseits gleichen und andererseits unterscheiden. Das abstrakte Gesetz der Einzelwissenschaften »Wenn

F, dann F_E« erfasst die Kausalrelation zwischen Eigenschaftsvorkommnissen, die unter »F« bzw. »F_E« fallen. Diese Kausalrelation wird – mit einem Unterschied – in gleicher Weise durch die Subtypengesetze »Wenn F_1, dann, …, F_E« und »Wenn F_2, dann, …, F_E« zum Ausdruck gebracht. Der Unterschied liegt in der Hinzunahme von funktionalen Details dieser Kausalrelation in den Subtypengesetzen. Dabei ist es wichtig zu beachten, dass sich diese funktionalen Details stets auf die gleiche Kausalrelation beziehen (die durch »Wenn F, dann F_E« zum Ausdruck gebracht wird). In anderen Worten: Die Tatsache, dass die Subtypengesetze die Wahrscheinlichkeit und die Weise des Hervorbringens der entsprechenden Wirkung präzisieren, ändert nichts daran, dass sie die gleiche Kausalrelation ausdrücken. Es kommen lediglich Wahrscheinlichkeiten oder andere funktional relevante Details hinzu. Deshalb kann man von einem rein *theorieimmanenten* Abstraktionsunterschied sprechen. Subtypengesetze spiegeln das Maximum an Vollständigkeit von Kausalerklärungen wider, das sich innerhalb einer Einzelwissenschaft erzielen lässt. Dieses Maximum erreicht man dadurch, dass man explizit auf *Extremfälle* innerhalb der Standardbedingungen (oder am Rande der Standardbedingungen) eingeht, so wie dies beispielsweise in der genetischen Forschung der Fall ist. Demgegenüber setzen die abstrakten Gesetze der Einzelwissenschaften implizit *normale* Standardbedingungen voraus, wie wir sie im vorherigen Unterkapitel als dritten Fall beschrieben haben: physikalische Umweltbedingungen, bei denen die physikalischen Unterschiede nicht zum Vorschein kommen.

Wie kann man nun einen Beitrag der abstrakten Gesetze der Einzelwissenschaften zur wissenschaftlichen Beschreibung und Erklärung der Welt begründen, den die Physik nicht leisten kann? Den Erkenntniswert der Subtypengesetze haben wir bereits so beschrieben, dass er in keinem Konflikt mit der Physik steht. Das folgt aus der möglichen Reduzierbarkeit der Subtypengesetze aufgrund der erreichten nomologischen Koextensionalität. Gegen einen echten Erkenntniswert spricht jedoch vor allem, dass die Subtypengesetze eben aufgrund der Koextensionalität ihrer Begriffe eliminierbar sind, da die physikalischen Begriffe und Gesetze genauer und in fundamentale und universelle Theorien eingebettet sind. An diesem Punkt hatte das vorherige Kapitel geendet. Die Subtypen und die entsprechenden Gesetze sagen nichts aus, was über die koex-

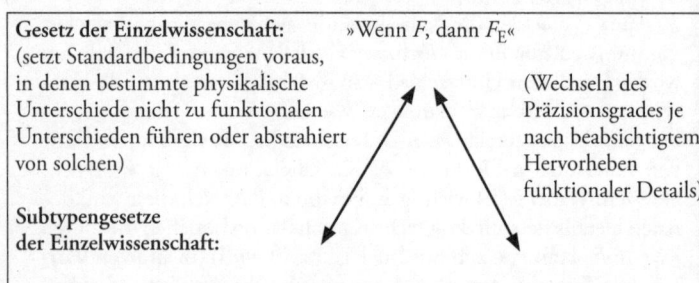

Gesetz der Einzelwissenschaft: »Wenn F, dann F_E«
(setzt Standardbedingungen voraus,
in denen bestimmte physikalische
Unterschiede nicht zu funktionalen
Unterschieden führen oder abstrahiert
von solchen)

(Wechseln des
Präzisionsgrades je
nach beabsichtigtem
Hervorheben
funktionaler Details)

**Subtypengesetze
der Einzelwissenschaft:**

»Wenn F_1, dann, …, F_E« »Wenn F_2, dann, …, F_E«

(präzisieren die durch das Gesetz »Wenn F, dann F_E« beschriebene Kausalrelation unter Hinzunahme der Subtypen, die funktionale Aspekte herausstellen, die unter bestimmten Bedingungen aus den physikalischen Unterschieden resultieren und die im abstrakten Gesetz »Wenn F, dann F_E« nicht hervorgehoben sind

Abb. 24: Vergleich von Gesetzen und Subtypengesetzen der Einzelwissenschaften

tensionalen molekularen bzw. physikalischen Begriffe und Gesetze hinausgeht.

Demgegenüber haben wir allerdings gezeigt, dass die abstrakten Gesetze der Einzelwissenschaften eine Kausalrelation hervorheben, welche die Subtypengesetze in detaillierterer Weise ebenfalls zum Ausdruck bringen. Daraus ergibt sich, dass der vollzogene theorieimmanente Abstraktionsschritt – von Subtypengesetzen zu einem abstrakten Gesetz – ein legitimer Schritt ist, um die Gemeinsamkeit der entsprechenden Subtypengesetze hervorzuheben. Anders ausgedrückt: Wann immer sich zwei oder mehr Subtypengesetze hinsichtlich einer Kausalrelation gleichen, ist es unter Absehung ihrer Unterschiede möglich, ein abstraktes Gesetz zu formulieren, das ausschließlich jene Kausalrelation zum Ausdruck bringt. Dies ist der Schritt, der von Subtypengesetzen zu jenen abstrakten Gesetzen führt, die uns in der Praxis der Einzelwissenschaften so geläufig sind (beispielsweise von Subtypengesetzen zu den abstrakten Gesetzen der klassischen Genetik). Somit gilt auch für die abstrakten Gesetze, was wir für die entsprechenden Subtypengesetze bereits gezeigt haben: dass sie nicht im Konflikt mit der Physik stehen. Darüber hinaus können die abstrakten Gesetze der Einzelwissenschaften im Unterschied zu den Subtypengesetzen nicht eliminiert werden, weil für ihre Begriffe keine koextensionalen physikalischen Begriffe vorliegen. Die abstrakten Gesetze, beispielsweise der klassischen Genetik, heben objektiv vorhandene, signifikante Ähnlichkeiten in den Kausalbeziehungen zwischen komplexen Strukturen heraus, welche die Physik (bzw. die molekulare Genetik) in ihren Begriffen nicht homogen erfassen kann.

Wir möchten nun einen zusammenfassenden Überblick der besprochenen Schritte geben, die wesentlich für den Status der multiplen Referenz, der Frage der natürlichen Arten und den Platz der Einzelwissenschaften im wissenschaftlichen System sind. Ausgangspunkt ist wiederum die Identität der Vorkommnisse und die Vollständigkeit der Physik. Daraus ergibt sich, dass multiple Realisation oder multiple Referenz als antireduktionistisches Argument zu einem Dilemma führt, weil dieses Argument die systematische Verbindung zwischen den Einzelwissenschaften und der Physik unterminiert. Vor diesem Hintergrund haben wir gezeigt, dass es auf der Grundlage der kausalen Theorie von Eigenschaften in jedem Falle multipler Referenz möglich ist, feingliedrige funktionale Begriffe der Einzelwissenschaften, so genannte Subtypen, einzuführen, die mit den konstruierten physikalischen Begriffen koextensional sind, welche diejenigen lokalen Strukturen erfassen, die mit einem Eigenschaftsvorkommnis einer Einzelwissenschaft identisch sind. Da Koextensionalität hinreichend für Reduktion ist, stehen Subtypengesetze zwar einerseits nicht im Konflikt mit der Vollständigkeit der Physik, andererseits sind sie jedoch der Möglichkeit der Elimination ausgesetzt. Unter der Abstraktion von Wahrscheinlichkeiten oder Details in der Art und Weise, wie die signifikanten Wirkungen hervorgebracht werden, ist es innerhalb einer einzelwissenschaftlichen Theorie jedoch möglich, von Subtypengesetzen zu den entsprechenden abstrakten Gesetzen zu gelangen. Da es sich bei diesen Details lediglich um die Wahrscheinlichkeiten oder Weisen des Hervorbringens einer bestimmten Wirkung handelt, kann der mögliche wissenschaftliche Erkenntniswert der Subtypengesetze im Sinne eines Brückenprinzips übernommen werden, ohne dass sich das Problem der Elimination ergibt. Denn die Physik ist nicht in der Lage, Begriffe zu bilden, die genau und nur diejenigen Strukturen erfassen, welche in bestimmten Umwelten als ganze signifikante Wirkungen gemeinsam haben, obwohl sie physikalisch verschieden zusammengesetzt sind.

Multiple Referenz stellt daher im folgenden Sinn *kein* antireduktionistisches Argument dar: Die Gesetze der Einzelwissenschaften lassen sich theorieimmanent aus Subtypengesetzen gewinnen, die durch nomologische Koextension reduktiv mit physikalischen Gesetzen verbunden sind. Dabei bringen die abstrakten Gesetze mit ihren abstrakten Begriffen (wie »*F*«) natürliche Arten zum Ausdruck, weil sie hervorstechende Ähnlichkeiten in den Wirkungen bestimmter lokaler physikalischer Strukturen unter Standardbedingungen beschreiben. Diese Wirkungen werden in ausführlicherer Weise durch die Subtypengesetze beschrieben. Die durch »*F*« zum Ausdruck gebrachte natürliche Art kommt deshalb in derselben Weise in den Subtypen »F_1« und »F_2« vor.

Während die jeweilige natürliche Art, die Gegenstand einer Einzelwissenschaft ist, noch auf der Ebene der Subtypen ausgedrückt wird, ist es der Physik aus konzeptuellen Gründen nicht möglich, diese natürliche Art homogen darzustellen. Dabei handelt es sich aber nicht um einen tiefen metaphysischen oder erkenntnistheoretischen Grund, der die Reduktion verhindert. Es ist vielmehr eine Frage der Aufteilung der wissenschaftlichen Arbeit. Die Physik bezieht sich auf die Zusammensetzung von Strukturen, während Wirkungen, die verschieden zusammengesetzte Strukturen als ganze in bestimmten Umwelten haben, nicht in ihr Blickfeld geraten. Die scheinbare Spannung zwischen den konzeptuellen Fähigkeiten der Einzelwissenschaften und der Physik können wir durch Verweis auf den kontingenten Verlauf der Evolution natürlicher Arten auf der Erde auflösen. Wie in Kapitel 3.3 bereits ausführlich geschildert wurde, sind auf der Erde biologische Arten entstanden, die sich unter bestimmten Umständen in ihren Wirkungen signifikant ähneln, obwohl sie physikalisch gesehen Unterschiede aufweisen.

Diese Tatsache erklärt die multiple Referenz (siehe dazu ausführlich Papineau 1993, Kapitel 2). Während sich der Selektionsmechanismus einfacher Systeme im Wesentlichen auf deren Stabilität bezieht, hat er sich mit dem Aufkommen von Replikationseigenschaften grundlegend verändert, womit wir den Bereich der Biologie bzw. des Lebendigen betreten und es zur natürlichen Selektion kommt. Für das Auftreten und Fortbestehen einer biologischen Art spielt vor allem die Frequenz der Replikation eine Rolle, wobei eine physikalisch *identische* Replikation unter folgender Bedingung an Wichtigkeit verliert: Treten bei der Replikation einer physikalischen Struktur physikalische Unterschiede auf, die in der gegebenen Umwelt keine negativen Auswirkungen auf die Frequenz anschließender Replikationen haben, bleiben diese physikalischen Unterschiede mit hoher Wahrscheinlichkeit bestehen. Da auf der Erde kontingenterweise Bedingungen herrschen, bei denen das Auftreten physikalischer Unterschiede nicht immer direkt negativ oder positiv selektioniert wird, heben die abstrakten biologischen Begriffe natürliche Arten hervor. Dies sind die Standardbedingungen, welche von den abstrakten Begriffen und Gesetzen der Einzelwissenschaften implizit vorausgesetzt werden. In Abwesenheit oder in Extremsituationen dieser Standardbedingungen implizieren die physikalischen Unterschiede jedoch Selektionsunterschiede, was dann das Fortbestehen der entsprechenden natürlichen Art tangiert. Dies ist der wesentliche Punkt, den die Subtypen im Gegensatz zu den abstrakten funktionalen Begriffen der Einzelwissenschaften zum Ausdruck bringen.

Vor diesem Hintergrund können wir von der konzeptuellen Fähigkeit der Einzelwissenschaften sprechen, mit ihren abstrakten Begriffen und Gesetzen andere natürliche Arten herauszugreifen, als es die Physik vermag. Unter der Annahme, dass es physikalische natürliche Arten (wie beispielsweise Elektronen) gibt, ist es innerhalb unserer Konzeption möglich, in gleicher Weise für biologische natürliche Arten zu argumentieren. Um diese Position zu stützen, möchten wir nun vier zusammenhängende Kriterien diskutieren, die im Zentrum der Debatte über natürliche Arten stehen (siehe dazu LaPorte 2004).

An erster Stelle sollten die Mitglieder natürlicher Arten natürliche Eigenschaften teilen. Mitglieder natürlicher Arten in der Physik haben kausale Eigenschaften gemeinsam – beispielsweise haben alle Elektronen eine negative Elementarladung und die gleiche Ruhemasse. Im Bereich der Biologie gehören zum Beispiel Vorkommnisse von Genen in der klassischen Genetik genau dann zu der gleichen Art, wenn ihre phänotypischen Wirkungen signifikant ähnlich sind. Aus diesem ersten Kriterium ergibt sich kein Konflikt zwischen der Physik und den Einzelwissenschaften. Weder dem ontologischen Reduktionismus noch der Vollständigkeit der Physik wird widersprochen, weil die durch die Einzelwissenschaften hervorgehobenen kausalen Ähnlichkeiten zwischen Eigenschaftsvorkommnissen derart von der jeweiligen Umwelt abhängen, dass

Von abstrakten Gesetzen der Einzelwissenschaften zu Gesetzen der Physik:	Von Gesetzen der Physik zu abstrakten Gesetzen der Einzelwissenschaften:

»Wenn F, dann F_E«

| Ausgehend von allgemeinen Gesetzen der Einzelwissenschaften, die durch Begriffe gebildet sind, die nicht mit Begriffen der Physik koextensional sind, ist es im Vokabular der Einzelwissenschaften möglich, unter Berücksichtigung zusätzlicher funktionaler Details feingliedrige Begriffe (Subtypen) und somit Gesetze zu formulieren, die nomologisch koextensional mit physikalischen Gesetzen sind. | Ausgehend von Subtypengesetzen der Einzelwissenschaften, deren Begriffe (Subtypen) koextensional mit Begriffen der Physik sind, ist es im Vokabular der Einzelwissenschaften möglich, von funktionalen Details zu abstrahieren, um zu allgemeineren Gesetzen zu gelangen, deren Begriffe eine größere Extension besitzen und die nicht koextensional mit Begriffen der Physik sind. |

»Wenn F_1, dann, nach der Zeit t_1, F_E« »Wenn F_2, dann, nach der Zeit t_2, F_E«

Nomologische Koextensionalität   **Nomologische Koextensionalität**

»Wenn P_1, dann P_E« »Wenn P_2, dann P_E«

| Da die Subtypen »F_1« und »F_E« der Einzelwissenschaft nomologisch koextensional mit den physikalischen Begriffen »P_1« und »P_E« sind, heben die Subtypengesetze genuine Kausalrelationen in der Welt hervor, ohne in Konflikt mit der Vollständigkeit der Physik und der Identität der Vorkommnisse zu geraten. | Ausgehend von der Identität der Vorkommnisse ist es möglich, Gesetze der Einzelwissenschaften einzuführen (Subtypengesetze), deren Begriffe nomologisch koextensional mit Begriffen der Physik sind, ohne die Vollständigkeit der Physik zu verletzen. |

Physik

Abb. 25: Beziehung zwischen den Gesetzen der Einzelwissenschaften und denen der Physik

physikalische Unterschiede nicht zu funktionalen Unterschieden führen.

An zweiter Stelle sollten natürliche Arten in Gesetzen vorkommen. Im Bereich der Physik ist dieser Punkt zweifellos erfüllt; denn jede physikalische natürliche Art wird durch Begriffe beschrieben, die Gesetze konstituieren. Im Bereich der Einzelwissenschaften ist diese Anforderung allerdings eine durchaus diskutierte Frage. Auf der Grundlage unserer Diskussion der Evolutionstheorie und der klassischen Genetik haben wir in diesem Kapitel für Gesetze der Einzelwissenschaften argumentiert. Letztere beschreiben Eigenschaftsvorkommnisse auf eine funktionale Weise, und diese funktionalen Definitionen konstituieren gesetzmäßige Beschreibungen von kausalen Beziehungen. Der Unterschied liegt darin, dass Gesetzesaussagen in der fundamentalen Physik strikte Gesetze zum Ausdruck bringen, während die Einzelwissenschaften Ceteris-paribus-Gesetze verwenden. Auch an dieser Stelle besteht im Rahmen unseres reduktionistischen Programms kein Konflikt zwischen Einzelwissenschaften und Physik. Die nomologische Vollständigkeit der Physik wird nicht verletzt, weil die Gesetze der Einzelwissenschaften mittels der funktionalen Subtypen systematisch mit physikalischen Gesetzen verbunden werden können.

Dem dritten Kriterium zufolge müssen die Mitglieder einer natürlichen Art eine genuine, das heißt nicht arbiträre Art konstituieren, die also nicht auf Konventionen beruht. Gehen wir einmal davon aus, dass dieses Kriterium im Bereich der Physik hinreichend erfüllt ist, auch wenn sich die Physik in Zukunft ohne Zweifel noch verändern wird. Der kritische Punkt ist die Tatsache, dass sich die Einzelwissenschaften auf Eigenschaftsvorkommnisse in der Welt beziehen, die *bereits* im Vokabular der Physik ausreichend beschrieben sind. Es liegt somit nahe, anzunehmen, dass es sich bei den einzelwissenschaftlichen Beschreibungen um Konventionen handelt, denen rein pragmatische Aspekte zugrunde liegen. Ohne dem pragmatischen Element der Einzelwissenschaften zu widersprechen, haben wir jedoch gezeigt, dass die Einzelwissenschaften mit guten Grund abstrakte Beschreibungen hervorbringen. Ihre abstraktere Herangehensweise an komplexe physikalische Strukturen gründet sich vor allem darin, dass bestimmte physikalische Unterschiede unter bestimmten Umweltbedingungen funktional nicht relevant sind. Das Hervorheben funktionaler Ähnlichkeiten im Vokabular der Biologie ist somit objektiv durch den Verlauf begründet, den die Evolution auf der Erde genommen hat. Unser konservativer Reduktionismus ist mithin damit vereinbar, mehrere Beschreibungen dessen, was es in der Welt gibt, anzuerkennen, die alle nichtarbiträr sind.

Der vierte und letzte Punkt ist, dass natürliche Arten ein hierarchisches System bilden, sofern wir von nichtarbiträren Klassifikationen ausgehen: Natürliche Arten überschneiden sich nicht – und wenn doch, dann ist eine der betreffenden Arten eine Unterklasse der anderen oder sie sind identisch. In Bezug auf das Verhältnis von abstrakten Begriffen einer Einzelwissenschaft und deren Subtypen können wir offensichtlich von einer hierarchischen Anordnung ausgehen. Die relevante Frage ist jedoch, wie wir das Verhältnis von biologischen Begriffen und natürlichen Arten gegenüber physikalischen Begriffen und natürlichen Arten verstehen können. Im Rahmen unseres reduktionistischen Programms ist eine biologische Art durch ihre Subtypen mit der Physik verbunden. Gehen wir davon aus, dass der jeweilige biologische Subtyp (F_1, F_2 usw.) eine Unterklasse des biologischen Typs (F) ist und die Subtypen jeweils nomologisch koextensional mit einem physikalischen Typ sind (P_1, P_2 usw.), dann sind diese physikalischen Typen jeweils ebenfalls eine Unterklasse des biologischen Typs (F). Das bedeutet jedoch nicht, dass *alle* physikalischen natürlichen Arten Unterklassen biologischer natürlicher Arten sind – was allein schon deshalb absurd wäre, weil die Physik universell ist und somit auch auf Eigenschaften in der Welt zutrifft, die nicht in den biologischen Bereich (oder in den Bereich irgend einer anderen Einzelwissenschaft) fallen. Unterklassen von biologischen Arten sind lediglich diejenigen komplexen physikalischen Strukturen, deren physikalische Beschreibungen nomologisch koextensional mit biologischen Subtypen sind. Die Tatsache, dass solche komplexen physikalischen Strukturen selbst aus Mitgliedern fundamentaler physikalischer natürlicher Arten zusammengesetzt sind, steht in keinem Widerspruch dazu, dass insgesamt ein hierarchisches System natürlicher Arten besteht.

Schlagen wir nun den Bogen zu den ersten beiden Kapiteln dieses Buchs, in denen wir das Dilemma der herkömmlichen Versionen des Funktionalismus deutlich gemacht und eine kausale Theorie von Eigenschaften in Form kausaler Strukturen begründet haben. Wir möchten abschließend sechs Punkte noch einmal hervorheben:

Zunächst ist (1) die kausale Theorie der Eigenschaften Voraussetzung (im Sinn einer notwendigen und hinreichenden Bedingung) dafür, in jedem Fall multipler Referenz funktionale Subtypen einführen zu können, die derart feingliedrig sind, dass sie mit physikalischen Typen koextensional sind. Wenn die physikalischen Eigenschaften reine Qualitäten wären (statt Kräfte, bestimmte Wirkungen hervorzubringen, insofern sie bestimmte Qualitäten sind), dann wäre multiple Referenz trivialerweise immer möglich. Die Subtypenstrategie hätte dann keinen Ansatzpunkt, weil *jede* funktionale Beschreibung immer durch verschiedene Typen von Anordnungen rein qualitativer physikalischer Eigenschaften (einschließlich Strukturen) erfüllt werden könnte (siehe Kapitel 1.3 und 2.3). Da hingegen die Eigenschaften kausal sind, insofern sie bestimmte Qualitäten sind, kommen physikalische Eigenschaften nur dann unter verschiedene physikalische Begriffe (Typen), wenn sie sich kausal in den Kräften, bestimmte Wirkungen hervorzubringen, unterscheiden.

Wie wir in Kapitel 4.3 im Rahmen der Genetik und in diesem Kapitel allgemein betont haben, ist es infolgedessen in jedem Fall multipler Referenz möglich, zu jedem physikalischen Typ einen funktionalen Subtyp der betreffenden Einzelwissenschaft einzuführen, der mit dem betreffenden physikalischen Typ koextensional ist. Denn gerade weil die physikalischen Typen (Begriffe) sich auf die Zusammensetzung der betreffenden lokalen Strukturen beziehen, sind es vor dem Hintergrund der kausalen Theorie von Eigenschaften kausale Unterschiede, welche die Differenz zwischen den verschiedenen physikalischen Typen konstituieren, denen im Falle multipler Referenz ein einheitlicher einzelwissenschaftlicher Typ korrespondiert. Für jeden dieser kausalen Unterschiede sind physikalisch mögliche Umweltbedingungen denkbar, in denen dieser kausale Unterschied relevant für Selektion und damit für Fitness ist. Daher ist es möglich, diese kausalen Unterschiede auch im Vokabular der betreffenden Einzelwissenschaft durch die Einführung funktionaler Subtypen zu berücksichtigen.

Diese Subtypen sind (2) mit physikalischen Typen koextensional, ohne auf bestimmte Gruppen beschränkt zu sein. Dies ist der entscheidende Unterschied zur speziesspezifischen Reduktion von Lewis und Kim und dem »new wave reductionism« von Bickle (siehe Kapitel 1.3). Die Subtypen sind ausschließlich im funktionalen Vokabular der betreffenden Einzelwissenschaft definiert.

Es handelt sich somit um rein funktionale Begriffe, und nicht um physikalisch-funktionale Mischbegriffe (Lewis, Kim) oder um physikalische Begriffe, die, jeweils auf eine bestimmte Gruppe bezogen, an die Stelle der funktionalen Begriffe treten (Bickle). Auf dieser Grundlage ist unser Ansatz in der Lage, die funktionalen Typen der Einzelwissenschaften zu integrieren, statt sie zu eliminieren. Das zeichnet unseren Ansatz als *konservativen* Reduktionismus aus.

Die Subtypen sind (3) nomologisch koextensional mit physikalischen Typen. Wenn ein funktionaler Typ der Einzelwissenschaften so abstrakt ist, dass seine Vorkommnisse unter verschiedene physikalische Typen fallen, besteht vor dem Hintergrund der kausalen Theorie der Eigenschaften ein kausaler Unterschied zwischen diesen Vorkommnissen in der Weise, *wie* sie die Wirkungen hervorbringen, die den betreffenden abstrakten Typ einer Einzelwissenschaft charakterisieren. Dies impliziert zugleich, dass der kausale Unterschied auch ein nomologischer ist: Es handelt sich um einen systematischen Unterschied in der Weise, die betreffenden Wirkungen hervorzubringen, der dazu führt, dass die verschiedenen physikalischen Typen in unterschiedlichen physikalischen Gesetzen auftreten. Infolgedessen sind die physikalischen Typen und die entsprechenden funktionalen Subtypen einer Einzelwissenschaft nomologisch miteinander korreliert, weil beide sich auf dieselben systematischen Weisen beziehen, bestimmte signifikante Wirkungen hervorzubringen. Nichtsdestoweniger ist es kein Teil unseres Programms, der einzelwissenschaftlichen Praxis vorschreiben zu wollen, solche Subtypen zu konstruieren. Wir vertreten einen konservativen Reduktionismus als Antwort auf die Frage nach der Einheit und der Vielfalt der Natur und der Naturwissenschaften, jedoch keinen methodologischen Reduktionismus.

Die funktionalen Subtypen schlagen (4) die Brücke zwischen den Einzelwissenschaften und der Physik in Form einer nomologischen Koextensionalität und erfüllen damit die notwendige und hinreichende Bedingung für Theorienreduktion. Aber gerade deshalb besteht der Beitrag der Einzelwissenschaften zur Beschreibung und Erklärung der Welt nicht in diesen Subtypen. Da diese koextensional mit physikalischen Typen sind, fügen sie nichts zur Beschreibung und Erklärung der Welt hinzu, das nicht auch die physikalischen Begriffe allein leisten könnten. Im Vergleich zu den Subtypen sind die physikalischen Begriffe vorzuziehen, da die Gesetze, in denen sie auftreten, die detailliertesten Kausalerklärungen ermöglichen und direkt in die universellen Gesetze der Physik eingebettet sind.

Allerdings gelangen wir durch theorieimmanente Abstraktion von den funktionalen Subtypen zu den funktionalen Begriffen und Gesetzen der Einzelwissenschaften. Diese erfassen objektiv bestehende, signifikante Ähnlichkeiten in der Welt, welche die Physik in ihren Begriffen nicht erfassen kann; denn diese Ähnlichkeiten haben sich kontingenterweise im Verlauf der Evolution biologischer Arten auf der Erde dadurch ergeben, dass physikalische Unterschiede unter bestimmten Umweltbedingungen nicht zu funktionalen Unterschieden führen. Deshalb leisten die Einzelwissenschaften einen Beitrag zur Beschreibung und Erklärung der Welt in Form abstrakter Kausalgesetze und -erklärungen, die sich auf diese signifikanten kausalen Ähnlichkeiten beziehen.

Nichtsdestoweniger ist der hier dargestellte Fall ein Idealfall. In der Regel führt die Reduktion über Subtypen zu einer Korrektur der ursprünglichen Begriffe und Gesetze der betreffenden einzelwissenschaftlichen Theorie im Lichte der physikalischen Erkenntnisse. So korrigiert beispielsweise die molekulare die klassische Genetik, auch wenn ein Kern der klassischen Genetik bestehen bleibt, der den genannten Erkenntnisbeitrag leistet. Mit anderen Worten: Unser konservativer Reduktionismus sichert jeweils einem Kern der einzelwissenschaftlichen Theorien einen Platz im System des Wissens, indem dieser Kern einen Beitrag zur Beschreibung und Erklärung der Welt leistet, den die Begriffe der reduzierenden physikalischen Theorie alleine nicht erbringen können.

Multiple Realisation bzw. Referenz tritt (5) dann in einem gehaltvollen Sinn auf, wenn Selektion ins Spiel kommt. Dann kann es signifikant gleiche Funktionen geben, die physikalisch unterschiedlich erfüllt werden (siehe Papineau 1993, Kapitel 2), und deshalb gibt multiple Realisation bzw. Referenz dann Anlass zu antireduktionistischen (oder eliminativistischen) Argumenten. Auf der Grundlage der kausalen Theorie von Eigenschaften zeigt unsere Subtypenstrategie, wie dennoch eine Reduktion möglich ist, die zugleich der Tatsache Rechnung trägt, dass physikalische kausale Unterschiede sich unter bestimmten Umweltbedingungen nicht als selektionsrelevante, funktionale Unterschiede im Fokus der Einzelwissenschaften manifestieren.

Die Subtypenstrategie ist allerdings nicht auf *biologische* funktionale Eigenschaften beschränkt. Sie ist beispielsweise auch auf Maschinen übertragbar. So sind Maschinen nicht durch ihre physikalische Zusammensetzung definiert, sondern durch ihre Funktionen im Sinne bestimmter signifikanter Wirkungen, die sie als ganze produzieren und aufgrund derer sie von ihren Benutzern selektiert werden. Nichtsdestoweniger implizieren Unterschiede in der physikalischen Zusammensetzung kausale Unterschiede in der Produktion dieser Wirkungen, die unter bestimmten Umständen für die Benutzer relevant sein können. Die wesentlichen Textverarbeitungs- und Internetprogramme sind beispielsweise für Computer mit Intel- und für Computer mit Macintoshprozessoren erhältlich, aber mit für den Benutzer unter Umständen durchaus relevanten Unterschieden. Es ist daher nicht nur im Falle biologischer natürlicher Arten, sondern auch im Falle künstlicher bzw. technischer Arten möglich, funktionale Subtypen im Vokabular der betreffenden Einzelwissenschaft einzuführen, die mit Typen physikalischer Strukturen koextensional sind.

Diese Überlegung trifft mithin auf alle Bereiche zu, für die Absichten von Personen wesentlich sind und in denen es verschiedene physikalische kausale Wege gibt, diese Absichten zu erreichen. In jedem solchen Fall ist es prinzipiell möglich, die betreffenden kausalen Unterschiede nicht nur physikalisch, sondern auch durch funktionale Subtypen der jeweiligen Einzelwissenschaften zu erfassen. Deshalb ist unsere Subtypenstrategie nicht nur der Schlüssel dazu, die Biologie durch eine konservative Reduktion mit der Physik zu verbinden, sondern eröffnet auch die Perspektive, die Psychologie und dann die Wirtschafts- und Sozialwissenschaften einbeziehen zu können.

Wie wir am Ende von Kapitel 2.6 betont haben, erfordert der ontologische einen epistemologischen Reduktionismus: Wenn wir die These der Identität der einzelwissenschaftlichen Eigenschaftsvorkommnisse mit lokalen physikalischen Strukturen vertreten, müssen wir zeigen, wie die einzelwissenschaftlichen Begriffe reduktiv auf physikalische Begriffe in der Beschreibung dieser Strukturen bezogen werden können. Ansonsten ist nicht nachweisbar, dass beide sich auf dieselben Eigenschaftsvorkommnisse beziehen. Die Subtypenstrategie etabliert mithin (6) nicht nur einen konservativen Theorien-Reduktionismus, sondern sichert damit zugleich auch den ontologischen Reduktionismus und dessen konservativen Charakter.

Schluss und Ausblick

Wir haben in diesem Buch für eine Position argumentiert, die auf den ersten Blick paradox zu sein scheint: Der Erkenntniswert der Einzelwissenschaften wird gerade dadurch etabliert, dass diese im Prinzip schließlich auf fundamentale und universelle Theorien der Physik reduzierbar sind. Reduktion auf die Physik führt nicht dazu, dass die Einzelwissenschaften überflüssig werden, sondern ist erforderlich, um ihnen einen Platz im System des Wissens zu sichern. Die Einzelwissenschaften erfassen in ihren abstrakten, funktionalen Klassifikationen und den entsprechenden Gesetzen relevante Ähnlichkeiten (natürliche Arten), welche die Physik in ihren Begriffen nicht erfassen kann. Wenn man jedoch aus dieser Tatsache eine anti-reduktionistische Schlussfolgerung zieht, dann können die Einzelwissenschaften nur unterliegen: Ein ontologischer Anti-Reduktionismus führt zu der Konsequenz, dass nicht verständlich ist, wie die Eigenschaften, von denen sie handeln, kausal wirksam sein können; der Grund dafür, diese Eigenschaften anzuerkennen, ist jedoch gerade, dass diese funktionale und damit kausale Eigenschaften sind. Ein epistemologischer Anti-Reduktionismus (keine Reduktion der Theorien der Einzelwissenschaften auf physikalische Theorien) führt angesichts des Prinzips der kausalen, nomologischen und explanatorischen Vollständigkeit der Physik dazu, im physikalischen Vokabular Ersatztheorien für die einzelwissenschaftlichen Theorien zu konstruieren, die sich jeweils auf eine physikalisch einheitliche Gruppe wie zum Beispiel eine Spezies beziehen. Der Erkenntniswert der Einzelwissenschaften kann dann nicht gesichert werden, weil dieser dann dem Prinzip der kausalen, nomologischen und explanatorischen Vollständigkeit der Physik zuwiderläuft.

Die Einzelwissenschaften können daher nur dann gewinnen, wenn man sie systematisch an die Physik anbindet. Wir haben in diesem Buch gezeigt, wie dieses möglich ist, und zwar in zwei Schritten:

(1) Wir haben zunächst eine Theorie kausaler Eigenschaften, genauer gesagt kausaler Strukturen, entwickelt und diese Theorie mit Argumenten begründet, die unabhängig von der Debatte um das Verhältnis zwischen Physik und Einzelwissenschaften sind.

(2) Wir haben dann diese Theorie eingesetzt, um zu zeigen, wie man trotz multipler Realisation durch funktionale Subtypen eine bikonditionale Verbindung zwischen entsprechend präzisierten einzelwissenschaftlichen und physikalischen Klassifikationen erreichen und auf diese Weise die Einzelwissenschaften systematisch und reduktiv mit der Physik verbinden kann.

Wir vertreten jedoch keinen methodologischen Reduktionismus: Wir wollen der wissenschaftlichen Praxis nicht die Vorschrift auferlegen, dass sie versuchen soll, Reduktionen über Subtypen durchzuführen. Unser Unternehmen ist eine philosophische Reflexion über die Natur und die Naturwissenschaften, die einerseits von der Tatsache der Einheit der Natur und der Naturwissenschaften, andererseits von der Tatsache ihrer Vielfalt ausgeht. Das Ziel ist, im Nachdenken über die Naturwissenschaften ein reflexives Gleichgewicht zwischen diesen beiden Polen zu erreichen und damit die Frage zu beantworten, was der Zusammenhang zwischen den vielfältigen Vorkommnissen in der Natur und den entsprechenden Theorien ist. Mit der konservativen Reduktion durch funktionale Subtypen vor dem Hintergrund der Metaphysik kausaler Strukturen werden wir beidem gerecht: der Einheit der Natur und der Naturwissenschaften, ausgedrückt im Prinzip der kausalen, nomologischen und explanatorischen Vollständigkeit der Physik; und ihrer Vielfalt, ausgedrückt im wissenschaftlichen Wert der Klassifikationen und Gesetze der Einzelwissenschaften, die kontrafaktische Aussagen stützen und abstrakte kausale Erklärungen bereitstellen, ohne dass es sich dabei um im physikalischen Vokabular formulierbare Klassifikationen und Gesetze handelt.

Die Konstruktion funktionaler Subtypen, die als Brücke zwischen den abstrakten, funktionalen Klassifikationen der Einzelwissenschaften und den physikalischen Klassifikationen fungieren, ist ein Geschäft, das *a posteriori* erfolgt. Zunächst liegen einzelwissenschaftliche und physikalische Theorien vor, die sich weitgehend unabhängig voneinander entwickelt haben. Auf dieser Grundlage kann man dann über funktionale Subtypen eine Verbindung zwischen beiden errichten. Vor dem Hintergrund der kausalen Theorie von Eigenschaften in Form kausaler Strukturen haben wir in diesem Buch gezeigt, dass es prinzipiell in jedem Fall möglich ist, eine solche Verbindung aufzubauen, und wir haben am Beispiel des Verhältnisses von klassischer und molekularer Genetik vorgeführt, wie diese Verbindung konkret Gestalt annehmen kann.

Nichtsdestoweniger legt uns der Reduktionismus auf eine stärkere Konsequenz fest: Wenn wir über das Ideal einer vollständigen physikalischen Beschreibung der Welt verfügen würden, dann könnten wir, unter der kontrafaktischen Hypothese unbegrenzter Rechenkapazität, alleine aus dieser Beschreibung und mithin *a priori* alle letztlich korrekten einzelwissenschaftlichen Beschreibungen deduzieren (vgl. Jackson 2009). Es handelt sich hierbei einfach um eine logische Konsequenz der Prinzipien der kausalen, nomologischen und explanatorischen Vollständigkeit der Physik und der globalen Supervenienz von allem, was es in der Welt gibt, auf der Verteilung der fundamentalen physikalischen Strukturen. Wenn eine solche Deduktion nicht möglich wäre, dann gäbe es Phänomene in der Welt, die sich nicht vollständig physikalisch erklären ließen. Und selbstverständlich sind mit der globalen Supervenienz von allem, was es in der Welt gibt, auf dem Bereich der fundamentalen physikalischen Strukturen auch alle Ähnlichkeitsverhältnisse in der Welt bestimmt. Durch das, was es im fundamentalen physikalischen Bereich gibt, ist somit festgelegt, welche makroskopischen Ähnlichkeiten in welchen Umwelten kausal relevant sind, so dass diese Ähnlichkeiten bestimmte natürliche Arten konstituieren und die entsprechenden Klassifikationen der Einzelwissenschaften wahr machen.

Allerdings ist hiermit nur die logische Möglichkeit der *a priori*-Deduktion *idealer* Einzelwissenschaften aus einer *idealen* Physik gegeben. Wir verfügen weder über eine ideale Physik noch über ideale einzelwissenschaftliche Klassifikationen, und wir werden auch niemals zu solchen gelangen. Die genannte logische Konsequenz des Reduktionismus ändert mithin nichts daran, dass *de facto* die Reduktion über Subtypen immer eine Angelegenheit ist, die *a posteriori* und in kleinen Schritten erfolgt, wie wir hier am Beispiel des Verhältnisses von klassischer und molekularer Genetik vorgeführt haben.

Selbst wenn man eine solche *a priori*-Deduktion durchführen könnte, würde sich nichts daran ändern, dass die einzelwissenschaftlichen Klassifikationen und Theorien keine physikalischen Klassifikationen und Theorien sind und dass sie dennoch einen wissenschaftlichen Erkenntniswert besitzen. Man könnte dann allein aus der vollständigen physikalischen Beschreibung der Welt (1) die physikalischen Begriffe zur Klassifikation derjenigen lokalen physikalischen Strukturen deduzieren, die als ganze in bestimmten Umwelten bestimmte relevante Wirkungen hervorbringen, daraus dann (2) die funktionalen Subtypen der Einzelwissenschaften deduzieren und schließlich (3) auf dieser Grundlage auch die abstrakten funktionalen Klassifikationen der Einzelwissenschaften und die entsprechenden Gesetze. Nichtsdestoweniger wäre der Übergang von (1) zu (2) nach wie vor der von physikalischen zu einzelwissenschaftlichen Begriffen – die physikalischen Begriffe erfassen die Zusammensetzung der betreffenden lokalen Strukturen, die einzelwissenschaftlichen deren signifikante Wirkungen als ganze in der gegebenen Umwelt –, nur wäre ebendieser Übergang der einer *A-priori*-Deduktion.

Wir haben uns auf die Biologie bezogen, um zu zeigen, wie ein konservativer Reduktionismus im Einzelnen durchgeführt werden kann. Die Biologie ist einerseits ein paradigmatisches Beispiel einer Einzelwissenschaft, weil sie mit funktionalen Klassifikationen arbeitet, die physikalisch multipel realisierbar sind; andererseits ist sie nicht mit den Problemen belastet, welche die Philosophie des Geistes zu einem Minenfeld machen. Allerdings können wir nicht bei der Philosophie der Biologie stehen bleiben. Der Litmustest für das Projekt eines konservativen Reduktionismus, welcher der Einheit der Natur ebenso wie ihrer Vielfalt gerecht wird, ist der Bereich mentaler Phänomene. Lässt sich die Strategie der Reduktion durch Subtypen vor dem Hintergrund der Metaphysik kausaler Strukturen ebenfalls auf diesen Bereich anwenden (siehe Soom, Sachse und Esfeld 2010 für eine erste Fallstudie)? Wenn das gelingt, dann können auch die Wirtschafts- und Sozialwissenschaften einbezogen werden. Wir müssen dazu vor allem die folgenden vier Fragen beantworten:

– Lassen sich die Phänomene der erlebten Erfahrung, die so genannten Qualia, ebenfalls kausal als funktionale Eigenschaften verstehen?

– Alle Eigenschaften, die Intentionalität und insbesondere begrifflichen Inhalt betreffen, gelten gemeinhin als funktionale Eigenschaften. Aber es ist nicht ohne weiteres klar, ob der Funktionalismus, der dort im Spiel ist, mit dem Funktionalismus lokaler kausaler Strukturen zusammengehen kann. Denn die Annahme ist weit verbreitet, dass externe, insbesondere soziale Faktoren, konstitutiv (und nicht bloß kausal) in den begrifflichen Inhalt intentionaler Zustände einfließen. Wie steht der Funktionalismus lokaler kausaler Strukturen zu den entsprechenden Argumenten?

– Die Theorie lokaler kausaler Strukturen kann sicherlich Handlungskausalität berücksichtigen, gilt doch die Erfahrung von uns selbst als Handelnden als Ursprung der Theorie der Kausalität als Produktion von etwas und der Metaphysik kausaler Eigenschaften. Aber unsere Idee von Handlungskausalität ist mit der eines freien Willens verbunden. Wie können wir Willensfreiheit in einen konservativen Reduktionismus und die Theorie kausaler Strukturen integrieren?

– Mit den Eigenschaften, die intentionale Zustände charakterisieren, kommt zusammen mit begrifflichem Inhalt auch Normativität ins Spiel. Normative Eigenschaften sind sicher auch kausale Eigenschaften, da sie auf bestimmte Wirkungen gerichtet sind, aber dieses sind Wirkungen, die nicht einfach eintreten, sondern eintreten *sollen*. Wie können wir normative Eigenschaften in einer reduktionistischen Position berücksichtigen, die nicht eliminativistisch sein soll?

Die Behandlung dieser Fragen erfordert ein weiteres Buch. Wir hoffen, mit dem vorliegenden Werk gezeigt zu haben, wie ein konservativer Reduktionismus auf der Grundlage der Metaphysik kausaler Strukturen möglich ist und der Einheit der Natur ebenso wie ihrer Vielfalt gerecht werden kann. Aber die Arbeit geht weiter.

Zusammenfassung der Unterkapitel

(1.1) Wir benötigen eine Position, die sowohl die Einheit der Natur und der Naturwissenschaften berücksichtigt, die auf den Prinzipien der globalen Supervenienz und der kausalen, nomologischen und explanatorischen Vollständigkeit der Physik beruht, als auch ihre Vielheit, die in dem Beitrag der Einzelwissenschaften zur wissenschaftlichen Beschreibung und Erklärung der Welt zum Ausdruck kommt. Der Funktionalismus ist dazu die einzige erfolgversprechende Position. Er konzipiert die Eigenschaften, auf welche sich die Einzelwissenschaften beziehen, als funktionale und damit als kausale Eigenschaften. Bestimmte Konfigurationen physikalischer Eigenschaften realisieren solche funktionalen Eigenschaften, weil sie als ganze unter Standardbedingungen diejenigen Wirkungen hervorbringen, die eine funktionale Eigenschaft eines bestimmten Typs charakterisieren. Konfigurationen physikalischer Eigenschaften verschiedener Typen können ein und denselben Typ einer funktionalen Eigenschaft realisieren (multiple Realisation).

(1.2) Der Rollen-Funktionalismus (Putnam, Fodor) läuft in das Epiphänomenalismus-Problem hinein: Insofern funktionale Rollen-Eigenschaften nicht mit physikalischen Eigenschaften identisch sind, können sie nicht kausal wirksam sein (gegeben die Prinzipien der Supervenienz und der Vollständigkeit der Physik).

(1.3) Der Realisierer-Funktionalismus (Lewis) erkennt nur physikalische Eigenschaften und keine funktionalen Eigenschaften der Einzelwissenschaften an. Infolgedessen läuft er auch auf einen Eliminativismus in Bezug auf den Erkenntniswert der Einzelwissenschaften hinaus. Es werden physikalische Theorien konzipiert, welche die Theorien der Einzelwissenschaften – je auf eine bestimmte Spezies oder Gruppe bezogen – ersetzen.

(1.4) Aufgrund der Analyse des Dilemmas von Epiphänomenalismus und Eliminativismus schlagen wir zwei Konsequenzen vor: Es ist falsch, funktionale den physikalischen Eigenschaften entgegenzusetzen, und es ist falsch, multiple Realisation als anti-reduktionistisches Argument zu verstehen. Die Überlegungen in diesem Buch bauen auf zwei Thesen auf: Alle Eigenschaften, die es in der Welt gibt, sind funktionale im Sinn kausaler Eigenschaften. Alle Beschreibungen, Gesetze und Theorien der Einzelwissenschaften können trotz multipler Realisation auf physikalische Beschreibungen, Gesetze und Theorien reduziert werden.

(2.1) Wenn man Eigenschaften kategorial statt kausal denkt – als reine Qualitäten, die unabhängig davon sind, in welchen kausalen und nomologischen Beziehungen sie auftreten –, dann ist man auf die Konsequenz des Quidditismus festgelegt: Man muss dann Situationen bzw. Welten, die ununterscheidbar sind, dennoch als qualitativ verschieden anerkennen. Infolgedessen ist es prinzipiell unmöglich, einen kognitiven Zugang zu Eigenschaften zu gewinnen, insofern sie reine Qualitäten sind. Die multiple Realisierbarkeit aller kausalen Relationen durch Anordnungen von qualitativen Eigenschaften verschiedener Typen ist dann immer automatisch gegeben. Das zentrale Argument für die kausale Theorie von Eigenschaften ist daher, die Konsequenzen des Quidditismus und der Unerkennbarkeit zu vermeiden: Insofern Eigenschaften bestimmte Qualitäten sind, sind sie Kräfte, bestimmte Wirkungen hervorzubringen.

(2.2) Die heutigen fundamentalen physikalischen Theorien – die Quantentheorie und die allgemeine Relativitätstheorie – verschieben den Akzent von intrinsischen Eigenschaften zu Strukturen. Eine physikalische Struktur ist ein Netz von konkreten, qualitativen Relationen zwischen Objekten, die keine intrinsische Identität besitzen.

(2.3) Der Quidditismus-Einwand bezieht sich nicht nur auf intrinsische Eigenschaften, sondern auch auf Strukturen, die kategorial sein sollen. Die fundamentalen physikalischen Strukturen kausal statt kategorial zu denken, ermöglicht zudem eine klare Unterscheidung zwischen mathematischen und physikalischen Strukturen.

(2.4) Es gibt gute Argumente aus der Philosophie der Physik dafür, die Quantenstrukturen der Zustandsverschränkung und die metrischen, gravitationellen Strukturen der Raumzeit als kausale

Strukturen zu verstehen. Durch Zustandsreduktionen findet ein Übergang von globalen Strukturen der Zustandsverschränkung zu je lokalen, klassischen physikalischen Strukturen statt. Einige dieser Strukturen sind aufgrund der Wirkungen, die sie als ganze unter Standardbedingungen haben, Gegenstand einer Einzelwissenschaft.

(2.5) Es gibt gute Argumente aus der Metaphysik der Eigenschaften dafür, Eigenschaften einschließlich Relationen als Modi im Sinn der Weisen, wie Objekte existieren, zu verstehen.

(2.6) Die Prämissen der kausalen Theorie von Eigenschaften, der kausalen Strukturen in der Physik und der Eigenschaften einschließlich Strukturen als Modi ermöglichen es, eine konservative Identitätstheorie zu begründen: Alle Eigenschaften, von denen die Einzelwissenschaften handeln, sind mit lokalen, kausalen physikalischen Strukturen identisch. Einige dieser Strukturen sind funktionale Eigenschaften der Einzelwissenschaften, weil sie als ganze in bestimmten Umwelten die Wirkungen haben, die jene charakterisieren. Vor dem Hintergrund der kausalen Theorie von Eigenschaften bewahrt diese Identität die kausale Wirksamkeit der Eigenschaften, auf welche sich die Einzelwissenschaften beziehen. Dieser konservative ontologische Reduktionismus hat allerdings nur zusammen mit einem konservativen Theorien-Reduktionismus Bestand.

(3.1) Die Evolutionstheorie ist in der Lage, das Entstehen, Verändern und Aussterben biologischer natürlicher Arten (lebendiger Strukturen) durch das Prinzip der Selektion zu erklären. Erklärungen unter Bezugnahme auf den Begriff der Fitness sind nicht unbedingt zirkuläre Erklärungen. Mit Hilfe dieses Begriffs sind im Prinzip auch Voraussagen möglich. Es sprechen gute Gründe für den Adaptationismus, gemäß dem die Evolution im Wesentlichen so erfolgt, dass sie an relativer Fitness-Verbesserung orientiert ist.

(3.2) Biologische Eigenschaften sind kausal-dispositionale Eigenschaften, deren Manifestation von Standardbedingungen in der Umwelt abhängt. Welche Umweltbedingungen relevant sind, lässt sich durch die Begriffe der Ressource und des Konsumenten sowie der Nische präzisieren.

(3.3) Obwohl die Entstehung von Leben auf der Erde bisher noch nicht vollständig geklärt ist, können wir Leben allgemein durch Vermehrung, Variation und Vererbung definieren und abstrakt nachvollziehen, wie sich rein physikalische zu lebendigen Strukturen entwickeln.

(3.4) Es gibt gute Argumente dafür, die kausal-dispositionale Theorie biologischer funktionaler Eigenschaften der ätiologischen Theorie vorzuziehen. Diese Theorie passt zudem in den Rahmen der Metaphysik kausaler Strukturen. Biologische Eigenschaften sind, wie alle Eigenschaften, Kräfte, bestimmte Wirkungen hervorzubringen. Die biologische Funktion einer Eigenschaft besteht in denjenigen Wirkungen, die relevant für die Fitness des Organismus (bzw. des Gens oder der Population) sind. Während die fundamentalen physikalischen Eigenschaften spontan Wirkungen hervorbringen, sind die biologischen Eigenschaften Dispositionen, die auf eine geeignete Umwelt zur Manifestation ihrer charakteristischen Wirkungen angewiesen sind. Da diese Eigenschaften mit lokalen physikalischen Strukturen identisch sind, existieren (und wirken) sie jedoch auch dann, wenn die entsprechenden Umweltbedingungen nicht erfüllt sind.

(4.1) Die klassische Genetik definiert Gene funktional, bietet jedoch keine detaillierten Kausalerklärungen dafür, wie Gene ihre charakteristischen Wirkungen hervorbringen.

(4.2) Die molekulare Genetik erforscht die Molekülkonfigurationen, mit denen Gene identisch sind. Sie ist daher in der Lage, relativ vollständige Kausalerklärungen der Wirkungsweise von Genen zu geben.

(4.3) Vor dem Hintergrund der molekularen Genetik lässt sich eine Theorie formulieren, die den korrekten Kern der klassischen Genetik in deren eigenen Begriffen ausdrückt. Diese Theorie besitzt einen eigenständigen Erkenntniswert, weil sie generelle Kausalzusammenhänge thematisiert und natürliche Arten darstellt, für welche die molekulare Genetik aufgrund der multiplen Realisation bzw. multiplen Referenz keine Begriffe bilden kann. Nichtsdestoweniger ist es auf der Grundlage der kausalen Theorie von Eigenschaften systematisch möglich, die Begriffe (Typen) der klassischen Genetik in deren eigenem Vokabular so zu präzisieren, dass Subtypen erreicht werden, die mit den molekularen Typen koextensional sind. Dabei handelt es sich nicht nur um eine theoretische Möglichkeit, sondern um ein Programm, das man anhand von Forschungsresultaten konkret belegen kann.

(5.1) Das bisher in der Literatur entwickelte Programm einer funktionalen Reduktion ermöglicht es, im Prinzip jedes einzelne Vorkommnis einer funktionalen Eigenschaft einer Einzelwissenschaft reduktiv zu erklären, reicht jedoch grundsätzlich nicht für eine Theoriereduktion hin.

(5.2) Vor dem Hintergrund der kausalen Theorie von Eigenschaften ist es generell für jede einzelwissenschaftliche Theorie möglich, in deren Vokabular funktionale Begriffe (Subtypen) zu definieren, die so präzise sind, dass sie mit physikalischen Begriffen koextensional sind. Mit diesen Subtypen ist daher die notwendige und hinreichende Bedingung für Theoriereduktion erfüllt.

(5.3) Das Programm der funktionalen Reduktion kann durch die Subtypen-Strategie vor dem Hintergrund der kausalen Theorie von Eigenschaften zum Programm einer genuinen und konservativen Theoriereduktion ausgeweitet werden. Im Unterschied zum »new wave reductionism« sind die Subtypen nicht auf bestimmte Gruppen wie bestimmte biologische Spezies bezogen, und sie sind ausschließlich im Vokabular der betreffenden einzelwissenschaftlichen Theorie formuliert. Das hier entwickelte Programm einer funktionalen und konservativen Reduktion im Rahmen der Metaphysik kausaler Strukturen bewahrt den Erkenntniswert der Einzelwissenschaften: Diese handeln von natürlichen Arten, für die eine physikalische Theorie aufgrund der multiplen Referenz keine einheitlichen Begriffe entwickeln kann. Die Einzelwissenschaften enthalten genuine, abstrakte Kausalerklärungen, eingebettet in Ceteris-paribus-Gesetze. Deren Erkenntniswert steht nicht im Gegensatz zum Vollständigkeitsprinzip der Physik, weil es vermittels der Subtypen grundsätzlich möglich ist, die einzelwissenschaftlichen Theorien und Gesetze aus physikalischen Theorien und Gesetzen zu deduzieren (ideali-

ter *a priori*, de facto aber im Sinn eines *A-posteriori*-Reduktionis-
mus).

Literatur

Abrams, Marshall (2007): »How do natural selection and random drift interact?«. *Philosophy of Science* 74, S. 666-679.

– (2009): »What determines biological fitness? The problem of the reference environment«. *Synthese* 166, S. 21-40.

Abrams, Peter (1992): »Resource«. In: E. Fox Keller u. E. A. Lloyd (Hgg.): *Keywords in evolutionary biology.* Cambridge (Massachusetts): Harvard University Press. S. 282-285.

Abzhanov, Arhat, Kuo, Winston, Hartmann, Christine, Grant, Rosemary, Grant, Peter u. Tabin, Clifford (2006): »The calmodulin pathway and evolution of elongated beak morphology in Darwin's finches«. *Nature* 442, S. 563-567.

Abzhanov, Arhat, Protas, Meredith, Grant, Rosemary, Grant, Peter u. Tabin, Clifford (2004): »Bmp4 and morphological variation of beaks in Darwin's finches«. *Science* 305, S. 1462-1465.

Akashi, Hiroshi (1999): »Inferring the fitness effects of DNA mutations from polymorphism and divergence data: statistical power to detect directional selection under stationarity and free recombination«. *Genetics* 151, S. 221-238.

Albert, David Z. (2000): *Time and chance.* Cambridge (Massachusetts): Harvard University Press.

– u. Loewer, Barry (1988): »Interpreting the many worlds interpretation«. *Synthese* 77, S. 195-213.

– u. Loewer, Barry (1996): »Tails of Schrödinger's cat«. In: R. K. Clifton (Hg.): *Perspectives on quantum reality.* Dordrecht: Kluwer. S. 81-91.

Allori, Valia, Goldstein, Sheldon, Tumulka, Roderich u. Zanghì, Nino (2008): »On the common structure of Bohmian mechanics and the Ghirardi-Rimini-Weber theory«. *British Journal for the Philosophy of Science* 59, S. 353-389.

Andersson, Siv u. Kurland, Charles (1990): »Codon preferences in free-living microorganisms«. *Microbiological Reviews* 54, S. 198-210.

Anjum, Rani Lill u. Mumford, Stephen (2010): »Dispositional modality«. In: C. F. Gethmann (Hg.): *Lebenswelt und Wissenschaft. XXI. Deutscher Kongress für Philosophie, Kolloquien.* Hamburg: Meiner.

Ariew, André u. Ernst, Zachary (2009): »What fitness can't be«. *Erkenntnis* 71. S. 289-301.

Armstrong, David M. (1968): *A materialist theory of the mind.* London: Routledge.

– (1989): *Universals. An opinionated introduction.* Boulder (Colorado): Westview Press.

-   (1999): »The causal theory of properties: properties according to Ellis, Shoemaker, and others«. *Philosophical Topics* 26, S. 25-37.
Arp, Robert (2007): »Evolution and two popular proposals for the definition of function«. *Journal for General Philosophy of Science* 38, S. 19-30.

Bain, Jonathan (2006): »Spacetime structuralism«. In: D. Dieks (Hg.): *The ontology of spacetime*. Amsterdam: Elsevier. S. 37-66.
Bartels, Andreas (1996): »Modern essentialism and the problem of individuation of spacetime points«. *Erkenntnis* 45, S. 25-43.
-   (2000): »The idea which we call power. Naturgesetze und Dispositionen«. *Philosophia Naturalis* 37, S. 255-268.
-   (2010): »Dispositionen in Raumzeit-Theorien«. In: C. F. Gethmann (Hg.): *Lebenswelt und Wissenschaft. XXI. Deutscher Kongress für Philosophie, Kolloquien*. Hamburg: Meiner.
Bartolomé, Carolina, Maside, Xulio, Yi, Soojin, Grant, Anna u. Charlesworth, Brian (2005): »Patterns of selection on synonymous and nonsynonymous variants in *Drosophila miranda*«. *Genetics* 169, S. 1495-1507.
Beatty, John (1992): »Random drift«. In: E. Fox Keller u. E. A. Lloyd (Hgg.): *Keywords in evolutionary biology*. Cambridge (Massachusetts): Harvard University Press. S. 273-281.
-   (1995): »The evolutionary contingency hypothesis«. In: G. Wolters u. J. Lennox (Hgg.): *Concepts, theories and rationality in the biological sciences. The second Pittsburgh-Konstanz Colloquium in the philosophy of science*. Pittsburgh: University of Pittsburgh Press. S. 83-97.
-   u. Desjardins, Eric Cyr (2009): »Natural selection and history«. *Biology & Philosophy* 24, S. 231-246.
Bechtel, William u. Mundale, Jennifer (1999): »Multiple realizability revisited: linking cognitive and neural states«. *Philosophy of Science* 66, S. 175-207.
Begun, David (2001): »The frequency distribution of nucleotide variation in *Drosophila simulans*«. *Molecular Biology and Evolution* 18, S. 1343-1352.
Bell, John S. (1964): »On the Einstein-Podolsky-Rosen-paradox«. *Physics* 1, S. 195-200.
-   (1987): »Are there quantum jumps?« In: C. W. Kilmister (Hg.): *Schrödinger. Centenary celebration of a plymath*. Cambridge: Cambridge University Press. S. 41-52. Wieder abgedruckt in J. S. Bell (1987): *Speakable and unspeakable in quantum mechanics*. Cambridge: Cambridge University Press. S. 201-212.
Bennett, Karen (2003): »Why the exclusion problem seems intractable, and how, just maybe, to tract it«. *Noûs* 37, S. 471-497.
Beurton, Peter, Falk, Raphael u. Rheinberger, Hans-Jörg (Hgg.) (2000):

The concept of the gene in development and evolution. Historical and epistemological perspectives. Cambridge: Cambridge University Press.

Bickle, John (1998): *Psychoneural reduction: the new wave*. Cambridge (Massachusetts): MIT Press.

– (2003): *Philosophy and neuroscience. A ruthlessly reductive account*. Dordrecht: Kluwer.

Bigelow, John u. Pargetter, Robert (1987): »Functions«. *Journal of Philosophy* 84, S. 181-196.

Bird, Alexander (2007a): *Nature's metaphysics. Laws and properties*. Oxford: Oxford University Press.

– (2007b): »The regress of pure powers?« *Philosophical Quarterly* 57, S. 513-534.

– (2009): »Structural properties revisited«. In: T. Handfield (Hg.): *Dispositions and causes*. Oxford: Oxford University Press. S. 215-241.

Black, Robert (2000): »Against quidditism«. *Australasian Journal of Philosophy* 78, S. 87-104.

Blackburn, Simon (1990): »Filling in space«. *Analysis* 50, S. 62-65. Wieder abgedruckt in S. Blackburn (1993): *Essays in quasi-realism*. Oxford: Oxford University Press. S. 255-259.

Blackett, P. M. S. (1962): »Memories of Rutherford«. In: J. B. Birks (Hg.): *Rutherford at Manchester*. London: Heywood. S. 102-113.

Block, Ned (1990): »Can the mind change the world?« In: G. Boolos (Hg.): *Meaning and method. Essays in honor of Hilary Putnam*. Cambridge: Cambridge University Press. S. 137-170.

Bohm, David (1951): *Quantum theory*. Englewood Cliffs: Prentice-Hall.

Brandon, Robert (1992): »Environment«. In: E. Fox Keller u. E. A. Lloyd (Hgg.): *Keywords in evolutionary biology*. Cambridge (Massachusetts): Harvard University Press. S. 81-86.

Brigandt, Ingo u. Love, Alan C. (2008): »Reductionism in biology«. In: E. N. Zalta (ed.): *The Stanford Encyclopedia of Philosophy*. ⟨http://plato.stanford.edu/entries/reduction-biology⟩.

Bulmer, Michael (1991): »The selection-mutation-drift theory of synonymous codon usage«. *Genetics* 129, S. 897-907.

Burian, Richard M. (1992): »Adaptation: historical perspectives«. In: E. Fox Keller u. E. A. Lloyd (Hgg.): *Keywords in evolutionary biology*. Cambridge (Massachusetts): Harvard University Press. S. 7-12.

Burns, Cara Carthel, Shaw, Jing, Campagnoli, Ray, Jorba, Jaume, Vincent, Annelet, Quay, Jacqueline u. Kew, Olen (2006): »Modulation of poliovirus replicative fitness in HeLa cells by deoptimization of synonymous codon usage in the capsid region«. *Journal of Virology* 80, S. 3259-3272.

Cartwright, Nancy (1983): *How the laws of physics lie*. Oxford: Oxford University Press.

– (1989): *Nature's capacities and their measurement*. Oxford: Oxford University Press.

– (2008): »Reply to Mauricio Suárez«, »Reply to Stathis Psillos«. In: S. Hartmann, C. Hoefer u. L. Bovens (Hgg.): *Nancy Cartwright's philosophy of science*. London: Routledge. S. 164-166, 195-197.

Chakravartty, Anjan (2007): *A metaphysics for scientific realism: knowing the unobservable*. Cambridge: Cambridge University Press.

Changeux, Jean-Pierre (1964): »Allosteric interactions interpreted in terms of quaternary structure«. *Brookhaven Symposia in Biology* 17, S. 232-249.

Colwell, Robert (1992): »Niche: a bifurcation in the conceptual lineage of the term«. In: E. Fox Keller u. E. A. Lloyd (Hgg.): *Keywords in evolutionary biology*. Cambridge (Massachusetts): Harvard University Press. S. 241-248.

Comeron, Joseph (2004): »Selective and mutational patterns associated with gene expression in humans: Influences on synonymous composition and intron presence«. *Genetics* 167, S. 1293-1304.

– (2006): »Weak selection and recent mutational changes influence polymorphic synonymous mutations in humans«. *Proceedings of the National Academy of Sciences of the United States of America* 103, S. 6940-6945.

– u. Kreitman, Martin (1998): »The correlation between synonymous and nonsynonymous substitutions in Drosophila: Mutation, selection or relaxed constraints?«. *Genetics* 150, S. 767-775.

Craver, Carl F. (2001): »Role functions, mechanisms, and hierarchy«. *Philosophy of Science* 68, S. 53-74.

– (2007): *Explaining the brain: mechanisms and the mosaic unity of neuroscience*. Oxford: Oxford University Press.

Cronin, Helena (1992): »Sexual selection: historical perspectives«. In: E. Fox Keller u. E. A. Lloyd (Hgg.): *Keywords in evolutionary biology*. Cambridge (Massachusetts): Harvard University Press. S. 286-293.

Crow, James F. (2007): »Motoo Kimura«. In: M. Matthen u. C. Stephens (Hgg.): *Handbook of the philosophy of science. Philosophy of biology*. Amsterdam: Elsevier. S. 102-107.

Cummins, Robert (1975): »Functional analysis«. *Journal of Philosophy* 72, S. 741-764. Wieder abgedruckt in E. Sober (Hg.) (1994): *Conceptual issues in evolutionary biology*. Cambridge (Massachusetts): MIT Press. S. 49-69.

Cutter, Asher, Wasmuth, James u. Blaxter, Mark (2006): »The evolution of biased codon and amino acid usage in nematode genomes«. *Molecular Biology and Evolution* 23, S. 2303-2315.

Damuth, John (1992): »Extinction«. In: E. Fox Keller u. E. A. Lloyd (Hgg.): *Keywords in evolutionary biology*. Cambridge (Massachusetts): Harvard University Press. S. 106-111.

Darwin, Charles (1859): *The origin of species by means of natural selection*. London: Murray.

– (1963): *Die Entstehung der Arten durch natürliche Zuchtwahl*. Stuttgart: Reclam. Deutsche Übersetzung der sechsten und letzten Auflage von Darwins *The origin of species* (1872).

Davidson, Donald (1970): »Mental events«. In: L. Foster u. J. W. Swanson (Hgg.): *Experience and theory*. Amherst: University of Massachusetts Press. S. 79-101. Wieder abgedruckt in D. Davidson (1980): *Essays on actions and events*. Oxford: Oxford University Press. Essay 11, S. 207-225.

– (1985): *Handlung und Ereignis. Übersetzt von Joachim Schulte*. Frankfurt/ M.: Suhrkamp.

– (1993): »Mentale Ereignisse. Übersetzt von Michael Gebauer«. In: P. Bieri (Hg.): *Analytische Philosophie des Geistes*. Bodenheim: Athenäum Hain Hanstein. S. 73-92. 2. Auflage.

Dawkins, Richard (1986): *The blind watchmaker. Why the evidence of evolution reveals a universe without design*. New York: Norton.

– (1987): *Der blinde Uhrmacher. Ein neues Plädoyer für den Darwinismus. Übersetzt von Karin de Sousa Ferreira*. München: Kindler.

– (1992): »Progress«. In: E. Fox Keller u. E. A. Lloyd (Hgg.): *Keywords in evolutionary biology*. Cambridge (Massachusetts): Harvard University Press. S. 263-272.

Dennett, Daniel C. (2008): »Fun and games in fantasyland«. *Mind & Language* 23, S. 25-31.

Dieks, Dennis u. Versteegh, Marijn A. M. (2008): »Identical quantum particles and weak discernibility«. *Foundations of Physics* 38, S. 923-934.

Dobzhansky, Theodosius (1937): *Genetics and the origin of species*. New York: Columbia University Press.

– (1973): »Nothing in biology makes sense except in the light of evolution«. *American Biology Teacher* 35, S. 125-129.

Dorato, Mauro (2005): *The software of the universe. An introduction to the history and philosophy of laws of nature*. Aldershot: Ashgate.

– (2007): »Dispositions, relational properties, and the quantum world«. In: M. Kistler u. B. Gnassounou (Hgg.): *Dispositions and causal powers*. Aldershot: Ashgate. S. 249-270.

– u. Esfeld, Michael (2010): »GRW as an ontology of dispositions«. Erscheint in *Studies in History and Philosophy of Modern Physics* 40B. Preprint ⟨http://dx.doi.org/10.1016/j.shpsb.2009.09.004⟩.

dos Reis, Mario, Savva, Renos u. Wernisch, Lorenz (2004): »Solving the

riddle of codon usage preferences: a test for translational selection«.
Nucleic Acids Research 32, S. 5036-5044.

dos Reis, Mario u. Wernisch, Lorenz (2009): »Estimating translational
selection in eukaryotic genomes«. *Molecular Biology and Evolution* 26,
S. 451-461.

Dretske, Fred I. (1989): »Reasons and causes«. In: J. E. Tomberlin (Hg.):
Philosophical Perspectives 3: Philosophy of mind and action theory. Oxford:
Blackwell. S. 1-15.

Driesch, Hans (1919): *Der Begriff der organischen Form.* Berlin: Gebrüder
Bornträger.

Dupré, John (1992): »Species: theoretical contexts«. In: E. Fox Keller u. E.
A. Lloyd (Hgg.): *Keywords in evolutionary biology.* Cambridge (Massachusetts): Harvard University Press. S. 312-317.

Einstein, Albert, Podolsky, Boris u. Rosen, Nathan (1935): »Can quantum-
mechanical description of physical reality be considered complete?«
Physical Review 47, S. 777-780.

Einstein, Albert (1948): »Quanten–Mechanik und Wirklichkeit«. *Dialectica* 2, S. 320-324.

Endicott, Ronald P. (1998): »Collapse of the new wave«. *Journal of Philosophy* 95, S. 53-72.

Ereshefsky, Marc (2007): »Species, taxonomy, and systematics«. In: M.
Matthen u. C. Stephens (Hgg.): *Handbook of the philosophy of science.
Philosophy of biology.* Amsterdam: Elsevier. S. 406-427.

Esfeld, Michael (2000): »Is quantum indeterminism relevant to free will?«
Philosophia Naturalis 37, S. 177-187.

– (2002): *Holismus in der Philosophie des Geistes und in der Philosophie der
Physik.* Frankfurt/M.: Suhrkamp.

– (2006): »From being ontologically serious to serious ontology«. In:
M. Esfeld (Hg.): *John Heil. Symposium on his ontological point of view.*
Frankfurt/M.: Ontos-Verlag. S. 191-206.

– (2008): *Naturphilosophie als Metaphysik der Natur.* Frankfurt/M.: Suhrkamp.

– (2009): »The modal nature of structures in ontic structural realism«.
International Studies in the Philosophy of Science 23, S. 179-194.

– u. Lam, Vincent (2008): »Moderate structural realism about spacetime«. *Synthese* 160, S. 27-46.

Everett, Hugh (1957): »›Relative state‹ formulation of quantum mechanics«.
Reviews of Modern Physics 29, S. 454-462. Wieder abgedruckt in B. S.
DeWitt u. N. Graham (Hgg.) (1973): *The many-worlds interpretation of
quantum mechanics.* Princeton: Princeton University Press. S. 141-149.

Fazekas, Peter (2009): »Reconsidering the role of bridge laws in inter-theo-retical reductions«. *Erkenntnis* 71, S. 303-322.

Fisher, Ronald A. (1930): *The genetical theory of natural selection.* London: Dover.

Fodor, Jerry A. (1974): »Special sciences (or: The disunity of science as a working hypothesis)«. *Synthese* 28, S. 97-115. Wieder abgedruckt in Ned Block (Hg.) (1980): *Readings in the philosophy of psychology. Volume 1.* Cambridge (Massachusetts): Harvard University Press. S. 120-133.

— (1992): »Einzelwissenschaften. Oder: Eine Alternative zur Einheitswis-senschaft als Arbeitshypothese. Übersetzt von Dieter Münch«. In: D. Münch (Hg.): *Kognitionswissenschaft.* Frankfurt/M.: Suhrkamp. S. 134-158.

— (2008a): »Against Darwinism«. *Mind & Language* 23, S. 1-24.

— (2008b): »Replies«. *Mind & Language* 23, S. 50-57.

Forber, Patrick (2009a): »Introduction: a primer on adaptationism«. *Biology & Philosophy* 24, S. 155-159.

— (2009b): »*Spandrels* and a pervasive problem of evidence«. *Biology & Philosophy* 24, S. 247-266.

Fox Keller, Evelyne (1992): »Competition«. In: E. Fox Keller u. E. A. Lloyd (Hgg.): *Keywords in evolutionary biology.* Cambridge (Massachusetts): Harvard University Press. S. 68-73.

French, Steven u. Ladyman, James (2003): »Remodelling structural rea-lism: quantum physics and the metaphysics of structure«. *Synthese* 136, S. 31-56.

Friedman, Michael (1974): »Explanation and scientific understanding«. *Journal of Philosophy* 71, S. 5-19.

Frigg, Roman u. Hoefer, Carl (2007): »Probability in GRW theory«. *Studies in History and Philosophy of Modern Physics* 38B, S. 371-389.

Gerland, Ulrich u. Hwa, Terence (2009): »Evolutionary selection between alternative modes of gene regulation«. *Proceedings of the National Acade-my of Sciences of the United States of America* 106, S. 8841-8846.

Ghirardi, Gian Carlo, Rimini, Alberto u. Weber, Tullio (1986): »Unified dynamics for microscopic and macroscopic systems«. *Physical Review D* 34, S. 470-491.

Gilchrist, Michael (2007): »Combining models of protein translation and population genetics to predict protein preduction rates from codon usage patterns«. *Molecular Biology and Evolution* 24, S. 2362-2372.

Gillet, Carl (2006): »Samuel Alexander's emergentism: or, higher causation for physicalists«. *Synthese* 153, S. 261-296.

— u. Rives, Bradley (2005): »The non-existence of determinables: or, a world of absolute determinates as default hypothesis«. *Noûs* 39, S. 483-504.

Gintis, Herbert (2000): *Game theory evolving. A problem-centered introduction to modeling strategic interaction.* Princeton: Princeton University Press.

Gisin, Nicolas (1984): »Quantum measurements and stochastic processes«. *Physical Review Letters* 52, S. 1657-1660.

Gisin, Nicolas (1991): »Propensities in a non-deterministic physics«. *Synthese* 89, S. 287-297.

Glémin, Sylvain (2007): »Mating systems and the efficacy of selection at the molecular level«. *Genetics* 177, S. 905-916.

Godfrey-Smith, Peter (2008): »Explanation in evolutionary biology: comments on Fodor«. *Mind & Language* 23, S. 32-41.

Goosens, William (1978): »Reduction by molecular genetics«. *Philosophy of Science* 45, S. 73-95.

Gould, Stephen J. u. Lewontin, Richard C. (1978): »The spandrels of San Marco and the panglossian paradigm: a critique of the adaptionist programme«. *Proceedings of the Royal Society of London* B 205, S. 581-598. Wieder abgedruckt in E. Sober (Hg.) (1994): *Conceptual issues in evolutionary biology.* Cambridge (Massachusetts): MIT Press. S. 73-90.

Grant, Peter u. Grant, Rosemary (2002): »Unpredictable evolution in a 30-year study of Darwin's finches«. *Science* 296, S. 707-711.

– (2006): »Evolution of character displacement in Darwin's finches«. *Science* 313, S. 224-226.

Graves, John C. (1971): *The conceptual foundations of contemporary relativity theory.* Cambridge (Massachusetts): MIT Press.

Haag, Rudolf (1992): *Local quantum physics.* Berlin: Springer.

Hacking, Ian (1983): *Representing and intervening. Introductory topics in the philosophy of natural science.* Cambridge: Cambridge University Press.

– (1989): »Extragalactic reality: the case of gravitational lensing«. *Philosophy of Science* 56, S. 555-581.

Haddrill, Penelope, Bachtrog, Doris u. Andolfatto, Peter (2008): »Positive and negative selection on noncoding DNA in *Drosophila simulans*«. *Molecular Biology and Evolution* 25, S. 1825-1834.

Haeckel, Ernst (1866): *Generelle Morphologie der Organismen.* Berlin: Georg Relmer.

Handfield, Toby (2008): »Humean dispositionalism«. *Australasian Journal of Philosophy* 86, S. 113-126.

Harbecke, Jens (2008): *Mental causation. Investigating the mind's powers in a natural world.* Frankfurt/M.: Ontos-Verlag.

Harré, Rom u. Madden, E. H. (1975): *Causal powers. A theory of natural necessity.* Oxford: Blackwell.

Hartl, Daniel, Moriyama, Etsuko u. Sawyer, Stanley (1994): »Selection intensity for codon bias«. *Genetics* 138, S. 227-234.

Hawthorne, John (2001): »Causal structuralism«. *Philosophical Perspectives* 15, S. 361-378.

Heger, Andreas u. Ponting, Chris (2007): »Variable strength of translational selection among 12 Drosophila species«. *Genetics* 177, S. 1337-1348.

Heil, John (2003): *From an ontological point of view.* Oxford: Oxford University Press.

– (2006): »On being ontologically serious«. In: M. Esfeld (Hg.): *John Heil. Symposium on his ontological point of view.* Frankfurt/M.: Ontos-Verlag. S. 15-27.

– (2009): »Obituary: C. B. Martin«. *Australasian Journal of Philosophy* 87, S. 177-179.

– u. Mele, Alfred (Hgg.) (1993): *Mental causation.* Oxford: Oxford University Press.

Hempel, Carl Gustav u. Oppenheim, Paul (1948): »Studies in the logic of explanation«. *Philosophy of Science* 15, S. 135-175. Wieder abgedruckt in C. G. Hempel (1965): *Aspects of scientific explanation and other essays in the philosophy of science.* New York: Free Press. S. 245-290.

Hoffmann, Vera (2008): *The metaphysics of extrinsic properties. An investigation of the intrinsic/extrinsic distinction and the role of extrinsic properties in the framework of physicalism.* Universität Bonn: Doktorarbeit. Erscheint Frankfurt/M.: Ontos-Verlag.

Hooker, Clifford A. (1981): »Towards a general theory of reduction. Part I: Historical and scientific setting. Part II: Identity in reduction. Part III: Cross-categorial reduction«. *Dialogue* 20, S. 38-60, 201-236, 496-529.

Houston, Alasdair I. (2009): »San Marco and evolutionary biology«. *Biology & Philosophy* 24, S. 215-230.

Hüttemann, Andreas (1998): »Laws and dispositions«. *Philosophy of Science* 65, S. 121-135.

– (2004): *What's wrong with microphysicalism?* London: Routledge.

Hull, David L. (1972): »Reduction in genetics – biology or philosophy?« *Philosophy of Science* 39, S. 491-499.

– (1974): *Philosophy of biological science.* Englewood Cliffs: Prentice-Hall.

– (1979): »Reduction in genetics«. *Philosophy of Science* 46, S. 316-320.

Jackson, Frank (1998): *From metaphysics to ethics. A defence of conceptual analysis.* Oxford: Oxford University Press.

– (2009): »A priori biconditionals and metaphysics«. In: D. Braddon-Mitchell u. R. Nola (Hgg.): *Conceptual analysis and philosophical naturalism.* Cambridge (Massachusetts): MIT Press. S. 99-112.

– u. Pettit, Philip (1990): »Program explanation: a general perspective«. *Analysis* 50, S. 107-117. Wieder abgedruckt in F. Jackson, P. Pettit u. M.

Smith (2004): *Mind, morality, and explanation. Selected collaborations.* Oxford: Oxford University Press. S. 119-130.

Jacob, François u. Monod, Jacques (1961): »Genetic regulatory mechanisms in the synthesis of proteins«. *Journal of Molecular Biology* 3, S. 316-356.

Junker, Thomas (2004): »Charles Darwin und die Evolutionstheorien des 19. Jahrhunderts«. In: I. Jahn (Hg.): *Geschichte der Biologie*. Heidelberg: Spektrum Akademischer Verlag. Kapitel 10.

Kern, Andrew, Jones, Corbin u. Begun, David (2002): »Genomic effects of nucleotide substitutions in *Drosophila simulans*.« *Genetics* 162, S. 1753-1761.

Kiefer, Claus (2004): *Quantum gravity*. Oxford: Oxford University Press.

Kim, Jaegwon (1998): *Mind in a physical world. An essay on the mind-body problem and mental causation*. Cambridge (Massachusetts): MIT Press.

– (1999): »Making sense of emergence«. *Philosophical Studies* 95, S. 3-36.

– (2005): *Physicalism, or something near enough*. Princeton: Princeton University Press.

– (2007): »Causation and mental causation«. In: B. P. McLaughlin u. J. Cohen (Hgg.): *Contemporary debates in philosophy of mind*. Oxford: Blackwell. S. 227-242.

Kimbrough, Steven Orla (1979): »On the reduction of genetics to molecular biology«. *Philosophy of Science* 46, S. 389-406.

Kimchi-Sarfaty, Oh, Jung Mi, Kim, In-Wha, Sauna, Zuben E., Calcagno, Anna Maria, Ambudkar, Suresh V. u. Gottesman, Michael M. (2007): »A ›silent‹ polymorphism in the MDR1 gene changes substrate specificity«. *Science* 315, S. 525-528.

Kimura, Motoo (1968): »Evolutionary rate at the molecular level«. *Nature* 217, S. 624-626.

King, J. H. u. Jukes, T. H. (1969): »Non-Darwinian evolution«. *Science* 164, S. 788-798.

Kistler, Max (2009): *La cognition entre réduction et émergence. Etude sur les niveaux de réalité*. Paris: Syllepse.

Kitcher, Philip (1984): »1953 and all that. A tale of two sciences«. *Philosophical Review* 93, S. 335-373. Wieder abgedruckt in P. Kitcher (2003): *In Mendel's mirror. Philosophical reflections on biology*. Oxford: Oxford University Press. S. 3-30.

– (1985): »Darwin's achievement«. In: N. Rescher (Hg.): *Reason and rationality in natural science: a group of essays*. Washington (D.C.): University Press of America. S. 127-190. Wieder abgedruckt in P. Kitcher (2003): *In Mendel's mirror. Philosophical reflections on biology*. Oxford: Oxford University Press. S. 45-93.

– (1989): »Explanatory unification and the causal structure of the world«.

In: P. Kitcher u. W. C. Salmon (Hgg.): *Minnesota Studies in the philosophy of science. Volume XIII: Scientific explanation.* Minneapolis: University of Minnesota Press. S. 410-505.

— (1999): »The hegenomy of molecular biology«. *Biology & Philosophy* 14, S. 195-210. Wieder abgedruckt in P. Kitcher (2003): *In Mendel's mirror. Philosophical reflections on biology.* Oxford: Oxford University Press. S. 31-44.

Kreitman, Martin (2000): »Methods to detect selection in populations with applications to the human«. *Annual Review of Genomics and Human Genetics,* 1, S. 539-569.

Kroedel, Thomas (2008): »Mental causation as multiple causation«. *Philosophical Studies* 139, S. 125-143.

Krohs, Ulrich u. Toepfer, Georg (Hgg.) (2005): *Philosophie der Biologie. Eine Einführung.* Frankfurt/M.: Suhrkamp.

Ladyman, James u. Ross, Don mit Spurrett, David u. Collier, John (2007): *Every thing must go. Metaphysics naturalised.* Oxford: Oxford University Press.

Lam, Vincent (2007): *Space-time within general relativity: a structural realist understanding.* Universität Lausanne: Doktorarbeit.

Langton, Rae u. Lewis, David (1998): »Defining ›intrinsic‹«. *Philosophy and Phenomenological Research* 58, S. 333-345. Wieder abgedruckt in D. Lewis (1999): *Papers in metaphysics and epistemology.* Cambridge: Cambridge University Press. S. 116-132.

LaPorte, Joseph (2004): *Natural kinds and conceptual change.* Cambridge: Cambridge University Press.

Lehmkuhl, Dennis (2008): »Mass-energy-momentum in general relativity. Only there because of spacetime?« Manuskript.

Lewens, Tim (2007): »Functions«. In: M. Matthen u. C. Stephens (Hgg.): *Handbook of the philosophy of science. Philosophy of biology.* Amsterdam: Elsevier. S. 526-547.

— (2009): »Seven types of adaptationism«. *Biology & Philosophy* 24, S. 161-182.

Lewis, David (1966): »An argument for the identity theory«. *Journal of Philosophy* 63, S. 17-25. Wieder abgedruckt in D. Lewis (1983): *Philosophical papers. Volume 1.* Oxford: Oxford University Press. S. 99-107.

— (1969): »Review of W. H. Capitan and D. D. Merrill (Hgg.) (1967): Art, mind and religion. Pittsburgh: University of Pittsburgh Press«. *Journal of Philosophy* 66, S. 23-35.

— (1970): »How to define theoretical terms«. *Journal of Philosophy* 67, S. 427-446. Wieder abgedruckt in D. Lewis (1983): *Philosophical papers. Volume 1.* Oxford: Oxford University Press. S. 78-95.

- (1972): »Psychophysical and theoretical identifications«. *Australasian Journal of Philosophy* 50, S. 249-258. Wieder abgedruckt in N. Block (Hg.) (1980): *Readings in philosophy of psychology. Volume 1.* London: Methuen. S. 207-222. Wieder abgedruckt in D. Lewis (1999): *Papers in metaphysics and epistemology.* Cambridge: Cambridge University Press. S. 248-261.
- (1980): »Mad pain and Martian pain«. In: N. Block (Hg.): *Readings in the philosophy of psychology. Volume 1.* London: Methuen. S. 216-222. Wieder abgedruckt in D. Lewis (1983): *Philosophical papers. Volume 1.* Oxford: Oxford University Press. S. 122-130.
- (1986a): *Philosophical papers. Volume 2.* Oxford: Oxford University Press.
- (1986b): *On the plurality of worlds.* Oxford: Blackwell.
- (1994): »Lewis, David: Reduction of mind«. In: S. H. Guttenplan (Hg.): *A companion to the philosophy of mind.* Oxford: Blackwell. S. 412-431. Wieder abgedruckt in D. Lewis (1999): *Papers in metaphysics and epistemology.* Cambridge: Cambridge University Press. S. 291-324.
- (2009): »Ramseyan humility«. Manuskript datiert 7. Juni 2001. In: D. Braddon-Mitchell u. R. Nola (Hgg.): *Conceptual analysis and philosophical naturalism.* Cambridge (Massachusetts): MIT Press. S. 203-222.

Lewontin, Richard C. (1978): »Adaptation«. *Scientific American* 239, S. 156-169.
- (1982): »Organism and environment«. In: E. H. C. Plotkin (Hg.): *Learning, development and culture.* New York: Wiley. S. 151-170.

Livanios, Vassilios (2008): »Bird and the dispositional essentialist account of spatiotemporal relations«. *Journal for General Philosophy of Science* 39, S. 383-394.

Llopart, Ana u. Aguadé, Monserrat (1999): »Synonymous rates at the *RpII215* gene of Drosophila: variation among species and across the coding region«. *Genetics* 152, S. 269-280.

Locke, Dustin (2009): »A partial defense of Ramseyan humility«. In: D. Braddon-Mitchell u. R. Nola (Hgg.): *Conceptual analysis and philosophical naturalism.* Cambridge (Massachusetts): MIT Press. S. 223-241.

Lockwood, Michael (1989): *Mind, brain and the quantum. The compound ›I‹.* Oxford: Blackwell.

Loewe, Laurence, Charlesworth, Brian, Bartolomé, Carolina u. Noël, Véronique (2006): »Estimating selection on nonsynonymous mutations«. *Genetics* 172, S. 1079-1092.

Loewer, Barry (1996): »Freedom from physics: quantum mechanics and free will«. *Philosophical Topics* 24, S. 92-113.
- (2007): »Counterfactuals and the second law«. In: H. Price u. R. Corry

(Hgg.): *Causation, physics, and the constitution of reality. Russell's republic revisited.* Oxford: Oxford University Press. S. 293-326.

Lotka, Alfred J. (1998): *Analytical theory of biological populations.* New York: Springer. Erste Ausgabe *Théorie analytique des associations biologiques. Première partie: Principes* (1934). *Deuxième partie: Analyse démographique avec application particulière à l'espèce humaine* (1939).

Louie, Elizabeth, Ott, Jurg u. Majewski, Jacek (2003): »Nucleotide frequency variation across human genes«. *Genome Research* 13, S. 2594-2601.

Lyell, Charles (1830): *Principles of geology, being an attempt to explain the former changes of the earth's surface by reference to causes now in operation. Volume I.* London: John Murray.

Lynn, David, Singer, Gregory u. Hickey, Donal (2002): »Synonymous codon usage is subject to selection in thermophilic bacteria«. *Nucleic Acids Research* 30, S. 4272-4277.

MacDonald, Cynthia u. MacDonald, Graham (1986): »Mental causes and explanation of action«. *Philosophical Quarterly* 36, S. 145-158.

Machamer, Peter, Darden, Lindley u. Craver, Carl F. (2000): »Thinking about mechanisms«. *Philosophy of Science* 67, S. 1-25.

Marras, Ausonio (2005): »Consciousness and reduction«. *British Journal for the Philosophy of Science* 56, S. 335-361.

– (2007): »Kim's supervenience argument and nonreductive physicalism«. *Erkenntnis* 66, S. 305-327.

Martin, C. B. (1997): »On the need for properties: the road to Pythagoreanism and back«. *Synthese* 112, S. 193-231.

Maudlin, Tim (2008): »Non-local correlations in quantum theory: some ways the trick might be done«. In: Q. Smith u. W. L. Craig (Hgg.): *Einstein, relativity, and absolute simultaneity.* London: Routledge. S. 186-209.

Mayr, Ernst (1942): *Systematics and the origin of species from the viewpoint of a zoologist.* New York: Columbia University Press.

– (1963): *Animal species and evolution.* Cambridge (Massachusetts): Harvard University Press.

– (1969): *Principles of systematic biology.* New York: McGraw-Hill.

– (1985): »Darwin's five theories of evolution«. In: D. Krohn (Hg.): *The Darwinian heritage.* Princeton: Princeton University Press. S. 755-772.

– (2002): *What evolution is.* London: Phoenix.

McIntosh, Robert (1992): »Competition: historical perspectives«. In: E. Fox Keller u. E. A. Lloyd (Hgg.): *Keywords in evolutionary biology.* Cambridge (Massachusetts): Harvard University Press. S. 61-67.

McLaughlin, Brian P. (2007): »Mental causation and Shoemaker-realization«. *Erkenntnis* 67, S. 149-172.

McLaughlin, Peter (1993): »Descartes on mind-body interaction and the conservation of motion«. *Philosophical Review* 102, S. 155-182.
– (2005): »Funktionalität«. In: U. Krohs u. G. Toepfer (Hgg.): *Philosophie der Biologie. Eine Einführung.* Frankfurt/M.: Suhrkamp. S. 19-35.
Mendel, Gregor (1865): »Versuche über Pflanzen-Hybriden«. *Verhandlungen des naturforschenden Vereins in Brünn.* Band IV für das Jahr 1865, S. 3-47.
Mills, Susan K. u. Beatty, John H. (1979): »The propensity interpretation of fitness«. *Philosophy of Science* 46, S. 263-286.
Misner, Charles W., Thorne, Kip S. u. Wheeler, John A. (1973): *Gravitation.* San Francisco: Freeman.
Mojzsis, S. J., Arrhenius, G., McKeegan, K. D., Harrison, T. M., Nutman, A. P. u. Friend, C. R. L. (1996): »Evidence for life on earth before 3'800 million years ago«. *Nature* 384, S. 55-59.
Morton, Brian (2001): »Selection at the amio acid level can influence synonymous codon usage: implications for the study of codon adaptation in plastid genes«. *Genetics* 159, S. 347-358.
– u. Wright, Stephen (2007): »Selective constraints on codon usage of nuclear genes from *Arabidopsis thaliana*«. *Molecular Biology and Evolution* 24, S. 122-129.
Moses, Alan u. Durbin, Richard (2009): »Inferring selection on amino acid preference in protein domains«. *Molecular Biology and Evolution* 26, S. 527-536.
Mukhopadhyay, Pamela, Basak, Surajit u. Ghosh, Tapash Chandra (2008): »Differential selective constraints shaping codon usage pattern of housekeeping and tissue-specific homologous genes of rice and Arabidopsis«. *DNA Research* 15, S. 347-356.
Muller, Fred A. u. Saunders, Simon (2008): »Discerning fermions«. *British Journal for the Philosophy of Science* 59, S. 499-548.
Mumford, Stephen (1998): *Dispositions.* Oxford: Oxford University Press.
Musto, Héctor, Cruveiller, Stéphane, D'Onofrio, Guiseppe, Romero, Héctor u. Bernardi, Giorgio (2001): »Translational selection on codon usage in *Xenopus laevis*«. *Molecular Biology and Evolution* 18, S. 1703-1707.

Nagel, Ernest (1961): *The structure of science. Problems in the logic of scientific explanation.* London: Routledge.
Nei, Masatoshi (2005): »Selectionism and neutralism in molecular evolution«. *Molecular Biology and Evolution,* 22, S. 2318-2342.
Ney, Alyssa (2007): »Physicalism and our knowledge of intrinsic properties«. *Australasian Journal of Philosophy* 85, S. 41-60.
Nirenberg, Marshall W. u. Leder, Philip (1964): »RNA codewords and protein synthesis«. *Science* 145, S. 1399-1407.

Nirenberg, Marshall W. u. Matthaei, Heinrich (1961): »The dependence of cell-free protein synthesis in E. coli upon naturally occurring or synthetic polyribonucleotides«. *Proceedings of the National Academy of Sciences of the United States of America* 47, S. 1588-1602.

Noordhof, Paul (1998): »Do tropes resolve the problem of mental causation?« *Philosophical Quarterly* 48, S. 221-226.

Norton, John (2007a): »Causation as folk science«. In: H. Price u. R. Corry (Hgg.): *Causation, physics, and the constitution of reality. Russell's republic revisited.* Oxford: Oxford University Press. S. 11-44.

–   (2007b): »Do the causal principles of modern physics contradict causal anti-fundamentalism?« In: P. Machamer u. G. Wolters (Hgg.): *Thinking about causes: From Greek philosophy to modern physics.* Pittsburgh: University of Pittsburgh Press. S. 222-234.

Okasha, Samir (2008): »Fisher's fundamental theorem of natural selection – a philosophical analysis«. *British Journal for the Philosophy of Science* 59, S. 319-351.

Olby, Robert (1990): »The molecular revolution in biology«. In: Olby, R. Cantor, G., Christie, R. u. Hodge, M. (Hgg.): *Companion to the history of modern science.* New York: Routledge. S. 503-520.

Papineau, David (1993): *Philosophical Naturalism.* Oxford: Blackwell.

Pearle, Philip (1976): »Reduction of statevector by a nonlinear Schrödinger equation«. *Physical Review D* 13, S. 857-868.

Piganeau, Gwenaël u. Eyre-Walker, Adam (2003): »Estimating the distribution of fitness effects from DNA sequence data: implication for the molecular clock«. *Proceedings of the National Academy of Sciences of the United States of America* 100, S. 10 335-10 340.

Plotkin, Joshua u. Dushoff, Jonathan (2003): »Codon bias and frequency-dependent selection on the hemagglutinin epitopes of influenza A virus«. *Proceedings of the National Academy of Sciences of the United States of America* 100, S. 7152-7157.

Plutynski, Anya (2007): »Neutralism«. In: M. Matthen u. C. Stephens (Hgg.): *Handbook of the philosophy of science. Philosophy of biology.* Amsterdam: Elsevier. S. 129-140.

Popper, Karl R. (1959): »The propensity interpretation of probability«. *British Journal for the Philosophy of Science* 10, S. 25-43.

Potochnik, Angela (2009): »Optimality in a suboptimal world«. *Biology & Philosophy* 24, S. 183-197.

Psillos, Stathis (2006): »What do powers do when they are not manifested?« *Philosophy and Phenomenological Research* 72, S. 137-156.

–   (2008): »Cartwright's realist toil. From entities to capacities«. In:

S. Hartmann, C. Hoefer u. L. Bovens (Hgg.): *Nancy Cartwright's philo-sophy of science*. London: Routledge. S. 167-194.

Putnam, Hilary (1975): »The nature of mental states«. In: H. Putnam: *Mind, language and reality. Philosophical papers. Volume 2*. Cambridge: Cambridge University Press. S. 429-440. Zuerst erschienen als »Psychological predicates« in W. H. Capitan u. D. D. Merrill (Hgg.) (1967): *Art, mind and religion*. Pittsburgh: University of Pittsburgh Press.

Qin, Hong, Wu, Wei Biao, Comeron, Joseph, Kreitman, Martin u. Li, Wen-Hsiung (2004): »Intragenic spatial patterns of codon usage bias in prokaryotic and eukaryotic genomes«. *Genetics* 168, S. 2245-2260.

Qu, Hui-Qi, Lawrence, Steve, Guo, Fan, Majewski, Jacek u. Polychrona-kos, Constantin (2006): »Strand bias in complementary single-nucleo-tide polymorphisms of transcribed human sequences: evidence for func-tional effects of snonymous polymorphisms«. *BMC Genomics* 7, S. 213.

Reydon, Thomas A. C. (2008): »Species in three and four dimensions«. *Synthese* 164, S. 161-184.

Rheinberger, Hans-Jörg (2004): »Kurze Geschichte der Molekularbiolo-gie«. In: I. Jahn (Hg.): *Geschichte der Biologie*. Heidelberg: Spektrum Akademischer Verlag. Kapitel 22.

Richards, Robert (1992): »Evolution«. In: E. Fox Keller u. E. A. Lloyd (Hgg.): *Keywords in evolutionary biology*. Cambridge (Massachusetts): Harvard University Press. S. 95-105.

Ridley, Madd (2009): »Darwins Erben«. *National Geographic Deutschland* 2/2009, ⟨http://www.nationalgeographic.de/php/magazin/topstories/ 2009/frage_der_woche/darwins_erben.htm⟩.

Rispe, Claude, Delmotte, François u. van Ham, Roeland (2004): »Mutatio-nal and selective pressures on codon and amino acid usage in *Buchnera*, endosymbiotic bacteria of Aphids«. *Genome Research* 14, S. 44-53.

Robb, David (1997): »The properties of mental causation«. *Philosophical Quarterly* 47, S. 178-194.

– (2001): »Reply to Noordhof on mental causation«. *Philosophical Quar-terly* 51, S. 90-94.

Rosenberg, Alexander (1978): »The supervenience of biological concepts«. *Philosophy of Science* 45, S. 368-386.

– (1085): *The structure of biological science*. Cambridge: Cambridge Uni-versity Press.

– (1994): *Instrumental biology or the disunity of science*. Chicago: Universi-ty of Chicago Press.

– (2006): *Darwinian reductionism. Or, how to stop worrying and love mo-lecular biology*. Chicago: University of Chicago Press.

Rosing, Minik (1999): »^{13}C-depleted carbon microparticles in >3700-Ma sea-floor sedimentary rocks from West Greenland«. *Science* 283, S. 674-676.

Rovelli, Carlo (2007): »Quantum gravity«. In J. Butterfield u. J. Earman (Hgg.): *Philosophy of physics. Part B*. Amsterdam: Elsevier. S. 1287-1329.

Ruse, Michael (1971): »Reduction, replacement, and molecular biology«. *Dialectica* 25, S. 38-72.

– (1974): »Reduction in genetics«. In: K. F. Schaffner u. R. S. Cohen (Hgg.): *PSA 1972. Proceedings of the 1972 biennial meeting of the Philosophy of Science Association*. Dordrecht: Reidel. S. 633-651.

– (2007): »Charles Darwin«. In: M. Matthen u. C. Stephens (Hgg.): *Handbook of the philosophy of science. Philosophy of biology*. Amsterdam: Elsevier. S. 1-35.

Russell, Bertrand (1912): »On the notion of cause«. *Proceedings of the Aristotelian Society* 13, S. 1-26.

Sachse, Christian (2007): *Reductionism in the philosophy of science*. Frankfurt/M.: Ontos-Verlag.

Salmon, Wesley C. (1971): »Statistical explanation«. In: W. C. Salmon (Hg.): *Statistical explanation and statistical relevance*. Pittsburgh: University of Pittsburgh Press. S. 29-87.

– (1998): *Causality and explanation*. Oxford: Oxford University Press.

Sarkar, Sahotra (1998): *Genetics and reductionism*. Cambridge: Cambridge University Press.

– (2007): »Haldane and the emergence of modern evolutionary theory«. In: M. Matthen u. C. Stephens (Hgg.): *Handbook of the philosophy of science. Philosophy of biology*. Amsterdam: Elsevier. S. 49-86.

Sato, Akie, Tichy, Herbert, O'H Uigin, Colm, Grant, Peter, Grant, Rosemary u. Klein, Jan (2001): »On the origin of Darwin's finches«. *Molecular Biology and Evolution* 18, S. 299-311.

Saunders, Simon (2006): »Are quantum particles objects?«. *Analysis* 66, S. 52-63.

Schaffner, Kenneth F. (1967): »Approaches to reduction«. *Philosophy of Science* 34, S. 137-147.

– (1969a): »The Watson-Crick model and reductionism«. *British Journal for the Philosophy of Science* 20, S. 325-348.

– (1969b): »Theories and explanation in biology«. *Journal of the History of Biology* 2, S. 19-33.

– (1974): »Reduction in biology«. In: K. F. Schaffner u. R. S. Cohen (Hgg.): *PSA 1972. Proceedings of the 1972 biennial meeting of the Philosophy of Science Association*. Dordrecht: Reidel. S. 613-632.

– (1993): *Discovery and explanation in biology and medicine*. Chicago: University of Chicago Press.

Schopf, William, Kudryavtsev, Anantoliy, Agresti, David, Wdowiak, Thomas u. Czaja, Andrew (2002): »Laser-Raman imagery of earth's earliest fossils«. *Nature* 416, S. 73-76.

Sharp, Paul, Bailes, Elizabeth, Grocock, Russel, Peden, John u. Sockett, Elizabeth (2005): »Variation in the strength of selected usage bias among bacteria«. *Nucleic Acids Research* 33, S. 1141-1153.

Shoemaker, Sydney (1980): »Causality and properties«. In: P. van Inwagen (Hg.): *Time and cause*. Dordrecht: Reidel. S. 109-135. Wieder abgedruckt in S. Shoemaker (1984): *Identity, cause, and mind. Philosophical essays*. Cambridge: Cambridge University Press. S. 206-233.

– (2007): *Physical realization*. Oxford: Oxford University Press.

Singh, Nadia, DuMont, Vanessa L. Bauer, Hubisz, Melissa, Nielsen, Rasmus u. Aguadro, Charles (2007): »Patterns of mutation and selection at synonymous sites in *Drosophila*«. *Molecular Biology and Evolution* 12, S. 2687-2697.

Skipper, Robert A. (2007): »Sir Ronald Aylmer Fisher«. In: M. Matthen u. C. Stephens (Hgg.): *Handbook of the philosophy of science. Philosophy of biology*. Amsterdam: Elsevier. S. 37-48.

Smith, John Maynard (1978): »Optimization theory in evolution«. *Annual Review of Ecology and Systematics* 9, S. 31-56.

– u. Szathmáry, Eörs (1999): *The origins of life*. Oxford: Oxford University Press.

Smith, Peter (1992): »Modest reductions and the unity of science«. In: D. Charles u. K. Lennon (Hgg.): *Reduction, explanation and realism*. Oxford: Oxford University Press. S. 19-43.

Sober, Elliott (1984): *The nature of natural selection. Evolutionary theory in philosophical focus*. Cambridge (Massachusetts): MIT Press.

– (1997): »The outbreakness of lawlessness in recent philosophy of biology«. *Philosophy of Science* 64, S. S458-S467.

– (1998): »Six sayings about adaptationism«. In: D. Hull u. M. Ruse (Hgg.): *The philosophy of biology*. Oxford: Oxford University Press. S. 72-86.

– (1999): *Philosophy of biology. Second edition*. Boulder: Westview Press.

– (2008): »Fodor's *Bubbe Meise* against Darwinism«. *Mind & Language* 23, S. 42-49.

– u. Orzack, Steven Hecht (2003): »Common ancestry and natural selection«. *British Journal for the Philosophy of Science* 54, S. 423-437.

Soom, Patrice, Sachse, Christian u. Esfeld, Michael (2010): »Psycho-neural reduction through functional sub-types«. *Journal of Consciousness Studies* 17, Januar-Heft.

Sparber, Georg (2009): *Unorthodox Humeanism*. Frankfurt/M.: Ontos-Verlag.

Spencer, Hamish u. Masters, Judith (1992): »Sexual selection: contemporary debates«. In: E. Fox Keller u. E. A. Lloyd (Hgg.): *Keywords in evolutionary biology*. Cambridge (Massachusetts): Harvard University Press. S. 294-301.

Stephens, Christopher (2007): »Natural selection«. In: M. Matthen u. C. Stephens (Hgg.): *Handbook of the philosophy of science. Philosophy of biology*. Amsterdam: Elsevier. S. 111-127.

Sterelny, Kim u. Griffiths, Paul E. (1999): *Sex and death. An introduction to philosophy of biology*. Chicago: University of Chicago Press.

Stevens, Peter (1992): »Species: historical perspectives«. In: E. Fox Keller u. E. A. Lloyd (Hgg.): *Keywords in evolutionary biology*. Cambridge (Massachusetts): Harvard University Press. S. 302-311.

Stoletzki, Nina u. Eyre-Walker, Adam (2007): »Synonymous codon usage in *Escherichia coli*: selection for translational accuracy«. *Molecular Biology and Evolution* 12, S. 373-381.

Suárez, Mauricio (2004a): »On quantum propensities: two arguments revisited«. *Erkenntnis* 61, S. 1-16.

– (2004b): »Quantum selections, propensities, and the problem of measurement«. *British Journal for the Philosophy of Science* 55, S. 219-255.

– (2007): »Quantum propensities«. *Studies in History and Philosophy of Modern Physics* 38B, S. 418-438.

– (2008): »Experimental realism reconsidered. How inference to the most likely cause might be sound«. In: S. Hartmann, C. Hoefer u. L. Bovens (Hgg.): *Nancy Cartwright's philosophy of science*. London: Routledge. S. 137-163.

Toepfer, Georg (2005): »Teleologie«. In: U. Krohs u. G. Toepfer (Hgg.): *Philosophie der Biologie. Eine Einführung*. Frankfurt/M.: Suhrkamp. S. 36-52.

Tumulka, Roderich (2006): »A relativistic version of the Ghirardi-Rimini-Weber model«. *Journal of Statistical Physics* 125, S. 821-840.

van Walen, Leigh (2009): »How ubiquitous is adaptation? A critique of the epiphenomenist program«. *Biology & Philosophy* 24, S. 267-280.

Vance, Russell E. (1996): »Heroic antireductionism and genetics: a tale of one science«. *Proceedings of the 1996 biennial meeting of the Philosophy of Science Association. Philosophy of Science 63 Supplement*. East Lansing: Philosophy of Science Association. S. S36-S45.

Viljanen, Valtteri (2007): »Field metaphysic, power, and individuation in Spinoza«. *Canadian Journal of Philosophy* 37, S. 393-418.

Wallace, David (2008): »Philosophy of quantum mechanics«. In: D. Rickles (Hg.): *The Ashgate companion to contemporary philosophy of physics*. Aldershot: Ashgate. S. 16-98.

Waters, C. Kenneth (1990): »Why the antireductionist consensus won't survive: the case of classical Mendelian genetics«. In: A. Fine, M. Forbes u. L. Wessels (Hgg.): *Proceedings of the 1990 Biennial Meeting of the Philosophy of Science Association*. East Lansing: Philosophy of Science Association. S. 125-139.

– (1994): »Genes made molecular«. *Philosophy of Science* 61, S. 163-185.

– (2000): »Molecules made molecular«. *Revue internationale de Philosophie* 4, S. 539-564.

– (2007): »Causes that make a difference«. *Journal of Philosophy* 104, S. 551-579.

Watson, James D. u. Crick, Francis H. C. (1953a): »A structure for deoxyribose nucleic acid«. *Nature* 171, S. 737-738.

– (1953b): »Genetical implications of the structure of deoxyribonucleic acid«. *Nature* 171, S. 964-967.

– (1954): »The complementary structure of deoxyribonucleic acid«. *Proceedings of the Royal Society A* 223, S. 80-96.

Weber, Marcel (1996): »Fitness made physical: the supervenience of biological concepts revisited«. *Philosophy of Science* 63, S. 411-431.

Weber, Marcel (1998): »Representing genes: classical mapping techniques and the growth of genetical knowledge«. *Studies in History and Philosophy of Biology and Biomedical Sciences* 29C, S. 295-315.

– (2005): *Philosophy of experimental biology*. Cambridge: Cambridge University Press.

– (2008): »Review of Alexander Rosenberg, Darwinian reductionism. Or, how to stop worrying and love molecular biology. Chicago: University of Chicago Press 2006«. *Biology & Philosophy* 23, S. 143-152.

Weisman, August (1895): *Neue Gedanken zur Vererbungsfrage*. Jena: Fischer.

West-Eberhard, Mary Jane (1992): »Adaptation: current usage«. In: E. Fox Keller u. E. A. Lloyd (Hgg.): *Keywords in evolutionary biology*. Cambridge (Massachusetts): Harvard University Press. S. 13-18.

Weyl, Hermann (1931): »Geometrie und Physik«. *Die Naturwissenschaften* 19, S. 49-58.

Wheeler, John A. (1962a): *Geometrodynamics*. New York: Academic Press.

– (1962b): »Curved empty space as the building material of the physical world: an assessment«. In: E. Nagel, P. Suppes u. A. Tarski (Hgg.): *Logic, methodology and philosophy of science. Proceedings of the 1960 international congress*. Stanford: Stanford University Press. S. 361-374.

Whittle, Ann (2006): »On an argument for humility«. *Philosophical Studies* 130, S. 461-497.

– (2007): »The co-instantiation thesis«. *Australasian Journal of Philosophy* 85, S. 61-79.

– (2008): »A functionalist theory of properties«. *Philosophy and Phenomenological Research* 77, S. 59-82.

Wilkins, Jon F. u. Godfrey-Smith, Peter (2009): »Adaptationism and the adaptive landscape«. *Biology & Philosophy* 24, S. 199-214.

Wilson, Robert A. (2007): »Levels of selection«. In: M. Matthen u. C. Stephens (Hgg.): *Handbook of the philosophy of science. Philosophy of biology.* Amsterdam: Elsevier. S. 141-162.

Woodward, James (2003): *Making things happen. A theory of causal explanation.* Oxford: Oxford University Press.

Wright, Larry (1973): »Functions«. *Philosophical Review* 82, S. 139-168. Wieder abgedruckt in E. Sober (Hg.) (1994): *Conceptual issues in evolutionary biology.* Cambridge (Massachusetts): MIT Press. S. 27-47.

Yablo, Stephen (1992): »Mental causation«. *Philosophical Review* 101, S. 245-280.

Yang, Ziheng u. Nielsen, Rasmus (2008): »Mutation-selection models of codon substitution and their use to estimate selective strengths on codon usage«. *Molecular Biology and Evolution* 25, S. 568-579.

Yampolsky, Lev, Kondrashov, Fyodor u. Kondrashov, Alexey (2005): »Distribution of the strength of selection against amino acid replacements in human proteins«. *Human Molecular Genetics* 14, S. 3191-3201.

Namenregister

Sachregister

Geschichte und Theorie
der Naturwissenschaften

Bakteriologie und Moderne. Studien zur Biopolitik des Un-
sichtbaren 1870 – 1920. Herausgegeben von Philipp Sarasin.
Silvia Berger, Marianne Hänseler und Myriam Spörri.
stw 1807. 544 Seiten

Susan Blackmore. Gespräche über Bewußtsein.
Gebunden. 380 Seiten

Lorraine Daston/Peter Galison. Objektivität. Aus dem
Amerikanischen von Christa Krüger. Mit zahlreichen Abbildungen und farbigem Bildteil. Gebunden. 530 Seiten

John Dupré. Darwins Vermächtnis. Die Bedeutung der Evolution für die Gegenwart des Menschen. Aus dem Englischen
von Eva Gilmer. 144 Seiten. Gebunden

Michael Esfeld. Naturphilosophie als Metaphysik der Natur.
stw 1863 218 Seiten

Gene, Meme und Gehirne. Geist und Gesellschaft als Natur.
Eine Debatte. Herausgegeben von A. Becker, C. Mehr, H. H.
Nau, G. Reuter und D. Stegmüller. stw 1643. 330 Seiten

Geschichte, Theorie und Ethik der Medizin. Eine Einführung.
Herausgegeben von Stefan Schulz u.a. stw 1791. 511 Seiten

Das Geschlecht der Natur. Feministische Beiträge zur Geschichte und Theorie der Naturwissenschaften. Herausgegeben von Barbara Orland und Elvira Scheich. Texte aus dem
Amerikanischen von Xenia Rajewsky. Gender Studies.
es 1727. 290 Seiten

Stephen Jay Gould. Der falsch vermessene Mensch. Aus dem Amerikanischen von Günter Seib. stw 583. 400 Seiten

Michael Hampe. Eine kleine Geschichte des Naturgesetzbegriffs. Die Gesetze der Natur und die Handlungen der Menschen. stw 1864. 201 Seiten

Lily E. Kay. Das Buch des Lebens. Wer schrieb den genetischen Code? Mit Abbildungen. Aus dem Amerikanischen von Gustav Roßler. stw 1746. 556 Seiten

Alexandre Koyré. Von der geschlossenen Welt zu unendlichen Universum. Aus dem Amerikanischen von Rolf Dornbacher. stw 320. 259 Seiten

Werner Kutschmann. Der Naturwissenschaftler und sein Körper. Die Rolle der »inneren Natur« in der experimentellen Naturwissenschaft der frühen Neuzeit. 428 Seiten. Gebunden

Humberto R. Maturana. Biologie der Realität. Aus dem Amerikanischen von Wolfram K. Köck. stw 1502. 400 Seiten

Naturerkenntnis und Natursein. Für Gernot Böhme. Herausgegeben von Michael Hauskeller, Christoph Rehmann-Sutter und Gregor Schiemann. stw 1327. 406 Seiten

Naturwissenschaft, Technik und NS-Ideologie. Beiträge zur Wissenschaftsgeschichte des Dritten Reiches. Herausgegeben von Herbert Mehrtens und Steffen Richter. stw 303. 289 Seiten

Philosophie der Biologie. Eine Einführung. Herausgegeben von Ulrich Krohs und Georg Toepfer. stw 1745. 456 Seiten

Physiologie und industrielle Gesellschaft. Studien zur Verwissenschaftlichung des Körpers im 19. und 20. Jahrhundert.

NF 152/3/11.08

Philosophie des Geistes
im Suhrkamp Verlag

Anatomie der Subjektivität. Bewußtsein, Selbstbewußtsein und Selbstgefühl. Herausgegeben von Thomas Grundmann, Frank Hofmann, Catrin Misselhorn, Violetta L. Waibel und Véronique Zanetti. stw 1735. 496 Seiten

Bewußtsein. Philosophische Beiträge. Herausgegeben von Sybille Krämer. stw 1240. 250 Seiten

Susan Blackmore. Gespräche über Bewußtsein. Aus dem Englischen von Frank Born. Mit einem Glossar. 380 Seiten. Gebunden

Robert B. Brandom
- Expressive Vernunft. Aus dem Amerikanischen von Eva Gilmer und Hermann Vetter. 1014 Seiten. Gebunden
- Begründen und Begreifen. Eine Einführung in den Inferentialismus. Aus dem Amerikanischen von Eva Gilmer. Gebunden und stw 1689. 264 Seiten

Donald Davidson
- Handlung und Ereignis. Aus dem Amerikanischen von Joachim Schulte. Gebunden und stw 895. 421 Seiten
- Probleme der Rationalität. Vorwort von Marcia Cavell. Aus dem Amerikanischen von Joachim Schulte. 445 Seiten. Gebunden
- Subjektiv, intersubjektiv, objektiv. Aus dem Amerikanischen von Joachim Schulte. 382 Seiten. Gebunden

Donald Davidson / Richard Rorty. Wozu Wahrheit? Eine Debatte. Herausgegeben und mit einem Nachwort von Mike Sandbothe. stw 1691. 353 Seiten

Daniel C. Dennett. Süße Träume. Die Erforschung des Bewußtseins und der Schlaf der Philosophie. Aus dem Amerikanischen von Gerson Reuter. 216 Seiten. Gebunden

Farben. Betrachtungen aus Philosophie und Naturwissenschaften. Herausgegeben von Stefan Glasauer und Jakob Steinbrenner. stw 1825. 370 Seiten

Gene, Meme und Gehirne. Geist und Gesellschaft als Natur. Eine Debatte. Herausgegeben von A. Becker, C. Mehr, H. H. Nau, G. Reuter und D. Stegmüller. stw 1643. 336 Seiten

Andrea Kern. Quellen des Wissens. Zum Begriff vernünftiger Erkenntnisfähigkeit. stw 1786. 385 Seiten

Ruth Garrett Millikan. Die Vielfalt der Bedeutung. Zeichen, Ziele und ihre Verwandtschaft. Aus dem Amerikanischen von Hajo Greif. stw 1829. 330 Seiten

Martine Nida-Rümelin. Der Blick von innen. Zur transtemporalen Identität bewusstseinsfähiger Wesen. stw 1787. 357 Seiten

Philosophie und Neurowissenschaften. Herausgegeben von Dieter Sturma. stw 1770. 266 Seiten

Hilary Putnam
- Repräsentation und Realität. Übersetzt von Joachim Schulte. stw 1394. 220 Seiten
- Vernunft, Wahrheit und Geschichte. Aus dem Amerikanischen von Joachim Schulte. stw 853. 294 Seiten

Sebastian Rödl. Kategorien des Zeitlichen. Eine Untersuchung der Formen des endlichen Verstands. stw 1748. 215 Seiten

Richard Rorty. Der Spiegel der Natur. Eine Kritik der Philosophie. Aus dem Amerikanischen von Michael Gebauer. stw 686. 438 Seiten

Jürgen Schröder. Einführung in die Philosophie des Geistes. stw 1671. 400 Seiten

John R. Searle
- Freiheit und Neurobiologie. Aus dem Amerikanischen von Jürgen Schröder. Kartoniert. 96 Seiten
- Geist. Eine Einführung. Aus dem Amerikanischen von Sibylle Salewski. 324 Seiten. Gebunden
- Geist, Sprache und Gesellschaft. Philosophie der wirklichen Welt. Aus dem Amerikanischen von Harvey P. Gavagai. stw 1670. 192 Seiten
- Intentionalität. Eine Abhandlung zur Philosophie des Geistes. Aus dem Amerikanischen von Harvey P. Gavagai. stw 956. 353 Seiten

Selbstbewußtseinstheorien von Fichte bis Sartre. Herausgegeben und mit einem Nachwort versehen von Manfred Frank. stw 964. 599 Seiten

Michael Tomasello. Die kulturelle Entwicklung des menschlichen Denkens. Zur Evolution der Kognition. Aus dem Englischen von Jürgen Schröder. stw 1827. 307 Seiten

Matthias Vogel. Medien der Vernunft. Eine Theorie des Geistes und der Rationalität auf Grundlage einer Theorie der Medien. stw 1556. 427 Seiten

Wissen zwischen Entdeckung und Konstruktion. Erkenntnistheoretische Kontroversen. Herausgegeben von Matthias Vogel und Lutz Wingert. stw 1591. 328 Seiten

»Geist und Gehirn«
im Suhrkamp Verlag

François Ansermet / Pierre Magistretti. Die Individualität des Gehirns. Neurobiologie und Psychoanalyse. 282 Seiten. Gebunden

Olaf Breidbach. Die Materialisierung des Ichs. Zur Geschichte der Hirnforschung im 19. und 20. Jahrhundert. stw 1276. 476 Seiten

Gene, Meme und Gehirne. Geist und Gesellschaft als Natur. Eine Debatte. Herausgegeben von A. Becker, C. Mehr, H. H. Nau, G. Reuter und D. Stegmüller. stw 1643. 330 Seiten

Hirnforschung und Willensfreiheit. Zur Deutung der neuesten Experimente. Herausgegeben von Christian Geyer. es 2387. 296 Seiten

Eric R. Kandel. Psychiatrie, Psychoanalyse und die neue Biologie des Geistes. Mit einem Vorwort von Gerhard Roth. 341 Seiten. Gebunden

Benjamin Libet. Mind Time. Wie das Gehirn Bewusstsein produziert. 298 Seiten. Gebunden

Philosophie und Neurowissenschaften. Ist das psychologische Problem gelöst? Herausgegeben von Dieter Sturma. stw 1770. 266 Seiten

Gerhard Roth
- Aus Sicht des Gehirns. 216 Seiten. Kartoniert
- Fühlen, Denken, Handeln. Wie das Gehirn unser Verhalten steuert. stw 1678. 608 Seiten
- Das Gehirn und seine Wirklichkeit. Kognitive Neurobiologie und ihre philosophischen Konsequenzen. stw 1275. 384 Seiten

John R. Searle. Freiheit und Neurobiologie.
91 Seiten. Kartoniert

Wolf Singer
- Ein neues Menschenbild? Gespräche über Hirnforschung. stw 1596. 144 Seiten
- Der Beobachter im Gehirn. Essays zur Hirnforschung. stw 1571. 240 Seiten
- Vom Gehirn zum Bewußtsein. 59 Seiten. Gebunden